An Maries
Seite strahlt ihr Mann
Pierre vor Stolz. Sie ist
umringt von ihrer älteren
Schwester Bronia, ihrem
Doktorvater Gabriel Lippmann,
ihren Kollegen Jean Perrin und
Paul Langevin und mehreren ihrer
Schülerinnen. Der neuseeländische
Physiker Ernest Rutherford feiert mit,
er ist gerade mit seiner Frau Mary auf
Hochzeitsreise – endlich, die Hochzeit
liegt schon drei Jahre zurück. Rutherford
und Marie Curie sind Konkurrenten,
beide erforschen den Bau der Atome und
widersprechen einander vehement.
Doch dieser Streit soll heute
Abend ruhen.

A. Einstein

Im Jahr
1922 wird Albert
Einstein mit dem
Nobelpreis für das Jahr
1921 ausgezeichnet,
verpasst aber die
Preisverleihung. Erst in Juli
1923 hält er in Stockholm
seine Nobelpreisrede vor
2000 Zuschauern, und
Einstein ist sich sicher: Die
meisten sind gekommen,
um ihn zu sehen, nicht um
zu hören, was er zu sagen
hat. So ist er erleichtert,
in den Zug zu

Werner Heisenberg

Niels Bohr

Heisenberg
hat nicht viel
Gepäck dabei.
Wechselkleidung, ein
Paar Wanderschuhe,
eine Ausgabe von
Goethes West-östlichem
Divan, seine Berechnungen
zu den Elektronenbahnen. Sein
Zimmer liegt im zweiten Stock,
hoch oben auf dem Rand der roten

불확실성의 시대

불확실성의 시대

토비아스 휘터 지음
배명자 옮김

찬란하고 어두웠던
물리학의 시대
1900~1945

Das Zeitalter
der Unschärfe

흐름출판

추천의 글

과학은 누가 뭐라 해도 어렵다. 왜 어렵냐고 물으면 안 된다. 그냥 어려운 거다. 특히 물리학은 정말 어렵다. $F=ma$까지는 어떻게 이해할 수 있을 것 같은데 양자가 등장하는 순간 물리학으로부터 멀어지고 싶어진다. 나도 그랬다.

이론이 어려우면 역사를 보게 되는 법. 하지만 과학사 책을 읽는다고 해서 해결되는 게 아니었다. 개별 발견이 토막토막 보이기 때문이다. 이 책을 읽고서 깨달았다. 어려운 걸 이해하려면 진짜 이야기가 필요하다. 《불확실성의 시대》는 20세기 전반기의 물리학사를 꼬리에 꼬리를 무는 이야기로 풀어냈다.

저자는 과학자의 사생활을 들추면서 그의 내면을 들여다본다. 과학을 떠나서도 흥미진진한 이야기다. 재밌는 것을 모두 빼고 보면 이야기는 이렇게 전개된다.

20세기가 시작되면서 원자 구조에 대한 이해가 폭발적으로 성장했다. 1900년 막스 플랑크가 에너지의 양자화를 발견하면서 시작된 이 혁명은 양자혁명의 발전과 원자의 거동에 대한 새로운 이해로 이어졌다.

1900년 에너지의 양자화 발견으로 정점을 찍은 막스 플랑크의 흑체 복사에 대한 연구는 원자 물리학 분야에서 큰 돌파구를 마련했다. 플랑크는 에너지는 연속적인 것이 아니라 불연속적인 단위로 존재한다는 것을 발견했고 이것을 양자라고 불렀다. 이 개념은 양자역학 발전의 길을 열었으며 이후 원자 물리학의 발견을 위한 토대를 제공했다.

1890년대 후반에 시작된 마리 퀴리의 방사능에 대한 획기적인 연구 역시 원자 물리학 분야에 또 다른 중요한 공헌을 했다. 퀴리는 폴로늄과 라듐 원소를 발견하고 방사능의 특성에 대한 후속 연구를 통해 원자 구조에 대한 이해를 높이고 의학 연구와 치료에 새로운 가능성을 열었다.

1905년과 1915년에 발표된 알베르트 아인슈타인의 상대성 이론은 물리학 분야를 근본적으로 변화시켰으며 핵물리학의 발전에 중요한 역할을 했다. 질량과 에너지의 등가성을 확립한 아인슈타인의 유명한 방정식 $E=mc^2$는 핵반응을 통해 막대한 양의 에너지가 방출될 수 있음을 예언하였다.

1913년 닐스 보어는 플랑크의 양자 이론을 기반으로 한 새로운 원자 모델을 제안했다. 보어의 원자 모델은 전자가 연속적인 경로로 이동하는 것이 아니라 불연속적인 에너지 레벨로 원자핵 주위를 공전한다고 가정했다. 이 모델은 수소의 스펙트럼선을 성공적으로 설명했으며 다양한 원소의 원자 구조를 연구하는 데 사용되는 분광학의 발전으로 이어졌다.

1920년대에는 베르너 하이젠베르크, 에르빈 슈뢰딩거 등의 연구로 양자역학의 발전이 계속되었다. 하이젠베르크는 입자의 위치를 더 정확하게 알수록 그 운동량을 정확하게 알 수 없다는 불확정성 원리를 개발했다. 슈뢰딩거는 입자의 파동과 같은 거동을 설명하는 파동 방정식을 개발했다.

1925년에 개발된 볼프강 파울리의 배제 원리는 원자 내 전자의 거동에 대한 핵심적인 통찰력을 제공했다. 파울리의 원리는 원자에 있는 두 전자가 동일한 양자 번호 집합을 가질 수 없다는 것으로, 이 원리는 원자의 전자 배열과 주기율표의 구조를 설명하는 데 도움이 되었다.

1926년에 개발된 에르빈 슈뢰딩거의 파동 방정식은 아원자 입자의 거동에 대한 수학적 틀을 제공했다. 슈뢰딩거 방정식은 입자의 파동과 같은 거동을 설명하고 아원자 입자의 거동을 주어진 위치에서 입자를 찾을 확률을 나타내는 파동 함수로 설명할 수 있다는 것을 확립했다.

1927년에 개발된 베르너 하이젠베르크의 불확정성 원리는 양자역학 분야의 또 다른 주요 발전이었다. 하이젠베르크의 원리는 입자의 위치와 운동량을 모두 확실하게 아는 것이 불가능하다는 것을 증명했으며, 이러한 통찰력은 아원자 입자의 거동을 설명하는 데 도움이 되었고 원자 물리학의 추가 발견을 위한 토대를 마련했다.

1930년대에 물리학자들은 원자핵의 거동을 연구하기 시작했고, 일부 원소가 방사성을 띠고 핵분열을 일으켜 막대한 양의 에너지를 방출할 수 있다는 사실을 발견했다. 원자 물리학에서 가장 중요한 발전 중 하나는 1932년 제임스 채드윅이 중성자를 발견한 것이다. 이 발견은 원자폭탄 개발에 결정적인 역할을 하는 핵물리학의 발전으로 이어졌다. 1938년 오토 한과 프리츠 슈트라스만은 우라늄에서 핵분열을 발견했고, 이를 통해 연쇄 반응이 일어나 엄청난 양의 에너지를 방출할 수 있다는 사실을 깨닫게 되었다.

1939년 알베르트 아인슈타인은 루스벨트 대통령에게 핵분열 원리를 바탕으로 새로운 유형의 무기가 개발될 수 있음을 경고하는 편지를 썼다. 이는 원자폭탄 개발을 위한 극비 연구 프로젝트인 맨해튼 프로젝트로 이어졌다.

맨해튼 프로젝트는 물리학자 로버트 오펜하이머가 주도했으며 앞에서 언급한 많은 과학자를 포함하여 물리학 분야의 가장 뛰어난 인재들이 모였다. 1945년 8월 6일 히로시마에 투하된 '리틀보이'와 1945년 8월 9일 나가사키에 투하된 '팻맨'이라는 두 종류의 원자폭탄이 개발되었다. 두 폭탄은 마침내 제2차 세계대전을 종식시켰다.

원자폭탄의 개발은 과학과 기술이 인류 역사의 흐름을 바꿀 수 있는 놀라운 힘을 보여주었다. 이 사건은 과학 연구의 중요성과 신기술의 책임감 있는 사용의 필요성을 강조했으며, 이는 향후 수십 년 동안 중요한 주제로 남게 될 것이다.

책을 덮고 나서 생각했다. 어떤 이론도 하늘에서 뚝 떨어지지 않는다. 책에 등장하는 모든 인물은 결국 '나는 모른다'에서 시작한다. 그리고 무수히 많은 실패와 경쟁과 협력을 통해 원자를 깨달았다. 20세기 전반의 물리학사가 21세기 전반을 사는 우리에게 던지는 교훈이 무엇일지 곰곰이 생각할 일이다.

진짜 역사는 지금부터다. 잘 꿰어진 꼬리에 꼬리를 무는 양자역학의 역사를 즐기시라.

이정모(전 국립과천과학관장)

프롤로그

당신이 사는 세상이 지금까지 믿었던 것과 전혀 다르게 작동한다는 사실을, 어느 날 알게 되었다고 상상해보라. 집, 도로, 나무, 구름, 모두가 그저 무대장치에 불과하고 아무도 모르는 어떤 힘에 의해 움직여진다!

바로 이런 일이 100년 전 물리학자들에게 닥쳤다. 그들은 그들에게 세상을 보여주었던 개념과 이론의 창 뒤에 더 깊은 현실이 있음을 인정할 수밖에 없었다. 그 현실이 너무나 낯설어서, 과연 '현실'이라고 불러도 되는지를 놓고 다툼이 벌어졌다.

이 책에는 100년 전 물리학자들이 어떻게 이런 상황에 처하게 되었고, 어떻게 고군분투했는지에 관한 이야기가 담겼다. 결국 세상은 달라질 것이다. 물리학자들이 새로운 세상을 발견해낼 뿐 아니라 아주 근본적으로 바꿔놓을 것이기 때문이다.

차례

Das Zeitalter
der Unschärfe

1900년 베를린

지푸라기라도 잡는 심정

1900년 10월 7일 일요일. 긴 하루가 예상된다. 막스 플랑크Max Planck와 마리에 플랑크Marie Planck 부부는 베를린 그루네발트의 대저택에서 손님을 맞이한다. 이웃에 사는 하인리히 루벤스Heinrich Rubens와 마리에 루벤스Marie Rubens 부부가 차를 마시러 왔다. 루벤스는 실험물리학 교수이고, 플랑크는 이론물리학 교수이다. 아내들의 불평에도 불구하고 남편들은 물리학 얘기를 하지 않을 수가 없다. 물리기술제국연구소 실험실에서 최근에 측정한 곡선에 대해 루벤스가 말한다. 모든 곡선이 지금까지의 공식과 일치하지 않는다. 파동의 길이, 에너지 밀도, 선형성, 비례관계…… 플랑크의 머리에서 몇 년째 이리저리 떠돌던 퍼즐 조각들이 새로운 패턴으로 맞춰지기 시작했다. 손님들이 돌아가고 플랑크는 저녁에 홀로 책상에 앉아 머릿속에서 맞춰졌던 퍼즐 조각을 종이에 기록했다. 플랑크와 여러 과학자들이 수년째 찾고 있던 바로 그 공식, 흑체복사 공식이다. 모든 측정 데이터가 정확히 일치했다. 자정쯤 마리에가 잠에서 깼다. 남편이 한밤중에 베토벤의 〈환희의 송가〉를 연주했기 때문이다. 기쁨을 표현하는 막스 플랑크만의 방식이다. 그는 자신의 공식을 엽서에 적어 루벤스에게 보냈다.

"아빠가 뉴턴에 버금가는 아주 중요한 걸 발견했단다." 마흔둘의 막스 플랑크가 아침 산책 중에 자신의 일곱 살짜리 아들 에르빈Erwin에게 자랑한다. 그의 말은 과장이 아니다.

플랑크는 타고난 혁명가가 아니다. 오히려 공무원에 더 가깝다. 검은색 양복, 빳빳하게 다려진 셔츠와 반듯한 옷깃, 검은색 나비넥타이까지 그는 언제나 흠잡을 데 없이 복장을 갖춰 입는다. 콧등에 올린 안경, 꿰뚫어 보는 눈, 넓고 높은 아치형 이마, 신중한 표정을 지닌 그는 스스로 "평화로운 본성을 가졌다"고 평가했다. 그는 한 대학생에게 이렇게 털어놓기도 했다. "나는 언제나 모든 단계를 미리 생각하고, 책임질 수 있다고 판단되면 절대 물러나지 않아. 그것이 내 좌우명이네." 새로운 아이디어를 처리하는 그의 방식은 그의 뿌리 깊은 보수적 세계관과 잘 맞아떨어진다. "그가 혁명을 일으켰다고? 상상하기 힘들다." 한 대학생이 플랑크에 대해 이렇게 썼는데, 플랑크에 대해 잘못 알았던 사람은 이 대학생만이 아니다.

막스 플랑크는 1858년 킬에서 태어났다. 당시 킬은 덴마크왕국에 속했다. 그의 가족은 오랫동안 학자적 전통을 이어왔다. 그의 할아버지와 증조할아버지는 존경받는 신학자였고, 삼촌 고틀리프 플랑크Gottlieb Planck는 시민법의 공동 저자였으며, 아버지 요한 플랑크Johann Planck 역시 법학자였는데, 1870년에 바이에른 왕 루트비히 2세로부터 기사 작위를 받았고, 그 후로 '플랑크 기사'라고 불렸다. 모두가 세속의 법과 신의 법을 경외하는 충실한 애국자들이었다. 막스 역시 그와 같은 가풍 안에서 그런 사람으로 성장했다.

막스가 막 아홉 살이 되었을 때 온 가족이 뮌헨으로 이사했다. 브린너 거리 33번지 대저택이 이들의 새로운 집이다. 아버지는 뮌헨 루트비히–막시밀리안대학교에서 민법을 가르쳤고, 아들은 막시밀리안 김나지움(줄여서 '막스'라 불렸다)에 6학년으로 입학했다. 이 무렵 이 학교는 루트비히 거리 14번지에 있는 새로운 수녀원 건물로 막 이사한 참이었다.

막스는 총 65명인 학급에서 1등은 아니었지만, 매우 성실한 우등생이었다. '바른 태도'와 '부지런함', 그리고 방대한 학습량을 외워야 하는 주입식 교육에 유용한 암기력도 뛰어나 그는 늘 우수한 성적을 거두었다. 그가 받아온 학교 성적표는 '뭔가 올바른 일'을 할 좋은 기회를 약속했다. 막스는 "선생님과 반 친구들에게 사랑받는 학생이었고, 어렸지만 매우 명확하고 논리적인 아이였다." 막스는 청소년기에도 뮌헨의 맥줏집이 아니라 오페라하우스와 콘서트홀을 즐겨 다녔다. 이미 어렸을 때부터 절대음감의 소유자였으며, 바이올린과 피아노를 연주할 줄 알았고, 성가대에서

솔리스트로 노래했으며, 여성을 대신해 소프라노를 맡기도 했다. 일요일 미사 때는 오르간을 연주했고, 노래도 작곡했다. 심지어 〈숲의 사랑Die Liebe im Walde〉이라는 오페레타도 만들었는데, 이 작품은 대학교 노래 동아리 축제 때 공연되었다.

열여섯 살이 되던 해 막스는 대학입학 자격시험에 당당히 합격했다. 그는 피아니스트가 되고자 했다. 그러나 한 교수에게 음악대학의 전망을 물었을 때, 그는 퉁명스러운 대답을 들었다. "물어보니 답하마. 생각을 바꾸렴!" '차라리 고대어문학을 공부할까?' 막스는 쉽사리 결정하지 못했다. 아버지는 그런 아들을 물리학교수 필립 폰 욜리Philipp von Jolly에게 보냈다. 그런데 그 교수는 학생들에게 물리학을 전공하지 말라고 열심히 설득하는 사람이었다. 그는 물리학의 현주소를 이렇게 묘사했다. "에너지보존법칙의 발견으로 왕관을 쓴 이후, 물리학은 고도의 발달이 완료된 학문이 되었다네. 그리고 분명 그 상태가 곧 최종 형태로 굳을 걸세. 기껏해야 구멍 몇 개를 메우는 게 이 학문에서 올릴 수 있는 성과의 전부일 테지. 먼지나 거품 따위를 검사하고 정리할 수 있을 뿐이고. 물리학은 전체적으로 상당히 안정된 학문이 되었고, 특히 이론물리학은, 수백 년 전에 이미 기하학이 그랬던 것처럼, 확실히 완성에 가까워지고 있네."

이렇게 생각하는 사람이 욜리만은 아니었다. 20세기 초까지 물리학자들은 그들의 학문이 곧 완성될 것이라고 확신했다. 1899년 미국 물리학자 앨버트 마이컬슨Albert Michelson은 이렇게 말했다.

"물리학의 중요한 기본 법칙과 사실들은 모두 발견되었다. 그것은 아주 확고하여 새로운 발견의 추월 가능성은 매우 낮다. 앞으로 우리가 발견할 수 있는 것들은 소수점 아래 여섯 번째 자리에 있다."

고전 전기역학의 창시자 제임스 맥스웰James Maxwell은 1871년에 이미 이런 자기만족을 경고했다. "(측정이 주를 이루는) 현재의 실험은, 중요한 모든 물리적 상수가 몇 년 안에 대략 추산되어 과학자들에게 남은 것은 그저 이 측정을 소수점 아래 수치까지 세밀화 하는 것이라는 의견이 만연할 만큼 충격적이다." 그는 또 이렇게 강조했다. "꼼꼼한 측정의 노력에서 얻어야 하는 진정한 보상은 더 큰 정확성이 아니라, 새로운 연구 분야의 발견과 새로운 과학 아이디어의 발달이다." 과학의 역사는 맥스웰이 강조한 대로 될 것이다.

욜리는 이런 착각 때문에 자신이 물리학 역사에서 보잘것없는 자리를 차지하게 될 줄은 몰랐다. 그리고 자기 앞에 앉은 열여섯 살의 막스 플랑크로 인해 자기 생각이 틀렸음이 밝혀질 줄도 몰랐다. 막스 역시 아직 아무것도 모르는 상황이었다. 소수점 아래 몇 자리까지 측정하고 계산하기. 막스가 생각하기에 그 일도 그다지 나쁘지 않을 것 같았다. 음악교수의 대답보다는 그편의 전망이 더 좋아 보였다. 1874~1875년도 겨울학기에 그는 수학과 자연과학을 공부하기 위해 뮌헨대학교에 등록했다.

막스는 대학에서, 욜리가 말했던 지루함이 무엇인지 경험했다.

율리의 연구 프로젝트를 위해, 자체 제작한 용수철저울로 암모니아액의 비중을 가장 정확히 측정하기, 5775.2킬로그램 무게에 지름이 거의 1미터인 납덩이로 뉴턴의 중력 법칙 확인하기…… 그가 하던 모든 것이 혁명과는 거리가 멀었다.

막스는 뮌헨대학교 물리학부에서 3년의 시간을 견디다가 지루함을 타파하기 위해 베를린으로 자리를 옮기기로 결심한다. 당시 베를린은 당대 유명 인사 구스타프 키르히호프Gustav Kirchhoff와 헤르만 폰 헬름홀츠Hermann von Helmholtz가 강의하는 물리학의 성지였다.

1870~1871년에 걸친 전쟁에서 프로이센이 프랑스에 승리하고, 이후 독일이라는 국가가 탄생하자 베를린은 유럽의 새로운 강대국의 수도가 되었다. 파리나 런던과 어깨를 견줄 대도시를 하벨강과 슈프레강 인접지에 건설하는 데 필요한 경비는 전쟁에 패배한 프랑스가 댔다. 1871년에서 1900년까지 베를린 인구가 86만 5,000명에서 200만 명으로 늘었고, 베를린은 유럽에서 세 번째로 큰 도시가 되었다. 이윽고 베를린으로 수많은 이민자들이 몰려왔다. 주로 러시아 차르 정권의 탄압을 피해 도망친 유대인들이었다.

베를린을 유럽의 대도시로 만들려는 야망과 함께 베를린대학교를 유럽 내 최고 대학으로 만들려는 소망도 생겨났다. 이를 위해 당시 독일에서 가장 명망이 높은 물리학자였던 헤르만 폰 헬름홀츠가 하이델베르크대학교에서 스카우트되었다. 헬름홀츠는 전형적인 학자이자 우수한 외과 의사였으며 유명한 생리학자이다. 그가 검안경을 발명한 덕에 인류는 시각기관을 더 많이 이해하게 되었다.

이 시대에 헬름홀츠만큼 학문의 지평을 넓힌 학자는 없었다. 반백 살의 헬름홀츠는 자신의 몸값이 얼마나 높은지 잘 알았다. 그는 베를린대학교로 적을 옮기면서 일반적인 수준보다 몇 배나 높게 연봉을 흥정했고, 자신만의 새로운 물리학연구소를 약속받았다. 막스 플랑크가 1877년 베를린대학교 중앙건물에서, 오페라하우스 건너편 옛 운터덴린덴 궁전에서 첫 강의를 들었을 때, 헬름홀츠의 거대한 물리학연구소는 아직 지어지는 중이었다. 베를린대학교에서 막스 플랑크는 좁은 창고에서 벗어나 넓은 강당에 들어선 기분이 들었다.

그러나 넓은 강당에서도 이내 지루함이 찾아왔다. 키르히호프 교수는 강의 때 동료 교수의 공책을 그대로 읽었다. 막스에게 그 것은 너무 "건조하고 단조로웠다." 헬름홀츠 교수는 강의 준비를 형편없이 했고 말도 중간중간 끊겼으며 걸핏하면 계산이 틀렸다. 학구열에 불타던 막스는 독학을 결심하고, 루돌프 클라우지우스Rudolf Clausius의 열역학과 엔트로피에 관한 책들을 찾아 읽었다. 당시 기준에서 엔트로피Entropy란 무질서를 측정하는 새로운 물리학 척도였다. 이로써 혁명을 향한 첫걸음이 떼어졌다.

막스는 스무 살이 되던 해, 물리학과 수학 졸업시험에 합격했다. 그리고 1년 뒤, 〈열역학 제2법칙에 관하여Über den zweiten

Hauptsatz der mechanischen Wärmetheorie〉라는 박사학위 논문을 제출했다. 다시 1년 뒤에는 〈서로 다른 온도에서 등방성 물체의 평형 상태Gleichgewichtszustände isotroper Körper in verschiedenen Temperaturen〉라는 논문을 발표하여 교수 자격을 취득했다. 그가 받은 모든 학위증에 'summa cum laude(최우수)'라고 적혔고, 모든 시험을 '대단히 만족스러운 점수'로 합격했다. 막스의 모범적인 학자 경력이 시작되었다.

이후 막스는 뮌헨 루트비히-막시밀리안대학교에서 강사로 일하게 된 덕분에 다시 부모와 함께 "감사하게도 가장 아름답고 안락한 삶"을 살게 되었다. 부모와의 안락한 삶은 킬대학교에 교수로 임용되면서 끝났다. 교수로서 그의 한 해 수입은 2,000마르크 정도였는데, 이는 가정을 꾸리기에 넉넉한 돈이었다. 이제 그에게 맞는 여자만 찾으면 되었다. 그리고 마침내 학교 친구의 여동생이자 부유한 은행가의 딸 마리에 메르크Marie Merck와 결혼했고, 이들은 2년 사이에 아이를 셋이나 낳았다.

막스 플랑크가 '가장家長'으로서 자리를 잡아갈 무렵, 다시 중대한 일이 벌어졌다. 오랫동안 병상에 있었던 키르히호프가 사망하자 베를린 프리드리히빌헬름대학교(훔볼트대학교의 이전 이름—옮긴이)의 수리물리학 교수 자리가 공석이 되었다. 임용위원회는 "과학적 권위가 있는 건강한 성인 남자"를 그 자리에 앉히길 원했다. 통계역학을 발명한 루트비히 볼츠만Ludwig Boltzmann과 전자기파를 발견한 하인리히 헤르츠Heinrich Hertz에게 임용 제안이 갔으나 이들은 제안을 거절했다. 막스 플랑크는 대학 임용위원회 측이 염두에 둔 세 번째 후보였다. 그러나 이제 겨우 서른인 그가 과연 국가에서 가장 중요하게 여기는 교수직을 맡기에 충분했을까? 막스 플랑크의 또 다른 옛 스승인 헬름홀츠의 추천이 있긴 했지만, 평균 나이가 60세인 베를린 물리학협회 위원들 대부분은 그의 임용에 회의적이었다. 하지만 그저 특이한 사례로 여기며 일단 막스를 임용해보기로 의견이 모였다.

그러한 상황 속에서 임용이 되었으므로 막스 플랑크는 이제 실력으로써 자신이 그 자리에 맞는 사람임을 증명해 보여야 했다. 그는 옛 스승의 후임자가 되어 또 다른 옛 스승인 헬름홀츠 옆에 앉았고, 키르히호프가 끝내지 못한 과제인 흑체 문제를 넘겨받았다.

온도가 상승하면 모든 가열된 물체는 재료와 상관없이 특정 색상으로 이글거린다. 도공과 대장장이는 수백 년 전부터 이 사실을 알았다. 쇠부지깽이를 불에 올리고 있으면, 처음에는 희미한 암적색으로 이글거리다가 점점 밝은 다홍색으로 바뀐다. 쇠가 더 뜨거워지면 노란색으로 바뀌고 그다음 점점 더 연해지다가 마침내 서서히 푸른 기운이 돈다. 이런 전형적인 색상 변화는 언제나 똑같다. 하늘에서도 땅에서도 마찬가지이다. 붉게 이글대는 석탄은 태양의 노란색을 지나 녹아내린 강철의 연파랑으로 바뀐다.

실험물리학자들은 방출된 복사선 스펙트럼을 계속해서 측정했다. 개선된 온도계와 사진 건판으로, 그들은 색상이 가시영역을 넘어 확장되는 것을 확인했다. 더 차가운 쪽은 적외선으로, 더 뜨거운 쪽은 자외선으로 확장했다. 그들은 소수점 아래에서 소수점 아래로 계속 작업하며 전진했다.

이들은 궁극적으로 온도와 색상 스펙트럼의 연관성을 바르게 설명하는 공식을 찾아야 했다. 이것이 바로 '흑체 문제'이다. 모든 복사선을 흡수하는 물체에 관한 연구라서, 이름이 그렇게 붙여졌다. 1859년 당시 하이델베르크대학교 교수였고 광천수 스펙트럼 분석 권위자였던 키르히호프가 흑체 문제를 연구했다. 그러나 그를 비롯한 모든 이론가들은 흑체 공식 발견에 계속 실패했다. 빌헬름 빈Wilhelm Wien이 스펙트럼에서 고주파 부분을 어느 정도 잘 재현하는 공식 하나를 발견했고, 제임스 진스James Jeans가 긴 파장의 공식을 개발했지만, 두 공식 모두 스펙트럼의 다른 끝에서 실패했다.

물리학자가 풀어야 할 문제는 그것만이 아니었다. 얼마 전에 X선, 방사능, 전자가 발견되었고, 원자에 대한 논쟁이 뜨거워졌다. 그것들과 비교하면 흑체 문제는 다소 사소해 보였고, 바로 그렇기 때문에 과학의 거장들은 더욱 그것을 가만히 내버려둘 수가 없었다.

이것은 단순한 두뇌 싸움이 아니라, 국가적으로 중요한 문제였다. 1871년에 비로소 선포된 독일제국은 흑체 문제를 해결하여 영국과 미국 같은 경쟁국을 따돌리고 조국의 조명 산업을 우뚝 세우고자 했다. 물리학적으로 볼 때 이글거리는 선은 이글거리는 쇠부지깽이와 다르지 않다. 1880년 1월, 토머스 에디슨Thomas Edison은 당시 일반적인 가스램프보다 한 수 위인 백열전구로 특허권을 받았다. 그것을 시작으로 조명 시장 지배권을 둘러싼 전쟁이 전 세계에서 벌어졌다. 독일 기업은 미국과 영국의 경쟁사보다 더 효율적인 백열전구를 개발하려 애썼다.

전기기술 경쟁에서 신생 독일제국은 좋은 위치를 선점했다. 베르너 폰 지멘스Werner von Siemens가 발전기를 발명했기 때문이다. 정부는 흑체를 연구하여 독일 백열전구를 세계 최고로 만들기 위해 1887년 지멘스의 후원을 받아 베를린 외곽에 물리기술제국연구소를 설립했다.

마침내 1896년 하노버공과대학교 강사 프리드리히 파셴Friedrich Paschen이 흑체 공식을 발견한 것 같다고 발표했다. 그러나 물리기술제국연구소의 경쟁자들이 더 세밀한 측정 방법으로 그를 반박했다. 물리기술제국연구소의 물리학 실험실은 세계 최고 설비를 갖췄다. 백열맨틀, 구리코일, 온도계, 광도계, 분광계, 눈금이 큰 볼로미터, 무거운 전선 뭉치들은 물론이고, 실험실 한복판에 기체와 액체로 가열된 '속이 빈 원통'이 덩그러니 서 있다. 바로 흑체였다.

막스 플랑크가 베를린대학교에서 키르히호프의 후임자가 되었을 때, 그는 키르히호프의 자리가 자신에게 절대 과분하지 않음을 증명해 보여야 했다. 베를린대학교 소속의 과학자로서 자신을 입증해야 했다. 그러는 동시에 수백 명에 이르는 대학생을 가르치고, 시험문제를 내고, 보고서를 쓰고, 회의에 참석해야 했다. 그는 자신의 선임자가 그랬던 것처럼 아주 무미건조하게 강의했다. "그의 강의들은 비범하게 명확하여 약간 비인간적이고 거의 냉정했다." 리제 마이트너Lise Meitner라는 한 여자 대학생은 그의 강의 스타일을 두고 이렇게 불평했다. "막스 플랑크는 그다지 재밌는 사람이 아니다." 그에게 수업을 들은 한 남자 대학생은 또 이렇게 평하기도 했다.

1894년부터 막스 플랑크는 키르히호프가 해결하지 못한 채 남겨둔 흑체 문제에 모든 연구 시간을 썼다. 그는 "검은 빈 공간이 방출하는 흑체 복사선에 뭔가 절대적인 것이 있으리라는" 사실에 매료되었고, "절대적인 것을 찾는 것이 언제나 최고의 연구 과제라고 여겼기에 열정적으로 연구했다." 그는 순수 이론가로서 종이, 연필, 두뇌만으로 흑체 문제에 접근했다. 그러나 루벤스 부부가 다녀간 그날 일요일 밤에 마침내 공식을 기록했을 때, 그는 벌써 다음 도전 과제 앞에 서 있었다. 그는 자신이 발견한 것을 스스로 이해할 수가 없었다. 2주 후인 1900년 10월 19일 금요일, 마그누스하우스에서 열린 물리학 학회에서 그는 페르디난트 쿠를바움Ferdinand Kurlbaum의 발표가 끝나고 자기 차례가 되자 자리에서 일어났지만, 흑체복사 공식 자체를 발표하는 것 말고는 할 말이 거의 없었다.

그의 앞에 남은 가장 어려운 도전 과제는 자신이 발표한 공식을 설명하고 근거를 대는 것이었다. 물리학자들은 무엇이 올바른지 알고자 할 뿐 아니라, 그것이 왜 올바른지도 이해하고자 한다. 그는 자신이 발견해낸 흡족한 공식을 물리학적 근거를 들어 설명하고자 몇 주 동안 고군분투했다. 그는 볼츠만의 통계물리학 같은 새로운 것에는 관심이 없고 원자를 믿지 않는 보수적인 물리학자였다. 그러나 그가 가진 고전적 개념들로는 이 새로운 공식을 이해할 수가 없었다. 그가 간단히 'h'라고 쓴 이 신비한 상수는 무엇을 뜻할까? h는 아주 작은 수이다. 소수점 아래로 0이 26개가 있는 수. 0.00000000000000000000000000655.

막스 플랑크는 "지푸라기라도 잡는 심정"으로 흑체가 원자로 이루어졌다는 가설과 씨름했다. 그동안 받아들이기를 거부했던 볼츠만의 통계법도 이용했다. 그렇게 공식에 도달했지만, "에너지는 처음부터 일정한 양, 즉 양자의 정수배에 한정된다"는 기이한 결과가 나왔다. 원자로도 모자라 이제 '양자'까지 등장했다. 플랑크는 이 이상한 저주가 곧 사라지고 자신의 공식이 유지되기를 희망했다. 그는 '양자'를 "순전히 형식적 가정"으로 여기고, "그것에 대해 깊이 생각하지 않고 오로지 모든 상황에서 긍정적 결과를 도출하는 데만 몰두했다." 그에게 양자는 계산을 위한 형식적 도구일 뿐이었다. 세계관을 바꾸게 하는 것은 없었다. 아직은 없었다.

1900년 12월 14일 금요일 오후 5시, 막스 플랑크는 다시 물리학 학회에서 발표한다. 발표 제목은 '정규 스펙트럼의 에너지 분포 법칙 이론'이었다. 실험물리학자 루벤스, 룸메르Lummer, 프링스하임Pringsheim이 그의 앞에 나란히 앉아 있었다. "안녕하십니까!" 막스 플랑크는 그들에게 인사하고, 끝없이 길게 이어지는 한 문장을 발표했다. "몇 주 전, 정규 스펙트럼의 모든 영역에 방출되는 복사에너지의 분포 법칙을 기술하는 데 적합해 보이는 새로운 공식으로 여러분의 관심을 끄는 영광을 누렸을 때, 당시에 이미 설명한 것처럼, 공식의 유용성에 대한 나의 견해를 말하자면, 당시에 여러분께 전달할 수 있었던 몇몇 수치가, 그사이 루벤스와 쿠를바움이 긴 파장으로 직접 재확인해 준 것처럼, 지금까지의 측정 결과와 정확히 일치할 뿐 아니라, 단순한 형태와 특히 광선이 투사된 단색 진동 공진기의 진동에너지에 대한 엔트로피 의존성을 매우 단순한 로그로 표현할 수 있다는 사실로 보더라도, 그것은 '빈의 변위법칙'을 제외한, 지금까지 제안된 그러나 사실을 통해 입증되지 않은 다른 모든 공식보다 일반적 해석 가능성을 더 많이 약속하는 것 같습니다." 그는 공식을 이미 발표했고, 이제 그 근거도 제시할 수 있었다. 곧이어 그는 핵심 단계에 도달한다. "이것이 전체 계산에서 가장 핵심적인 부분인데, 우리는 에너지가 매우 특정한 수의 유한한 등가성 알갱이로 구성되었다고 보고, 자연상수 $h = 6.55 \cdot 10^{-27} erg/sec$를 사용합니다." 양자는 세상에 존재한다. 다만 아무도 그것을 인지하지 못할 뿐이다. 장내에서는 뜨거운 박수가 터져 나왔다.

막스 플랑크도 그의 청중도 후대 물리학자들이 이날 오후를

"양자물리학의 탄생 시간"이라고 부르게 될 줄을 몰랐다. 막스 플랑크는 양자에서 다시 벗어나려고 수년간 노력했다. 영국의 존 윌리엄 스트럿John William Strutt, 제임스 진스, 헨드릭 로렌츠Hendrik Lorentz 같은 다른 물리학자들도 양자에서 벗어나려 애썼다. 그들은 에테르의 연속체를 믿었다. 그들은 뉴턴과 맥스웰을 믿었다. 그러나 이 모든 것은 무너질 것이다. 그러나 양자는 유지될 것이다.

1903년 파리

균열의 시작

1903년 6월 어느 여름밤, 파리 13지구 켈러만 거리의 한 정원. 창 밖으로 쏟아지는 불빛이 잔디밭을 환히 비춘다. 문이 열리고, 왁 자지껄 쾌활한 목소리들이 먼저 들려오고 그다음, 사람들이 삼삼 오오 무리지어 자갈길로 몰려나온다. 파티에 참석했던 사람들 한 복판에 검정 원피스를 입은 한 여자가 있다. 그의 이름은 마리 퀴리Marie Curie. 서른아홉 살의 물리학자다. 무표정했던 평소와 달리 얼굴에 화색이 돌고 기쁨이 번진다. 조금 전까지 박사학위 축하 파티가 열렸었다.

마리 퀴리는 지금 생애 최전성기를 구가 중이다. 이날 마리 퀴 리는 여성으로서는 프랑스 최초로 자연과학 박사학위를 수여받 았다. 학위증에는 'très honorable(최우수)'이라고 적혀 있다. 게 다가 여성 최초로 노벨상 후보에도 올랐다.

마리 퀴리는 1903년에 노벨물리학상을, 1911년에 노벨화학상을 받아 노벨상 2관왕을
달성했다. 사진은 1917년 파리 실험실 장면이다.

남편 피에르 퀴리Pierre Curie가 옆에서 자랑스러워하며 환하게 웃는다. 마리 주변에는 언니 브로니아Bronia, 지도교수 가브리엘 리프만Gabriel Lippmann, 동료 폴 랑주뱅Paul Langevin과 장 페렝Jean Perrin, 그리고 대학생 여럿이 둘러싸고 있다. 뉴질랜드 물리학자 어니스트 러더퍼드Ernest Rutherford도 축하 파티에 참석했는데, 그는 뒤늦은 신혼여행 중이다. 결혼식은 이미 3년 전에 올렸다. 어니스트 러더퍼드와 마리 퀴리는 경쟁자였다. 두 사람 모두 원자 구조를 연구했고 크게 대립했다. 그러나 오늘 저녁만큼은 싸워선 안 된다. 오늘은 축하의 날이기 때문이다.

오늘의 이 행복한 밤에 이르는 긴 여정은, 1860년대에 파리에서 멀리 떨어진 바르샤바에서 시작되었다. 강대국 프로이센과 러시아와 오스트리아 사이에서 폴란드는 갈기갈기 찢겨졌다. 수도 바르샤바는 러시아 황제의 손아귀로 들어갔다. 누구도 자신의 조국을 '폴란드'라고 불러선 안 되었다. 마리아 스클로도프스카Maria Skłodowska는 1867년 11월 7일, 바르샤바에서 정복자에 대항하는 교사 부부의 다섯 자녀 중 막내로 태어났다. 아버지는 딸들에게 독립적 사고를 심어주기 위해 최선을 다했다. 마니아(집에서는 마리아를 이렇게 불렀다)가 네 살 때, 그의 어머니는 결핵에 걸리고 만다. 당시 결핵은 불치병이었고, 어머니는 가족들에게 자신의 병을 전염시키지 않으려고 자식들과의 접촉을 피했다. 마니아의 어머니는 긴 투병 끝에 세상을 떠났다.

어머니의 사망 이후, 마니아가 삶의 기쁨을 다시 찾기까지는

10년이 넘게 걸렸다. 마니아는 우선 공부 뒤에 숨었다. 책에 파묻혀 살며 초인적 노력으로 고등학교에서 전교 1등을 했다. 열다섯 살 소녀는 스스로 만들어낸 압박에 신경쇠약을 앓았다. 홀로 자식을 키우던 아버지는 아픈 딸을 시골로 보내 쉬게 했다. 마니아는 그곳에서 마침내 책에서 벗어나 음악의 아름다움을 발견하고 파티를 열고 연애를 하고 밤새 춤을 췄다. 마니아는 여자도 학생으로 받아주는 폴란드 지하대학에 입학하여 최고 성적으로 모든 동기생을 앞질렀다. 하지만 의학을 공부하러 파리로 간 두 살 위 언니 브로니아를 지원하기 위해, 마니아는 바르샤바 사탕수수 공장주 가정에서 가정교사로 일했다. 그리고 주인집 아들이자 수학을 전공하는 스물세 살의 청년 카시미르와 사랑에 빠졌다. 카시미르의 아버지는 이 일에 충격을 받았다. 카시미르는 우선 머뭇대며 아버지에게 저항했지만, 수년 동안 갈팡질팡하다가 결국 백기를 들었고, 마니아는 그에게 버려졌다. 깊이 상처 입은 심장과 남자에 대한 불타는 증오만이 혼자가 된 그녀에게 남겨졌다. "가난한 여자와 결혼할 마음이 없다면, 지옥에나 떨어져라!"

1891년, 마니아는 언니 브로니아를 따라 파리로 갔다. 언니는 그사이 결혼했다. 그런데 하필이면 상대가 카시미르였다. 그와 언니는 둘 다 의사였는데, 공산주의 사상에 심취했다. 두 사람은 집에 병원을 열고 가난한 환자들을 무료로 치료했다. 그러나 두 사람의 결혼 생활은 이제 '마리'라 불리는 마니아에게는 감당하기 버거운 일이었다. 마리는 다락방으로 물러나, 글자 그대로 자신을 묻어버렸다. 추운 겨울밤 모든 옷을 꺼내 겹겹이 껴입고 뒤집어쓴 채로. 그녀는 돈을 아끼기 위해 석탄은 거의 때지 않았고 차, 과일, 마른 빵, 초콜릿만 먹었다. 아무렴 어떤가! 이제 마리는 자유다! 19세기에서 20세기로 넘어가는 파리에서, 여성은 평등과 거리가 멀었다. 당시에는 대학에서 공부하는 여자뿐 아니라 남자 대학생의 약혼자도 'étudiante', '여대생'이라고 불렸다. 그러나 여자도 아무튼 암암리에 대학 공부를 할 수 있었고, 마리는 열정적으로 공부에 몰두했다. 낮에는 강의실, 실험실, 도서관에서 살고, 밤에는 전설의 수학자 앙리 푸앵카레Henri Poincaré의 책에 빠져들었다. 그러나 지나친 과로 끝에 결국 도서관에서 쓰러졌다. 브로니아는 영양실조로 쓰러진 동생을 자신의 집으로 데려가서 다시 기운을 차릴 때까지 고기와 감자를 먹이며 극진히 간호했다. 마리는 기운을 차리자마자 다시 책으로 돌아갔고, 졸업시험에서 다시 1등을 차지했다.

'이제 무엇을 해야 할까?' 이 시기 여성은 비록 대학 공부를 마칠 수는 있더라도, 그 후가 없었다. 남자 연구자들은 여자 연구자와 함께 일하는 것을 싫어했다. 그러나 다행히 마리는 강철의 자기력 연구를 지원하는 장학금을 받을 수 있었다. 실험 도구 사용에 서툰 마리를 위해, 한 지인이 자기력 전문가 한 명을 소개해주었다. 그의 이름은 피에르 퀴리였다. 서른다섯 살의 수줍음 많고 어려 보이며 신중한 남자는 마리에게 전위계 사용법을 가르쳐주었고, 나중에는 그런 기기를 직접 개발했다. 마리는 카시미르와의 불행 이후 다시는 사랑하지 않기로 했지만, 피에르와의 만남 이후 그 결심을 버렸다. 마리와 피에르는 연인이 되었다.

장학금을 받기 위해 강철의 자기력 연구를 하고 있었으나 마리의 소명은 강철의 자기력이 아니었다. 마리에게는 연구해보고 싶은 더 흥미로운 것이 있었다. 뷔르츠부르크에서 빌헬름 뢴트겐 Wilhelm Röntgen은 우연히 전기관 앞에 손을 대고 빛을 쏘았다가 그의 손을 관통하는 신비한 X선을 발견했다. 1896년 새해에 그는 결혼반지까지 찍힌 아내의 손뼈 사진을 동료들에게 보냈다. 생전처음 보는 사진이었다. 뢴트겐의 사진은 당대 과학계와 사회를 한껏 들뜨게 했다.

같은 해에 파리에서 앙리 베크렐Henri Becquerel도 우연히 일종의 방사선을 발견했다. 이 방사선은 햇볕이 들지 않는 어두운 서랍 안에 사진 건판과 함께 넣어두었던 우라늄에서 나왔기 때문에, 베크렐은 이것을 '우라늄선'이라 불렀다. 그러나 이 광선에 대해 베크렐이 아는 것은 그게 전부였다. 그는 우라늄선이 어떻게 발생하는지 설명할 수 없었다. 그저 우라늄선이 인광과 관련이 있을 것이라고 추측하고, 그 추측이 맞기를 희망할 따름이었다. 왜냐하면 선배 과학자들과 그가 여러 세대에 걸쳐 인광의 이런 효과를 연구해왔기 때문이다. 베크렐의 광선은 뢴트겐의 광선보다 확실히 인기가 약했고, 신문 1면을 장식하고 박람회에서 소개되는 X선 사진 옆에서, 그의 흐릿한 사진은 빛을 잃었다.

그러나 마리는 베크렐의 발견에 매료되었다. 마리는 설렁설렁

일하는 베크렐의 실험 몇 번으로는 우라늄선을 완전히 해명할 수 없음을 알아차렸고, 피에르가 개발한 전위계를 토대로 우라늄선을 측정하는 새로운 방법을 고안했다. 그리고 강력한 베크렐에 과감히 대항했다. 마리는 이 광선을 '우라늄선' 대신 '방사성 광선'이라 불렀다. 그 광선이 우라늄 원소에서만 나오는 것이 아니라고 확신했기 때문이다. 마리는 이것을 증명하기 위해 새로운 방사성 원소를 찾기 시작했고 두 가지를 찾아냈다. 폴로늄과 라듐이 그것이었다.

마리 퀴리는 그것에 그치지 않고, 1898년에 "이해할 수 없는 우라늄 방사선은 원자의 한 특성"이라고 주장했다. 당시의 과학 지식에서 그런 주장은 도발이었다. 연구자들은 원자를 전혀 이해하지 못했다. 원자가 너무 많았다. 우선, 화학자의 원자가 있다. 이 원자는 더는 쪼개지지 않고 변하지 않으며, 화학반응으로 연결이 끊어지기도 하고 다시 연결되기도 하는 최소 구성 성분이다. 물리학자의 원자도 있다. 이 원자는 작은 당구공처럼 진공상태를 떠다니며 충돌하여 기체의 압력과 열을 생산한다. 철학자의 원자도 있다. 이 원자는 데모크리토스 이후로 세계를 구성하는 불멸의 성분을 의미했다. 그러나 이런 다양한 원자 사이에는 이론적 연관성이 없다. 그저 똑같이 '원자'라고 불릴 뿐이다. 그런데 마리 퀴리는 이러한 원자 내부에서 어떤 일이 벌어진다고 주장했던 것이다.

어떻게 그럴 수 있단 말인가? 원자는 어떤 메커니즘으로 방사선을 방출할까? 실험에서 알 수 있듯이, 그것은 확실히 화학 과정, 빛, 온도, 전기장, 자기장의 영향을 받지 않는다. 그렇다면 무엇이 방사선을 방출할까? 마리 퀴리는 터무니없는 가정을 했다. 아무것도 없다! 이 방사선은 저절로 즉흥적으로 발생된다. 1900년, 파리 세계박람회를 계기로 국제 물리학 학회가 열렸고, 마리 퀴리는 이때 발표할 논문에 불길한 문장을 하나 적었다. "방사선의 즉흥성은 수수께끼이자 깊은 경탄의 대상이다." 방사선은 저절로 생긴다. 아무런 원인 없이. 이 주장으로 마리 퀴리는 물리학의 토대인 인과 원칙을 흔들었다. 심지어, 에너지는 결코 사라지거나 무無에서 나오지 않는다는 물리학의 철칙인 에너지보존법칙도 과감히 버렸다. 뉴질랜드 물리학자 어니스트 러더퍼드가 마리 퀴리의 수수께끼에 빛을 비췄다. 그는 방사능의 '전환이론'을 개발했다. 원자가 방사선을 방출하면, 화학 원소가 바뀐다. 이것으로 과학의 또 다른 도그마가 흔들렸다. 고전물리학에서는 그런 전환이 불가능한 것으로 통했고, 연금술사와 사기꾼의 술책으로 여겨졌었다. 마리 퀴리 자신도 오랫동안 러더퍼드의 전환이론을 맹렬히 공격했지만, 결국 두 사람 모두 옳았다. 퀴리는 즉흥성에서, 러더퍼드는 전환에서. 물러나야 할 것은 고전물리학이었다.

퀴리 부부는 파리의 학술지구인 라틴지구에 자리한 물리화학 공과대학교 마당 헛간을 실험실로 썼다. 천막 틈새로 들어오는 바람이 피리를 불었다. 바닥은 늘 축축하게 젖어 있었다. 예전에는 대학생들이 이곳에서 신물이 나도록 시체를 해부했다. 지금은 부검대 위에 유리병, 전선, 진공펌프, 양팔저울, 프리즘, 건전지, 가스버너, 용광로 등의 기이한 실험 도구들이 놓여 있다. '긴급 요청'이 받아들여져 퀴리 부부의 실험실을 방문할 수 있었던 독일 화학자 빌헬름 오스트발트Wilhelm Ostwald는 이 막사 실험실을 "헛간과 감자 창고의 교집합"이라고 평했다. "작업대에서 화학 실험 도구들을 보지 못했더라면, 나는 이 모든 것을 장난이라 여겼을 터이다." 연금술사의 주방을 연상시키는 이곳에서 퀴리 부부는 이제 막 시작된 20세기에서 가장 중요한 발견을 해낼 것이다. 그들은 이곳 헛간에서 새로운 물리학 세계관의 초석이 다져지고 있음을 아직 알지 못했다.

퀴리 부부는 이 헛간에서 한 물질을 만들어내고자 한다. 수많은 동료들이 불과 얼마 전까지만 해도 '수리 수리 마수리'로 여겼던 물질, 순수 라듐이다. 그러나 그들은 마법을 부릴 수 없다. 라듐이 있어야 순수 라듐을 만들어낼 수 있다. 어딘가에서 원료가 조달되어야만 한다. 그들은 오랜 노력 끝에 '피치블렌드'라는 빛나는 광물을 알아냈다. 수 톤에 달하는 대량이 필요했지만 파리에서는 구할 수 없었고, 돈도 없었다. 피에르 퀴리가 유럽 전역에 수소문한 결과, 보헤미안 깊은 숲에 '탈러' 동전을 만드는 금속 광산이 있는데, 그곳 폐석 더미에 피치블렌드가 잔뜩 쌓여 있음을 알게 되었다. 그는 광산 책임자를 설득하여 피치블렌드 10톤을 얻었다. 아버지의 은행 사업으로 막대한 부를 축적한 에드먼드 제임스 드 로스차일드Edmond James de Rothschild 남작이 운송

자금을 댔다. 로스차일드는 금융보다 예술, 과학, 말에 더 관심이 많았다.

1899년 봄, 피치블렌드 더미가 퀴리 부부 막사 앞에 쌓였고, 마리는 "솔잎이 뒤섞인 갈색 먼지" 한 움큼을 눈앞에 들어올렸다. 이제 순수 라듐을 얻기 위한 작업을 시작할 수 있다.

그것은 글자 그대로 뼈가 부서지는 작업이었다. 마리는 무거운 양동이를 끌다시피 가져와 용액을 골고루 붓고, 부글부글 끓는 용광로를 쇠막대로 저었다. 알칼리성 염, 산, 수백 리터 물로 피치블렌드를 씻어내야 한다. 퀴리 부부는 추출을 위해 '분별 작용'이라는 기술을 개발했다. 이들은 원료를 계속해서 끓이고 식히고 굳혔다. 가벼운 원소는 무거운 원소보다 더 빨리 굳는다. 퀴리 부부는 이런 방식으로 라듐을 점차 늘려갔다. 정교한 측정과 엄청난 인내를 요구하는 작업이었다. 그러나 살인적인 중노동에도 두 사람은 행복했다. 밤에 실험실에서 집으로 걸어가면서 그들은 함께 순수 라듐의 모습을 상상했다. 라듐이 점점 더 정제되자 실험실 유리병에서 방출되는 광채는 점점 더 강해졌다. 1902년 여름, 퀴리 부부는 마침내 목표에 도달했다. 그들은 0.1g쯤 되는 순수 라듐을 손에 쥐었다. 마리는 원소의 원자량을 정하고 주기율표에서 88번을 부여했다.

다만, 행복 가운데에서 불행한 한 사람이 있었다. 퀴리 부부가 헛간에 실험실을 차리기 전에 세상에 온 그들의 딸, 이렌Irène이다. 이제 겨우 두 살인 이렌은 그동안 엄마 아빠의 얼굴을 거의 보지 못했다. 엄마 아빠는 늘 녹초가 되어 집으로 돌아왔다. 할아버지 외젠 퀴리Eugène Curie가 분리불안 증상을 보이는 이렌을 돌봤다. 엄마가 방에서 나갈 때마다 이렌은 엄마의 치마를 잡고 울었다. 어느 날 이렌이 할아버지에게 물었다. 왜 맨날 엄마가 없냐고. 엄마는 어디 있냐고. 할아버지가 이렌을 안고 막사 실험실에 왔다. 이렌은 "이 슬프고도 슬픈 장소"에 충격을 받았다. 엄마를 그리워했던 어린 마니아, 그리고 그녀의 딸 이렌이 어린 시절의 그녀처럼 똑같이 엄마를 그리워한다. 퀴리 부부의 딸 이렌 졸리오퀴리Irène Joliot-Curie는 30년 뒤에 방사능 연구로 엄마의 뒤를 이어 여성으로서는 두 번째로 노벨상을 수상한다. 그리고 이렌의 딸 헬렌Hélène 역시 핵물리학자가 된다.

박사학위 축하 파티가 열린 6월의 그날 저녁 켈러만 거리에서, 마리 퀴리는 가족에게 닥칠 불행을 아직 알지 못했다. 마리는 파티를 위해 특별히 새 원피스를 주문했다. 늘 그렇듯 검은색이다. 그래야 실험실에서 생기는 얼룩이 눈에 잘 띄지 않기 때문이다. 디자인은 볼록하게 나온 배도 잘 감출 수 있도록 요청했다. 마리는 지금 임신 3개월이다. 박사학위 축하 파티가 있은 후 얼마 뒤 퀴리 부부는 자전거 여행을 떠났다. 그들은 자전거를 타고 시골 마을을 달리는 것을 좋아했다. 신혼여행도 자전거로 갔었다. 그러나 이제 마리는 임신 5개월째에 접어들었고, 자전거를 타고 울퉁불퉁한 자갈길을 달리는 일은 임산부에게 무리였다. 결국 배 속의 아이는 유산되고 만다. 이후 마리는 슬픔을 잊기 위해 더욱 실험에 빠져들었다. 점점 더 깊이, 다시 쓰러질 때까지. 그로 인해 마리 퀴리는 방사능의 발견으로 베크렐과 공동 수상하는 노벨상을 받으러 스톡홀름에 갈 수 없었고, 거만한 베크렐이 모든 무대를 독차지했다. 그는 금으로 수놓아진 녹색 브로케이드 스커트를 입고, 가슴에 훈장을 달고, 옆구리에는 칼을 차고 무대에 올랐다.

마리가 박사학위 축하 파티를 마치고 살롱을 나와 피에르와 팔짱을 끼고 여름밤 속으로 들어갈 때, 파티 손님들이 그들을 위해 유리잔을 높이 들었다. 퀴리 부부는 빛에서 벗어나 몇 걸음을 걸었고 그곳에는 오직 두 사람만 있었다. 별이 빛나는 밤하늘 아래에서 피에르가 조끼 주머니에서 라듐브로마이드가 든 유리병을 꺼냈다. 유리병에서 빛이 나와 그들의 얼굴을 비췄다. 술기운에 붉어진 편안한 얼굴, 그리고 화상으로 여기저기 상처투성이인 피에르의 손가락. 그것은 언젠가 마리를 죽게 할 방사능 질병의 전조이자, 그들이 쫓고 있는 지식의 무게를 알려주는 첫 번째 암시였다.

1905년 베른
특허청 직원

1905년 3월 15일 금요일 베른. 괘종시계가 8시를 알린다. 체크무늬 정장의 한 젊은이가 크람가세 49번지 3층에서 가파르고 좁은 계단을 급히 내려와 복도를 지나 율석이 깔린 도로로 향한다. 손에는 봉투를 들었다. 어떤 행인은 그가 신고 있는 녹색 꽃자수 슬리퍼에 놀랐을 터이다. 이 젊은이는 행인들의 시선에 아랑곳하지 않는다. 그는 서둘러 우체국으로 가야 한다. 손에 든 봉투가 세상을 바꿀 것이다. 이 젊은이의 이름은 알베르트 아인슈타인Albert Einstein이다.

알베르트 아인슈타인은 10개월 전에 아버지가 되었고, 사흘 전에 스물여섯 살이 되었다. 그는 크람가세 49번지 다세대주택 3층, 방 두 개짜리 집에서 아내 밀레바Mileva와 아들 한스 알베르트Hans Albert와 산다.

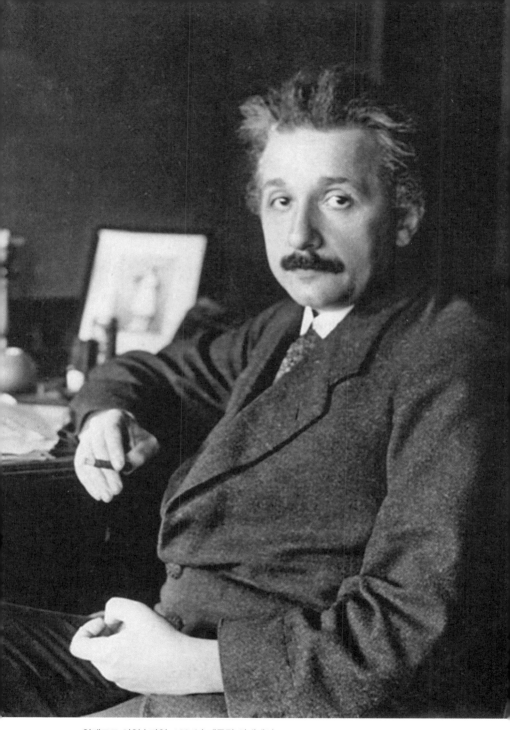

알베르트 아인슈타인, 1921년 베를린 서재에서.

아인슈타인은 특허청 3등급 심사관이다. 꿈의 직장은 아니지만, 박사학위 취득 실패, 조교 채용 불발, 아내의 임신중독과 출산, 특허청의 긴 채용 절차 끝에 마침내 일자리를 얻었다는 사실에 기뻤다. 아인슈타인은 가장으로서 생활비와 집세를 내기 위해 한동안 과외교사로 일해야 했었다. 그는 건축사, 공학자, 졸업이 늦어진 만년 대학생에게 물리학과 수학을 가르쳤다. 한 학생이 공책에 적었다. "짤막한 두개골이 심하게 넓적해 보인다. 피부가 탁한 연갈색으로 그을렸다. 커다란 입 위에 가느다란 검은 콧수염이 삐죽삐죽 돋아나 있다. 코는 살짝 매부리코다. 진한 갈색 눈이 깊고 은은하게 빛난다. 목소리는 첼로의 진동음처럼 매력적이다. 외국인 억양이 살짝 섞였지만 완벽한 프랑스어를 구사한다." 이외에 아인슈타인은 베른대학교에서 병리학 강의도 들었다. 물리학 강의는 너무 지루했다. 시간강사로 일하고 싶었지만 대학은 그의 지원서를 거절했다. 박사학위도 없이, 교수자격 논문도 쓰지 않고 대학에서 강의를 하기에는 그의 업적이 한참 부족했다. 아인슈타인은 대학을 "돼지우리"라고 불렀다. "나는 그곳에서 절대 일하지 않을 것이다." 그렇게 "위대한 교수"가 되려는 첫 번째 시도가 실패했다.

아인슈타인에게는 특히 지난 몇 년은 힘겨운 시간이었다. 첫 번째 대학입학 자격시험에 떨어진 후 우회하여 스위스에서 시험을 치고 열일곱 살이 되던 1896년 취리히연방공과대학교에 입학했을 때, 아버지의 회사가 파산했다. 스위스에서 가장 크고 부유한 도시, 은행과 기업의 중심지에서 아인슈타인은 재정 지원 없이 살아가야 했다. 이탈리아에 사는 친척들이 매달 100프랑씩 보내주며 도와주었다. 하지만 그는 자신의 전공인 물리학 공부를 제대로 하지 못했다. '초보자를 위한 물리학 실습'에서 그는 교수의 질책과 낙제점을 받았고, 무단결석도 잦았다. 차라리 집에서 전자기학의 고전, 맥스웰과 헤르츠 그리고 볼츠만, 헬름홀츠, 마흐의 신작들을 읽는 게 더 좋았기 때문이다.

특히 에른스트 마흐Ernst Mach가 아인슈타인에게 깊은 인상을 주었다. 마흐는 빈 출신의 물리학자로, 새로운 과학적 사고에 몰두하고, 입증되지 않은 가설과 형이상학적 사색에서 벗어나 물리학을 근본적으로 연구한 사람이다. 마흐는 이렇게 말했다. "오로지 관찰할 수 있는 것만 존재한다. 속도, 힘, 에너지 같은 물리학 개념은 감각적 경험을 기반으로 해야 한다." 뉴턴 이후 도그마로 통했고 칸트 이후 감각적 경험의 초감각적 전제로 통했던 절대공간과 절대시간의 개념은, 마흐가 없애고자 했던 형이상학적 쓰레기에 속한다. 절대시간은 없다. 오로지 시곗바늘과 괘종만 있을 뿐이다.

원자의 존재에 관해 물으면 마흐는 "보셨어요?"라고 반문하고 당연히 "아니요"라는 답이 나올 것이라 확신한다. 그러나 이제 그것이 바뀌었다. 앙리 베크렐과 퀴리 부부가 관찰하고 연구한 '우라늄 방사선'에서 원자의 존재가 밝혀졌고, 아인슈타인은 자신이 본 것을 부정하는 사람이 아니다.

아인슈타인은 스스로 자신을 "평범한 대학생"이라 여겼고, 다섯 명 중 4등으로 졸업시험을 통과했다. 물리학 교수 하인리히 베버Heinrich Weber는 모든 졸업생을 조교로 채용했다. 아인슈타인만 빼고. 아인슈타인은 박사학위 도전에 두 번이나 실패했다. 교수들이 그의 논문 심사를 '거부'했기 때문이다. 아인슈타인은 나중에 자신의 두 논문을 "쓸모없는 첫 두 작품"이라고 불렀다.

아인슈타인의 애인 밀레바 마리치Mileva Marić는 세르비아 출신으로 물리학을 전공한 세계 최초의 여성이다. 밀레바 마리치는 졸업시험에 떨어졌고, 아인슈타인의 아이를 임신했고, 졸업시험에 다시 떨어졌고, 딸을 낳았다. 밀레바는 친구와 친척들에게 출산 사실을 비밀로 하고 딸을 입양 보냈다. 아버지는 딸을 보지도 못했다. 그때 아인슈타인은 이미 베른에 있었다. 밀레바가 뒤따라 베른으로 왔고, 아인슈타인은 어머니의 반대에도 무릅쓰고 밀레바와 결혼했다. 두 사람은 당시 '정상적 관계'라고 부르는 그런 관계가 아니었다.

아인슈타인이 마침내 특허청에 취직했을 때, 적어도 돈 걱정에서는 벗어날 수 있었다. 1년에 3,500프랑이라는 '좋은 급여'는 평범한 가정생활을 해나가기에 충분했다. 그 대신 스트레스가 이만저만이 아니었다. 매일 아침 8시에 우체국과 전신소 위층에 있는 '사무소'에 출근해야 했고, 여덟 시간 동안 특허신청서를 검사해야 했다. 게다가 처음에는 적어도 1시간씩 개인 시간을 쪼개 상사에게 과외 수업을 받아야만 했다. 기계공학과 기술도면에 대해 아는 것이 거의 없었기 때문이다.

아인슈타인이 물리학 연구와 단절된 채 공무원 생활에 집중하더라도, 아무도 그를 나쁘다고 말하지 않을 것이다. 그러나 아인슈타인은 물리학 연구의 중심인 대학에서 멀리 떨어져 있을 때 비로소 활짝 꽃을 피웠다. 자신만의 고유한 생각을 얻기 위해, 고착화된 물리학과 거리를 둘 필요가 있었던 것이다. 아인슈타인이 비록 자기 자신을 "고독한 기인"이라고 즐겨 불렀지만, 그는 결코 외로운 천재가 아니었다. 밀레바는 취리히에서 함께 보낸 시간 이후로 아인슈타인의 영리하고 똑똑한 대화 상대자이자 생각을 공유하는 사람이었고, 그녀의 아이디어와 아인슈타인의 아이디어는 때때로 거의 구분되지 않았다.

자칭 '올림피아 아카데미'라는 친목 모임에서 아인슈타인은 학계의 관습에 신경 쓸 필요 없이, 가까운 친구들과 물리학 및 철학을 토론하고 논쟁했다. 무단결석이 허용되지 않는 이 모임의 초대장에 그는 "꼬리뼈의 기사 알베르트Albert Ritter von Steissbein"라고 서명했다. 그는 이 모임에서 최고로 끈기 있는 엉덩이를 가진 인물이었다.

올림피아 아카데미 모임 외에 '베른 자연연구회'라는 저녁 모임에도 정기적으로 참석했다. 모임은 2주에 한 번씩 슈토르헨 호텔 회의실에서 열렸다. 은퇴 교수, 김나지움 교사, 의사, 약사가 이곳에 모여 과학을 논했다. 아인슈타인은 1903년 12월 5일에 이곳에서 자신의 '전자기파 이론'을 발표했다. "이 이론은 우선 개넘이 중요합니다." 이 이론은 나중에 '상대성이론'이라 불릴 것이다. 그다음 토론 주제는 수의학으로 바뀌었다.

아인슈타인이 막스 플랑크의 1900년 흑체 문제에 관한 발표를 읽었을 때, 그는 최초로 이 발견의 규모를 알아차렸다. "발 딛고 서 있을 단단한 땅이 무너져 내린 것 같았다." 플랑크의 논문이 입증한 것처럼 빛이 정말로 '양자'로 구성되었다면, 맥스웰의 빛 파동 이론을 과연 계속 신뢰해도 될까? 아인슈타인은 플랑크의 말을 믿고 불확실한 영토로 과감히 발을 옮기기로 결심했다.

반세기도 더 전부터, 맥스웰 이후로 빛은 줄곧 파동현상이었다. 플랑크는 흑체 문제와 씨름하면서 자신의 물리학적 직관에 반하여, 에너지가 덩어리로 흡수되고 방출된다는 가정을 세웠다. 에너지는 고르게 흐르지 않고 특정 최소 단위인 '양자'로 방출되거나 흡수된다! 그러나 플랑크는 다른 모든 물리학자와 마찬가지로, 전자기선이 언제나 파동으로 구성되었다는 확신을 버리지 못했다. 파동이 아니라면 도대체 뭘까? 빛과 물질이 상호작용하면 어떤 식으로든 성가신 에너지 덩어리가 생성될 수밖에 없다! 플랑크에게 없었던 혁명 정신이 아인슈타인에게서 불타올랐다. 아인슈타인은 주장한다. 빛, 즉 모든 전자기선은 파동이 아니라 일종의 입자인 양자로 구성되었다!

1905년 3월 17일, 아인슈타인이 출근길에 우체국으로 가지고 간 봉투 안에는 이 대담한 주장이 들어 있었다. 봉투에는 세계에서 가장 권위 있는 물리학 잡지인 《물리학 연보Annalen der Physik》 편집부 주소가 적혀 있었다. 이 원고의 제목은 '발견적 관점에서 본 빛의 생성에 관하여'이다. 아인슈타인은 자신의 주장이 플랑크의 주장보다 훨씬 더 급진적임을 잘 알았다. 빛을 입자의 흐름으로 보는 것은 거의 이단에 가까웠다.

이후 20년 동안 빛의 양자, 즉 광양자를 믿는 사람은 아인슈타인 외에 거의 아무도 없을 것이다. 그는 이것이 힘든 싸움이 되리라는 것을 처음부터 알았다. 그는 '발견적'이라는 말로, 자신의 '관점'이 철저히 연구된 이론이 아니라, 빛의 기이한 현상을 이해하기 위한 가설이나 수단임을 인정했다. 이런 방식으로 아인슈타인은 동료들이 더 쉽게 그의 관점을 인식하고 수용할 수 있게 했다. 이 원고는 새로운 빛의 이론으로 이끄는 길잡이였다. 그러나 맥스웰이 가르쳐준 빛만 생각할 수 있었던 동료들에게는 이것 역시 너무 버거웠다. 아인슈타인이 1905년에 이미 특허청 책상에서 시작한 수준을 그들이 따라오려면 아직 몇십 년이 더 걸릴 것이다.

베른 특허청의 3등급 심사관이 1905년의 물리학자들을 괴롭히기 시작했다. 5월에 아인슈타인의 편지가 콘라트 하비히트 Conrad Habicht에게 도착했다. 시골 학교에서 수학을 가르치기 위해 몇 달 전에 베른에서 그라우뷘덴으로 이사를 한 친구다. 잉크 얼룩과 수정을 위해 죽죽 그은 선, 휘갈겨 쓴 글씨체에서 편지가 황급히 작성되었음이 드러난다. 아인슈타인은 날짜를 적는 데 시간을 허비하지 않았다. 편지는 장난스러운 욕 몇 마디로 시작된다.

친구를 "얼어버린 고래" 그리고 "메마르고 편협한 작은 영혼"이라 부르고, 그것에 대해 "70퍼센트 분노와 30퍼센트 동정"을 느낀다고 썼다. 그렇게 아인슈타인은 친구에 대한 자신의 애정을 표현했다. 그는 올림피아 아카데미에서 하비히트와 함께 토론하던 날이 그립다고 적었다.

그다음 아인슈타인은 올해 출간되기를 희망하는 논문 네 개를 보내겠다고 약속한다. 첫 번째 논문은 광양자에 관한 것이다. 두 번째 논문에서는 원자의 크기를 측정하는 새로운 방법을 설명한다. 세 번째 논문에서는, 80년 동안 과학자들을 어리둥절하게 했던 액체 속의 꽃가루 같은 입자들의 요란한 춤인 브라운 운동을 설명한다. "네 번째 논문은 개념이 중요해. 그것은 공간과 시간 이론의 변형을 이용한, 움직이는 물체의 전기역학에 관한 거야." '투잡' 물리학자 아인슈타인은 에른스트 마흐가 제안한 것을 버리고 공간과 시간을 새롭게 발명했다. 《물리학 연보》에 게재하기 위해 이 논문을 감수한 플랑크는 이 이론에 '상대성이론'이라는 이름을 붙였다. 이 이론은 아인슈타인의 두 번째 이름처럼 그와 늘 붙어 다니게 될 것이다.

그러나 하비히트에게 보낸 편지에서 아인슈타인이 "매우 혁명적"이라고 불렀던 것은 상대성이론이 아니라 광양자이론이다. 그가 자신의 논문에 "혁명적"이라는 표현을 쓴 것은 이것이 유일하다. 스스로 세상에 내놓은 양자를 여전히 계산을 위한 임시 수단으로 여겼던 플랑크는 아인슈타인의 광양자이론에 동의하지 않았다. 그러나 논문을 출판하는 것에는 동의했다. 이 모든 대단하고 과감한 이론을 내놓은 베른 출신의 아마추어 물리학자가 누구인지, 플랑크는 갑자기 궁금해졌다.

아인슈타인이 하비히트에게 보낸 편지에서 열거한 논문만으로도 그는 과학사에 영원히 이름을 남기기에 충분해 보인다. 아인슈타인은 그 논문들의 집필을 몇 달 사이에, 그것도 자투리 시간에 해냈다. 지금까지 과학자 중에 그렇게 폭발적인 창의력을 발휘한 전례가 없다. 그다음 그는 하비히트에게 보낸 편지에서 거론하지 않은 다섯 번째 논문을 썼다. 이 논문에 $E = mc^2$ 공식이 등장한다.

1906년 1월에 아인슈타인은 취리히연방공과대학교에서 박사 학위를 받았고, 그 후 베른 특허청은 그를 2등급 심사관으로 승진시켰다. 아인슈타인은 이 직위를 "특허청 2등급 심부름꾼"이라고 불렀다. 승진으로 연봉이 3,800프랑으로 올랐다. 1907년 초에 아인슈타인은 친구에게 보내는 편지에 이렇게 적었다. "나는 괜찮은 급여를 받는 유서 깊은 스위스 잉크 똥 역할을 하면서 잘 지내고 있어. 나의 오래된 수학-물리학 말을 타고, 바이올린도 켜면서. 두 가지를 하기에 시간이 아주 빠듯한데, 두 살 된 아들이 그런 불필요한 일을 하도록 내게 허락해준 시간이 아주 짧거든."

1906년 파리

피에르 퀴리의 비극적 죽음

퀴리 부부는 스타가 되었다. 신문들이 앞다퉈 '물리 실험실의 풍경'에 관한 홈스토리를 전했다. 그러는 동안 전 세계는 라듐에 흥분했다. 라듐이 암을 치료하고 치아를 깨끗하게 하고 성욕을 높인다는 소문이 퍼졌다. 상류층 파티에서는 반짝이는 라듐이 조명 효과를 내고, 나이트클럽 댄서들은 라듐 페인트를 몸에 바르고 무대에 올랐다. 세계 곳곳에 라듐 공장이 생기고 피치블렌드의 인기가 급상승했다. 미국의 철강 사업가이자 운동선수인 이븐 바이어스Eben Byers는 활력 유지를 위해 매일 라듐 섞은 물을 한 병씩 마셨는데 결국 암으로 고통 속에 사망했다.

퀴리 부부 역시 라듐의 생리학적 효과를 연구했다. 그들은 라듐염이 든 고무 캡슐을 피부에 올리고 라듐 방사선이 피부에 미치는 영향을 기록했다. 먼저 붉은 발진이 생기고 그다음 물집이 잡히고 궤양이 발생했다. 피에르 퀴리는 실험을 위해 방사능이 다소 약한 표본을 10시간 동안 자기 팔에 올려둔 적도 있다. 이때 생긴 상처가 아무는 데 4개월이나 걸렸다. 나중에 방사능 질환으로 판명될 첫 번째 증상이 퀴리 부부에게 나타났다. 손 피부가 갈라지고 염증이 생겼다. 피에르는 뼈가 아파서 잠을 거의 이룰 수 없었다. 그들이 입은 옷과 그들이 쓰는 종이에 방사능이 스며들었다. 그것은 100년이 지난 지금도 가이거 계수기(방사능 측정 장치─옮긴이)를 똑딱거리게 만든다.

1906년 어느 날 피에르는 마리와 다툰 후 집을 나섰다. 분노와 통증 속에 비틀거리며 거리를 걸었다. 이윽고 그는 도핀느 거리의 번잡한 교차로에서 마차에 깔렸다. 마차 뒷바퀴에 두개골이 깨졌고 그는 즉사했다. 남편의 죽음은 마리에게 너무 큰 상실이었다. 마리는 남편의 무덤 근처로 이사했고, 그 후로 찍은 사진에서는 그녀의 미소 띤 얼굴을 볼 수 없다. 피에르가 사망한 지 2년째 되는 해에 마리 퀴리는 남편의 물리학 교수직을 넘겨받아 소르본대학교에서 강의한 최초의 여성이 되었다. 1911년에 마리 퀴리는 생애 두 번째 노벨상을 받았다. 이번에는 라듐 제조에 성공한 공로를 인정받아 노벨화학상을 받았다. 그러나 이번에는 파티를 열지 않았다.

1909년 베를린

비행선의 종말

1909년 여름 베를린. 수많은 베를린 시민이 템펠호퍼 펠트의 연병장으로 몰려들었다. 그들은 자전거로, 지하철로, 걸어서 왔다. 기술이 사람을 운반하는 시대였다.

번잡함 속에서 인파 대다수는 기이하게 생긴 피라미드 형태의 목탑을 거의 인식하지 못했다. 그들은 오빌 라이트Orville Wright가 미국에서 분해하여 상자에 넣어 배에 싣고 유럽으로 가져온 후 베를린에서 재조립한 '비행 기계'를 보지 못했다. 오빌 라이트는 자신의 기계로 피라미드 목탑을 공중으로 날려버리고, 1909년 9월 베를린 시민들의 우레와 같은 환호 속에 지상 172미터까지 날아오르는 기록을 달성했다.

며칠 전 오빌 라이트 역시 인파 속에 있었다. 그는 관중석 황제 옆자리에서 독일의 비행 기계 '체펠린'의 비행을 지켜보았다.

체펠린 백작이 뚱뚱한 시가처럼 생긴 자신의 비행선 조종석에 직접 앉았다. 체펠린 백작은 오빌 라이트보다 더 높이 더 멀리 날았지만, 체펠린의 뚱뚱한 비행선은 라이트 형제의 세련된 비행 기계 옆에서 어쩐지 둔하고 굼떠 보였다. 백작이 황제를 맞이하기 위해 천천히 관중석을 향해 내려왔다. 오빌 라이트가 정중하게 박수를 보냈다. 체펠린의 비행선은 과거였고, 라이트의 비행기는 미래였다. 곧 닥칠 세계대전은 하늘에서도 치러질 것이다.

1911년 프라하
아인슈타인, 꽃으로 말하다

1911년 4월. 아인슈타인은 프라하 카렐대학교에 연구실을 마련했다. 그는 방금 취리히에서 이곳으로 왔다. 창문을 열면 고목이 멋진 정원이 내다보인다. 아침에는 여자들만, 오후에는 남자들만 정원을 산책했다. 아인슈타인은 이것을 의아해 했는데, 알고 보니 이 정원은 당시 '미치광이 시설'이라 불렸던 정신병원 소유였다. "양자이론에 몰두하지 않고도 미쳐버린 사람들의 모든 면면을 저기서 볼 수 있어요." 아인슈타인이 한 방문객에게 말했다. 그는 양자이론 때문에 미쳐버릴 것만 같았다. 빛의 이중성과 자신이 세상에 내놓은 양자 때문에 괴로웠다. 양자가 정말 존재할까? 1911년 11월 제1회 솔베이회의에서 '빛과 양자의 이론'에 대해 발표한 뒤로, 아인슈타인은 미칠 것 같은 이 고민을 그만두기로 결심했다. 양자 망상을 버리고 부작용이 더 약한 다른 질문에 몰두하고 싶었다. 암울한 프라하에서 도망치고 싶었다. 아인슈타인과 무관하게 독자적으로 특수상대성이론의 방정식에 도달한 프랑스 수학자 앙리 푸앵카레의 추천으로, 때마침 취리히연방공과대학교가 그에게 교수직을 제안했다. 1912년 7월, 아인슈타인은 한때 조교 자리를 거절당했던 대학교에 교수가 되어 돌아왔다.

그러나 그는 그곳에 오래 머물지 않았다. 1년 뒤에 그는 취리히 중앙역에서 물리학자 막스 플랑크와 발터 네른스트Walther Nernst를 맞이했다. 그는 그들의 방문 목적을 잘 알았다. 그들은 아인슈타인을 독일 수도로 데려가려고 취리히에 왔다. 그러나 그는 그들이 정확히 어떤 조건을 제시할지 아직 몰랐다. 그들이 제시한 연봉은 1만 2,000마르크! 이는 프로이센 교수가 받을 수 있는 최고 급여인데, 여기에 프로이센 과학아카데미의 명예보수 900마르크가 더해졌다. 아인슈타인은 급여 조건에 깊은 인상을 받았다. 그러나 그는 주저하며 다른 제안도 받은 상태이니 생각할 시간을 하루만 더 달라고 요청했다. 플랑크와 네른스트가 산악기차를 타고 소풍을 즐기는 동안, 아인슈타인은 그들의 제안을 깊이 고민했다. 아인슈타인은 제안 수락 여부를 꽃의 색깔로 알리겠노라 약속했다. 빨강은 수락을 뜻하고 흰색은 거절을 뜻했다. 그들이 소풍을 마치고 아인슈타인을 다시 방문했을 때, 그는 빨간 꽃다발을 손에 들고 있었다.

덴마크의 어린 청년, 어른이 되다

1911년 9월. 아직 스물여섯 살이 채 안 된 어린 청년이 덴마크에서 영국 케임브리지로 왔다. 두꺼운 눈썹, 겁먹은 시선, 축 처진 입꼬리가 약간 슬퍼 보인다. 생각에 깊이 빠지면 커다란 손과 팔도 아래로 축 처지고 표정이 잔뜩 일그러진다. 그러면 동료들이 '바보' 같다고 놀린다. 그는 말도 신중하고 느리게 하는데, 그때 역시 바보처럼 보인다.

그러나 겉모습만 그럴 뿐, 그는 육체적으로나 정신적으로나 매우 강하다. 겨울에는 스키와 스케이트를 타고, 여름에는 영국에서 시작되어 유럽 전역에서 유행 중인 새로운 운동, 바로 축구를 한다. 그는 아버지가 만든 축구단 '아카데미스크 BK'의 골키퍼이다. 그리고 그 세대에서 가장 재능이 뛰어난 과학자이다. 이제 그것을 세상과 자기 자신에게 증명하기만 하면 된다.

닐스 보어Niels Bohr의 과학자로서의 경력은 불발로 시작되었다. 그는 금속의 전기 전도에 관한 논문을 썼고, 전자가 금속을 관통하여 전하를 운반하고, 이때 전자는 기체 안의 원자처럼 아무런 방해 없이 '우르르 움직인다'고 확신했었다. 그러나 이 모형은 제대로 작동하지 않았다. 그럼에도 그는 박사학위를 받았다. 덴마크에는 그를 반박할 만큼 전자에 대해 그보다 많이 아는 사람이 없었다.

보어는 전자를 '충전된 작은 당구공'으로 보는 19세기의 생각에 문제가 있다고 의심하기 시작했다. 그는 전자의 거장에게 배우기 위해 케임브리지로 갔다. 맥스웰이 설립한 유명한 카벤디시 연구소의 소장이자, 한때 뉴턴이 강의했던 트리니티 칼리지의 교수로, 'J. J.'라고 불리는 55세 조지프 존 톰슨Joseph John Thomson에게 배우고 싶었다. 톰슨은 15년 전에 전자를 발견했다. 이 덴마크 청년의 학위논문이 유명한 학술지에 게재될 수 있도록, 혹시 톰슨이 도울 수 있을까?

보어의 큰 목표는 원자의 작동 방식을 알아내는 것이다. 과학자들이 지금까지 원자에 대해 아는 것이라고는 그것이 존재한다는 것뿐이다. 톰슨도 보어와 같은 목표를 가졌으므로, 케임브리지는 보어에게 맞춤한 장소였다. 다만, 영국식 매너만 없었더라면 좋았을 텐데….

톰슨은 존경받는 연구소 소장이지만, 실험과 대인관계가 서툴기로 악명이 높았다. 보어는 첫 만남에서 톰슨의 저서인《기체를 통한 전기 전도Conduction of Electricity Through Gases》의 몇 가지 오류와 모호함을 과감히 지적하고, 쉽게 해결할 방안이 있다고 말했다. 그는 서툰 영어이지만 매우 친절하고 쾌활하게 말했다. 그러나 자신이 지금 어떤 실수를 저질렀는지 바로 깨달았다. 가르치려는 것이 아니라 배우고 싶을 뿐이라고 재차 강조했지만, 이미 너무 늦었다. 톰슨은 모욕감을 느꼈고, 보어는 계산 오류에 관심을 두지 않는 톰슨에게 실망했다.

얼마 후 보어는 살펴봐달라는 부탁과 함께 원고 하나를 톰슨에게 남겼다. 며칠 뒤에 그는 톰슨이 이 원고를 아직 건드리지도 않았음을 확인하고 그것을 지적했다. 이것 역시 영국식 매너에 맞지 않았다. 톰슨은 보어 같은 어린 청년이 자신만큼 전자에 대해 많이 아는 것은 불가능하다고 여겼다.

보어는 경직된 영국인들 사이에서 겉돌았다. 톰슨은 보어를 피했다. 트리니티 칼리지의 만찬홀 긴 식탁에서 다 같이 저녁을 먹을 때면, 아무도 슬픈 눈빛의 덴마크 청년 옆에 앉으려 하지 않았다. 다시 누군가 그에게 말을 걸기까지 여러 주가 걸렸다. 보어는 나중에 자신의 케임브리지 생활을 "매우 흥미로웠다"라고 평가하는데, 상대방이 한심한 얘기를 하거나 근거 없는 추측 또는 미심쩍은 가설을 펼치면 대화를 끝내기 위해 그가 자주 썼던 표준 어구가 바로 "쓸데없다"와 "매우 흥미롭다"였다. 아무튼, 그는 이제 시간이 많다. 찰스 디킨스의 두꺼운 소설을 원어로 읽을 시간, 그리고 부족한 영어 실력이 발전하리라 기대할 수 있는 시간.

1911년 2월, 슬픈 눈빛의 덴마크 청년은 정말로 슬펐다. 아버지가 겨우 54세의 나이에 세상을 떠났기 때문이다. 그의 아버지 크리스티안 보어Christian Bohr는 호흡을 할 때 폐에서 일어나는 공기 교환을 연구한 존경받는 생리학자였다. 닐스 보어는 아버지의 실험실에서 처음 과학을 만났다. 아버지를 잃고 슬픔에 잠긴 보어는 외로웠다. 그는 옛 친구의 여동생이자 자신의 약혼자인 마르그레테 뇌르룬트Margrethe Nørlund가 그리웠다. 두 사람은 1년 전에 코펜하겐에서 '에클립티카Ekliptika'라는 토론 모임에서 처음 만났고, 그 직후 가능한 빨리 결혼하기로 약속했다. 닐스는 마르그레테에게 매일 최소 한 통씩 그리움이 가득 담긴 편지를 썼다. 한 편지에서 그는 괴테의 시를 인용했다.

먼 세상, 넓은 삶,
오랜 세월, 정직한 노력,
항상 연구하고 항상 입증하고,
끝맺음이 없고, 종종 두루뭉술 마무리하고,
옛것을 신의로 보존하고,
새것을 친절하게 받아들이고,
맑은 마음과 순수한 목적:
이제, 한 구간을 지난다

어느 날 저녁, 외로운 닐스는 가르마가 정갈한 백발에 콧수염이 있고 이상한 사투리를 쓰는 마흔 살의 남성을 만났다. 그의 이름은 어니스트 러더퍼드. 그는 뉴질랜드로 이주한 스코틀랜드 농부의 아들로, 맨체스터대학교 교수이고 노벨화학상 수상자이자 세계 최고인 실험물리학자이다. 건장한 체격과 힘찬 목소리를 지닌 러더퍼드는 실험이 실패할 때면 큰소리로 욕을 뱉었다. 직설적 유형의 인물이었다. 보어는 그 점이 맘에 들었다. 러더퍼드 역시 한때 톰슨의 제자였지만, 지금은 옛 스승과 경쟁한다. 원자의 구조를 누가 먼저 알아낼 것인가?

보어는 케임브리지가 아니라 맨체스터가 공부하기에 더 맞춤한 장소임을 깨달았다. 러더퍼드가 톰슨보다 원자에 대해 더 많이 알았고, 더 흥미로운 실험을 했다. 그는 보어를 경직된 영국식 매너가 아니라 친절함으로 대했고 격려를 아끼지 않았다. "그는 내게 거의 제2의 아버지 같았다." 나중에 보어는 어니스트 러더퍼드에 대해 이렇게 말했고, 자신의 여섯 아들 가운데 넷째 아들의 이름을 '어니스트'라고 지었다.

1912년 3월, 보어는 마침내 케임브리지에서 맨체스터로 학적을 옮겼고 방사능 실험 방법을 배울 작정이었다. 그러나 맨체스터에서도 별반 다르지 않았다. 비록 "완전히 쓸데없진" 않았지만, 역시 "대체로 쓸데없는" 시간이었다.

방사능이 원자 구조의 열쇠이다. 어니스트 러더퍼드와 마리 퀴리는 평소 걸핏하면 다투는 경쟁관계였지만, 이것에는 생각을 같이 했다. 몇 년 전 러더퍼드는 카벤디시 연구소에서 알파파의 정체를 밝혀냈다. 알파파는 반대 전하를 두 배 더 많이 가진 입자, 전자보다 훨씬 무거운 입자로 구성된다. 러더퍼드와 한스 가이거Hans Geiger는 이런 알파입자를 포착하여 전기적으로 중화했고, 그것이 헬륨 원자임을 알아냈다. 그러니까 알파분해 때 가장 가벼운 헬륨 원자와 똑같은 조각을 방출함으로써 큰 원자가 더 작은 원자로 바뀐다. 다만, 원자가 정확히 무엇인지 아직 아무도 몰랐다.

러더퍼드는 알파입자가 발사체로 적합하다는 아이디어에 도달했다. 알파입자를 다른 물체에 발사하여 그 물체가 무엇으로 구성되었는지 알아내는 것이다. 러더퍼드와 가이거는 방사선에서 얻은 알파입자로 얇은 금박에 폭격을 가했다. 아주 흥미롭게 들리지만 실제로는 그렇지 않다. 러더퍼드는 알파입자 폭격을 직원에게 맡기고, 몇 시간 동안 어두운 실험실에 앉아서, 알파입자가 인광 스크린에 부딪힐 때 생성되는 작은 섬광을 헤아릴 수 있을 만큼 동공이 충분히 열릴 때까지 기다렸다.

이윽고 그들은 깜짝 놀랐다. 대부분의 알파입자가 금박을 관통했다. 마치 금박이 없었던 것처럼. 어떤 알파입자는 총알이 스친 것처럼 방향 각도가 살짝 바뀌었다. 정말 놀라운 일은 따로 있었다. 어떤 알파입자는 금박을 관통하지 않고 출발한 쪽으로 되돌아갔다! "그것은 내 인생에서 가장 믿기 어려운 결과로, 마치 수류탄을 종이에 던졌는데 튕겨져 돌아와 던진 사람을 폭파시킨 것만큼 믿기 어려웠다." 나중에 러더퍼드는 당시의 실험을 두고 이렇게 적었다. 알파입자는 분명 자신보다 훨씬 더 무거운 어떤 것과 충돌하여 튕겨 나왔다고, 러더퍼드는 확신했다. 원자는 작고 조밀한 '핵'을 가졌는데, 핵 안에 원자의 거의 모든 질량이 응집되어 있고 원자의 나머지는 텅 비었다. 러더퍼드는 원자핵을 "콘서트홀의 모기 한 마리"에 비유했다.

올바른 생각이다. 그러나 그것을 입증할 올바른 주장이 러더퍼드에게는 아직 없었다. 톰슨은 여전히 자신의 알맹이 없는 "자두 푸딩" 모형을 확고하게 믿었다. 그의 원자 모형에서는 전자가 원자 안에 골고루 퍼져 있다. 마치 케이크 속의 건포도처럼. 러더퍼드에게는 톰슨의 확신을 무너뜨릴 수단이 없었다. 그는 실험물리학자이다. 톰슨이 실험에 서툰 것처럼 그는 공식과 이론에 서툴다.

러더퍼드의 조교 가운데 찰스 다윈Charles Darwin이 있다. 위대한 진화생물학자의 손자로 할아버지와 이름이 같다. 그는 러더퍼드 연구실의 유일한 이론가이다. 보어가 맨체스터에 왔을 때, 찰스 다윈은 러더퍼드의 실험을 이론화하려 애쓰고 있었다. 다윈은 대부분의 알파입자가 금박 안에서 무질서하게 돌아다니는 전자에 걸려 에너지를 잃었고, 단지 예외적으로 알파입자 하나가 핵과 충돌하여 튕겨 나왔을 것이라고 추측했다. 그는 이런 방식으로 원자의 구조를 알아내고자 했다. 그는 전자들이 원자 안에서 무질서하게 이리저리 떠다닌다고 상상했다.

그러나 아니었다. 다윈은 알파입자가 여러 다른 물질에서 어떻게 갇혀 있는지 알아내기 위해 자신의 모형을 썼는데, 이때 그의 모형이 틀렸음이 드러났다. 원자의 크기가 틀렸다. 보어는 이런 오류를 보고 자신의 박사학위 논문을 떠올렸고, 두 오류의 원인이 같음을 깨달았다. 전자는 자신과 다윈이 예상했던 것만큼 그렇게 자유롭게 움직이지 않았던 것이다! 전자는 원자핵에 붙잡혀 있다. 보어는 여러 이미지를 떠올렸다. 그는 전자를 용수철에 달려 위아래로 움직이는 작은 공으로 상상했다. 태양 주변을 도는 소행성처럼 전자가 원자핵 주변을 돈다고 상상했다. 모두 그저 상상이지만, 한 가지는 확실했다. 전자는 움직인다! 안 그러면 원자는 산산조각이 날 것이다. 다른 한편으로, 전자가 움직인다면 그것은 전자기선을 방출하고 서서히 정지해야만 한다. 역설이다!

그다음 보어는 대담한 결단을 내렸다. 자신의 원자를 안정시키기 위해, 그는 전자가 원자 안에서 제각각 무작위 에너지를 갖고 움직여서는 안 된다고 결정했다. 전자의 에너지는 오로지 일정 정도만 바뀐다. 언제나 '양자' 하나만큼만. 그가 어떻게 이런 생각에 도달했는지는 여전히 비밀로 남았다. 어쩌면 역사는 반복되고, 보어는 한때 플랑크가 전혀 다른 맥락에서 그랬던 것처럼, '지푸라기라도 잡는 심정'으로 그렇게 했으리라. 보어는 플랑크가 11년 전에 흑체복사 공식에 도달한 방법과 아인슈타인의 광양자를 알았다. 플랑크가 한때 자신의 공식을 입증할 수 없었던 것처럼 그 역시 자신의 아이디어를 입증할 수 없다고 용감하게 고백했다. 에너지양자 아이디어는 여전히 공중에 떠 있고, 여전히 신비한 후광에 둘러싸여 있다.

그러나 상상이 맞았다. 보어는 이제 알파입자의 제동 현상을 훨씬 잘 이해할 수 있다. 그는 서둘러 논문을 설계하고, 맨체스터에 체류한 지 3개월 만에 마르그레테와 결혼하기 위해 다시 서둘러 덴마크로 돌아갔다. 1912년 8월 1일 목요일, 두 사람은 마르그레테의 고향인 슬라겔세에서 화려한 중세시대 성당이 아니라 시청에서 결혼했다. 신을 믿지 않는 보어가 종교적 결혼식을 거부했기 때문이다. 슬라겔세 시장이 휴가를 가고 없어서 경찰서장 앞에서 혼인서약을 했다. 결혼식은 2분 만에 끝났다.

보어는 더는 자기 손으로 직접 글을 쓰지 않아도 되어 행복했다. 보어는 생각하기와 쓰기를 동시에 하는 것이 너무 힘들었다. 그는 말하기를 훨씬 좋아한다. 이제부터는 그가 내용을 불러주면 언어 재능이 뛰어난 아내가 종이에 기록한다. 이때 아내는 남편의 서툰 영어를 수정하여 적는다. 마르그레테는 원래 프랑스어 교사가 되려고 했지만, 이제 남편의 비서가 되었다. 비서로서의 업무는 신혼여행 때 벌써 시작되었다. 둘은 케임브리지와 맨체스터로 신혼여행을 갔고, 그곳에서 남편은 아내에게 자신의 연구실을 보여주었다. 그들은 맨체스터에서 러더퍼드에게 연구논문을 전달했다. 이 논문에서 닐스는 원자의 수수께끼를 풀었다. 러더퍼드는 보어의 논문에 깊은 인상을 받았다.

몇 달 뒤, 보어의 원자 모형이 얼마나 유익한지 드러났다. 보어는 자신의 원자 모형으로, 물리학자들이 수십 년간 풀고자 애썼으나 헛수고였던 '수소 스펙트럼선' 수수께끼를 풀 수 있었다. 물리학자들은 100년 전부터, 태양광선을 프리즘으로 무지개 색으로 분해하면 수백 개의 검은색 선이 무지개를 관통하는 것을 관찰해왔다. 그리고 이 선들의 패턴을 설명하기 위해 정교한 공식을 개발했다. 스펙트럼선의 분석은 별도의 과학 분야로 자리를 잡았다. 그러나 이 선들이 어떻게 생겨났는지는 아무도 알지 못했다.

보어는 자신의 원자 모형으로 이제 이 스펙트럼선을 아주 간단히 설명할 수 있다. 중력이 행성들을 태양 주변에 묶어두는 것처럼, 전기 인력이 전자를 각자의 궤도에 잡아둔다. 그러나 전자들은 행성들과 달리 더 높거나 더 낮은 궤도로 도약할 수 있다. 단, 도약할 때 얻거나 잃는 에너지가 양자 조건과 일치할 때만 가능하다. 보어의 손에서 스펙트럼선의 과학이 전자 도약의 과학으로 바뀌었다.

수소의 스펙트럼선 설명은 멋지지만, 어쩌면 그저 요행으로 맞았던 것은 아닐까? 지구에는 별로 없지만 태양의 주요 성분이자 주기율표의 두 번째 원소인 헬륨에 대한 놀라운 예언으로, 보어는 회의론자들을 설득했다. 헬륨은 태양의 스펙트럼선에서 처음 발견되었다. 헬륨이라는 이름은 '태양'을 뜻하는 그리스어 'helios(헬리오스)'에서 유래했다. 태양의 이글거림 속에서 헬륨 원자는 두 전자 중 하나를 잃을 수 있다. 다른 전자는 수소 원자에서처럼 이 궤도에서 저 궤도로 도약할 수 있다. 보어는 자신의 모형을 토대로, 헬륨 스펙트럼의 주파수가 수소 스펙트럼의 주파수와 4만큼 차이가 날 것이라고 예언했다. 한 영국 실험물리학자가 실험실에서 정확히 측정했고 4.0016을 얻었다. 그는 보어의 모형이 틀렸다고 결론지었다.

그러나 보어가 빠르게 응수했다. 그는 전자의 질량이 원자핵의 질량과 비교할 때 무시해도 될 정도로 작다고 단순화하여 가정했었다. 그는 알려진 질량을 자신의 공식에 대입했고, 4.00163을 얻었다. 이론과 실험의 전례 없이 정확한 일치였다. 센세이션! 덴마크 청년이 위대한 발견을 했다는 소식이 삽시간에 빠르게 퍼졌다.

보어는 원자물리학을 창시했다. 그의 모형은 오랫동안 열려 있던 질문에 답하는 동시에 새로운 질문도 만들어냈다. 전자는 도약할지 말지를, 그리고 어떤 궤도로 도약할지를 어떻게 결정할까? 양자 세계에서 다시 어떤 일들이 즉흥적으로 벌어지는 것 같고, 인과 원칙이 다시 힘을 잃는 것 같다. "인과성 문제는 나도 많이 괴롭습니다." 몇 년 뒤에 아인슈타인은, 원인 없는 양자 도약의 수수께끼가 여전히 풀리지 않았을 때, 막스 보른Max Born에게 이렇게 편지를 썼다. 이것은 아인슈타인 혼자만의 고민이 아니었다. 물리학자들은 뭔가 잘못되었다는 것을 속으로 알면서도, 감탄을 아끼지 않으며 보어의 원자 모형을 열심히 이용했다.

보어 역시 자신의 모형이 완전한 진리이기는커녕 절반의 진리도 아님을 알았다. 그러나 그것은 분명 진리를 가리키는 단서였고, 그가 탐정의 마음으로 찾고 있던 바로 그것이었다. 그는 탐정 소설을 좋아했고 닥치는 대로 읽었다. 보어 부부는 여행 때 가방 가득 추리소설을 챙겨가곤 했다. 그래서 보어는 잘 알고 있었다. 언제나 첫 번째 용의자는 절대 범인이 아니다!

1912년 북대서양
무오류성 타이타닉의 침몰

1912년 4월 10일, 절대 침몰하지 않는다며 전 세계적 칭송을 받는 거대한 증기선 타이타닉이 첫 항해로 사우샘프턴 항구를 떠나 뉴욕으로 향했다. 수천 킬로미터 떨어진 카리브해의 날씨가 비정상적으로 따뜻하여 멕시코만의 해류가 거세졌다. 래브라도 해류의 차가운 물을 타고 북극해에서 빙산 수백 개가 남쪽으로 떠내려 왔다. 두 해류가 만나는 지점에 빙산 장벽이 만들어졌고, 타이타닉이 그곳을 지난다. 4월 15일 밤, 북대서양 밤하늘은 구름 한 점 없이 별들이 빛났다. 타이타닉의 표면 금속은 차가운 물에 금방이라도 부서질 것처럼 약해졌고, 래브라도 해류를 타고 그린란드 서부의 빙하에서 운반되어 온 빙산이 배를 긁었다. 이윽고 우현 쪽 선체 아래에 구멍 여러 개가 생겼다. 세 시간에 걸친 비극 속에 타이타닉이 침몰하고, 과학과 기술의 무오류성에 대한 믿음도 같이 가라앉았다. 승객과 승무원 2,201명 가운데 겨우 711명만이 살아남았다.

무선전신 발명자이자 노벨상 수상자인 이탈리아 물리학자 굴리엘모 마르코니Guglielmo Marconi는 구명보트의 자리를 두고 다른 승객과 싸울 필요가 없었다. 그는 가족과 함께 무료로 타이타닉 첫 항해를 경험할 수 있는 초대장을 거절했다. 할 일이 너무 많았고 뉴욕으로 빨리 가고 싶어 기다릴 수가 없었기 때문이다. 그래서 그는 3일 전에 다른 증기선을 타고 대서양 너머로 출발했다. 천만다행이었다.

그럼에도 마르코니는 이 비극에서 중요한 역할을 했다. 그는 타이타닉의 통신 설비를 구축했고, 승선한 무선통신수 잭 필립스Jack Phillips와 해럴드 브라이드Harold Bride는 그의 회사 직원이었다. 그들은 SOS 신호를 보냈고 타이타닉의 위치를 다른 배에 알렸으며, 선장이 임무를 해제한 후에도, 통신실이 물에 잠기는 그 순간까지도 계속해서 무전을 보냈다. 브라이드는 살아남았다. 필립스는 익사했다. 나중에 영국 통신부장관이 이렇게 말했다. "생존자들은 마르코니와 그의 놀라운 발명품 덕분에 목숨을 건졌습니다." 전자기파 이론이 생명을 구했다. 누가 감히 그 사실을 흔들겠는가?

뮌헨에 온 화가

보어가 원자 모형을 설명한 첫 논문을 《철학 매거진Philosophical Magazine》에 보냈을 때, 오스트리아 빈의 독신자 숙소에서는 화가 아돌프 히틀러Adolf Hitler와 실업자 루돌프 호이슬러Rudolf Häusler가 군대에 가지 않기 위해 기차를 타고 뮌헨으로 도주했다. 그들은 숙소를 찾기 위해 뮌헨 곳곳을 돌아다녔고, 슐라이스하이머 거리의 한 수선집에서 안내판을 발견했다. "작은 방 임대." 히틀러가 문을 두드렸고, 집주인 안나 폽Anna Popp이 문을 열어주었고, 3층에 있는 작은 방을 보여주었다. 히틀러는 일주일에 3마르크를 받는 이 방을 즉시 계약했다. 히틀러와 호이슬러는 이제 폽의 집에 산다. 히틀러는 매일 한 장, 때로는 두 장씩 수채화를 그렸다. 도시 전경을 그려 저녁에 술집에서 관광객에게 팔았다. 활기찬 예술 현장과의 접촉도, 방문자도 없었다. 밤에는 정치 선동기사를 읽었다. 집주인 폽이, 정치 서적을 내려놓고 그림을 더 많이 그리라고 충고했을 때, 그가 대답했다. "아주머니, 인생에서 무엇이 필요하고 무엇이 불필요한지 사람들이 과연 알까요?"

그러는 동안 오스트리아-헝가리제국은 병역 기피자를 수색하기 시작했다. 1913년 8월 22일, 빈 경찰은 수배 공고를 냈다. "아돌프 히틀러, 최근까지 멜데만 거리 독신자 숙소에 거주, 현 거주지 미상, 계속 추적할 예정임."

8월 17일에 프란츠 요제프Franz Joseph 황제가 후계자인 프란츠 페르디난트Franz Ferdinand 대공을 '전군 총감찰관'으로 임명하여 후계자의 권력을 확대했다. 황제 후계자의 맞수인 총참모장 프란츠 콘라트 폰 회첸도르프Franz Conrad von Hötzendorf 백작이 세르비아와 몬테네그로에 대한 예방 전쟁을 요구했으나 프란츠 페르디난트가 이를 거절했다. 덕분에 세계 평화가 조금 더 유지되었다.

1914년 뮌헨
원자와 함께하는 여행

1914년 7월, 보어는 다시 여행길에 올랐다. 이번에는 아내 없이, 원자와 함께하는 여행이었다. 여행지는 괴팅겐과 뮌헨이다. 괴팅겐은 수학과 물리학의 성지로 '최고의 수학자' 가우스가 19세기에 그곳에서 일했었다. 그러나 가우스 이후로 괴팅겐에서는 거의 아무 일도 일어나지 않았고 명성이 점차 퇴색하기 시작했다. 이 전통의 도시는 보어에게 쉽지 않았다. 그의 원자 모형 소식이 괴팅겐에 널리 퍼졌을 때, 도시의 권위자들은 이를 일축했다. 그들에게는 보어의 원자 모형이 너무 "대담하고 난해"했다. 이제 보어가 부드러운 음성과 신중한 어조, 그리고 서툰 독일어로 자신의 원자 모형을 소개하기 위해 몸소 괴팅겐으로 갔다. 목표는 소박하다. 명확한 거부는 아닌 반응. 보어의 설명을 들은 뒤, 수학자 다비트 힐베르트David Hilbert의 조교 알프레트 란데Alfred Landé는 "난센스"라고 평했다. 반면, 이제 막 교수가 되었고 처음 보어의 모형을 논문에서 보았을 때 전혀 이해할 수 없었던 막스 보른은 조금 더 부드럽게 평했다. "이 덴마크 물리학자는 진짜 천재인 것 같다. 뭔가 있는 게 분명하다."

뮌헨은 괴팅겐보다 낫다. 이곳을 지배하는 인물은 후사르기병대를 연상시키는 콧수염을 가진 민첩한 64세 이론물리학 교수 아르놀트 조머펠트Arnold Sommerfeld이다. 비록 괴팅겐에서 몇 년을 보냈지만, 조머펠트는 젊었을 때의 호기심과 탐구 정신을 잃지 않았다. 그는 같은 세대의 다른 물리학자들이 시간과 공간의 재해석에 맹렬히 저항하는 동안, 최초로 아인슈타인의 특수상대성 이론을 지지했다.

보어의 원자에 대해 들었을 때, 조머펠트는 보어에게 편지를 보냈다. 거기에 "모형의 예언력은 다소 회의적이지만, 그럼에도 의심의 여지없이 위대한 업적 같다"고 적었다. 조머펠트는 덴마크에서 온 손님을 친절히 맞았고, 제자들에게 새로운 원자물리학을 연구하도록 격려했다.

미국 물리학자 제임스 프랑크James Franck와 독일 물리학자 구스타프 헤르츠Gustav Hertz는 1912년부터 1914년까지 전자 충돌 실험을 했고, 이것은 '프랑크-헤르츠 실험'으로 역사에 기록되었다. 그들은 전기장으로 유리병 안의 전자를 가속하여 수은 증기 구름을 통과시켰다. 이때 전자가 수은 원자와 충돌하여 얼마나 많은 에너지를 잃는지 측정했다. 1914년 5월 아인슈타인은 프랑크와 헤르츠의 측정이 양자가설을 입증하고 보어의 원자 모형을 지지함을 최초로 알아차렸다.

그러나 이 시기에 한 사건이 물리학의 성과를 완전히 가려버렸다. 1914년 6월 28일에 세르비아 민족주의자가 오스트리아-헝가리제국 황제의 조카이자 후계자인 프란츠 페르디난트와 그의 아내 소피를 저격했다. 삼촌이자 황제인 프란츠 요제프 1세는 크게 애도를 표하지 않았다. 그는 사실 프란츠 페르디난트가 후계자로 적합하지 않다고 여겼었다. 그것은 페르디난트가 사랑하는 사람과 결혼하기로 결정했을 때 이미 드러났었다. 소피는 과거 궁전 시녀였고, 황제가 보기에 미래의 황후가 되기에는 신분이 너무 낮았다. 그래서 황제는 이 둘의 결혼을 끈질기게 반대했지만 결국 조건을 하나 달면서 결혼을 허락했다. 소피는 '미래의 황후'가 아니라 '미래 황제의 아내'가 되는 것이고, 둘 사이에 태어나는 아이는 어머니의 성을 따라야 하고, 그래서 황제 후계자가 될 수 없다는 것. 제멋대로인 페르디난트가 죽자, 프란츠 요제프 1세는 확실히 더 전통적으로 사고하는 큰조카 카를을 후계자로 임명했다.

페르디난트의 죽음은 조용히 끝나지 않았다. 오스트리아는 세르비아 공격에 열을 올렸다. 그것으로 유럽의 균형을 유지했던 국가 간 조약들이 혼란에 빠지고, 각국은 군대를 동원했다. 7월의 위기가 온 대륙을 뒤덮었다. 독일제국과 오스트리아-헝가리제국은 영국, 프랑스, 러시아로 구성된 '삼국 협상'에 직면했고, 이탈리아가 곧 삼국에 합류했다.

1914년 7월에 보어는 남동생 하랄트와 함께 뮌헨에서 오스트리아 티롤로 등산을 갔다. 그들은 전쟁이 코앞까지 닥쳤다는 불안한 뉴스를 신문에서 읽었다. 모든 여행자들은 서둘러 집으로 돌아갔고 보어 형제도 지금 등산할 때가 아니라는 데 합의했다. 독일이 러시아에 선전포고를 하기 30분 전에 그들은 국경을 넘어 독일로 돌아갔다. 기차는 승객으로 꽉 들어차서 이들은 기차 통로에 선 채로 밤을 보내야 했다. 그들은 뮌헨에서 다시 베를린으로 갔다. 베를린은 이미 전쟁 열기로 가득했다. "무한한 환희가 있었다. 전쟁을 요구하는 외침과 함성이 있었다. 독일에서는 군대 얘기만 나와도 벌써 환희에 찼다." 보어는 훗날 이때를 회상하며 이렇게 말했다. 그들은 기차를 타고 바르네뮌데로 가서 그곳에서 마지막 여객선을 타고 안전한 중립국 덴마크로 갔다.

전쟁이 보어의 독일 데뷔를 막았다. 그는 코펜하겐으로 돌아왔고 자기 연구실을 가졌지만 연구할 시간이 거의 없었다. 연구 대신 의대생에게 물리학을 가르쳐야 하고, 그러자면 직접 칠판에 판서를 해야 했다. 보어는 이 일이 힘들었다. 그러나 어쩌랴. 강의실에서는 아내가 그를 대신해 쓸 수 없는 것을.

마침내 전쟁이 일어났다. 덴마크 정부는 이론물리학 연구소를 세우자는 보어의 요청을 들어줄 귀가 없었다. 그래서 보어는 러더퍼드의 초대를 감사히 받아들여 맨체스터로 돌아갔다. 아버지의 죽음 이후 러더퍼드를 "거의 제2의 아버지"로 여겼던 보어에게는 고향으로 돌아가는 셈이나 마찬가지였다.

그러나 그사이 많은 것이 바뀌었다. 모든 것이 3년 전과 달라졌다. 러더퍼드의 실험실은 폐허처럼 보였다. 많은 연구자가 전쟁에 나갔다. 전쟁 발발 당시 베를린에 장학생으로 있던 제임스 채드윅James Chadwick은 전쟁 기간 내내 교도소에 갇혀 있었다. 러더퍼드의 애제자 헨리 모즐리Henry Moseley는 영국과 오스만제국의 갈리폴리 전투에서 저격수의 총에 맞아 사망했다. 러더퍼드와 알파입자 산란 실험을 했고 '가이거 계수기'에 이름을 준 가이거는 독일 포병대 장교로 '가스부대'에서 가스전을 준비했다. 마리 퀴리와 그녀의 딸 이렌 퀴리는 프랑스에서 군인을 위한 이동식 X선 촬영실을 만들었다.

러더퍼드 역시 원자에 대해 깊이 생각할 시간이 거의 없었다. 그는 영국 군함과 상선을 공격하는 독일 잠수함을 막기 위해 음파탐지기를 개발했다. 보어는 또다시 혼자 남았다. 세계를 이해하려 애쓰는 사람에게 전쟁은 좋은 시기가 아니다.

보어는 이런 고립을 특히 힘들어했다. 그가 연구하고 이해하는 방식은 언제나 토론이었다. 동료들과의 비공식 세미나. 그는 다른 과학자들과 대화하고, 큰소리로 생각하고, 아이디어를 제안하고, 그것을 수정하고, 급격히 전진했다가 다시 후퇴하고, 오락가락 방황하고, 잠시 멈춰 고민한다. 갓 결혼한 보어 부부는 과학에 대한 논의는 다소 부족하지만, 그럭저럭 행복한 시간을 보냈다. 마르그레테는 맨체스터가 맘에 들었다. 이 산업도시는 비록 케임브리지처럼 매력적이지는 않지만, 사람들이 더 친절한 것 같았다.

전쟁에도 불구하고 과학이 완전히 중단되진 않았다. 뮌헨에서 조머펠트는 국제 물리학의 흐름에서 완전히 단절된 채 보어의 원자 모형을 철저히 조사했다. 적대국들 사이에도 뉴스와 학술지가 은밀히 유통되었다. 국가끼리는 서로 총을 쏘더라도, 아이디어는 계속 이동할 수 있었다. 그리고 보어는 참호를 넘어 다른 물리학자에게 영감을 줄 수 있었다.

맨체스터에서 보어는 전자가 원뿐 아니라 타원 궤도로도 원자핵 주변을 돌 수 있다는 아이디어에 도달했다. 수소의 스펙트럼선이 때때로 여러 미세한 선으로 분리되는 것을 그것으로 해명할 수 있을 것 같았다. 그러나 이런 아이디어를 계산하려 들면, 번번이 길이 막혔다.

보어는 세계적 수준의 물리학자이지만 아주 형편없는 수학자이다. 그의 연구논문에서 가장 먼저 눈에 띄는 특징은 방정식이 거의 없다는 점이다. 그는 일반적인 개념과 가정에서 시작하여 주로 철학적으로 성찰했다. 정량적 결론과 공식 도출은 생략했다. 그는 활동 기간 내내 언제나 수학적 재능이 많은 여러 직원의 도움을 받아, 자신의 비범한 물리학 통찰을 공식이 뒷받침하는 주장으로 변환했다. 이런 작업 방식 때문에 보어 주변은 점점 더 신비로운 아우라에 둘러싸였다. 그는 비교할 수 없이 우수한 눈을 가졌고, 어디에 결정적 질문과 문제들이 있고 어떤 방법으로 대답을 찾을 수 있을지 즉시 알아차렸다. 그러나 그는 직접 그 대답을 정리하는 작업을 할 수가 없었다. 여러 해 뒤에 베르너 하이젠베르크Werner Heisenberg는 보어와의 대화를 이렇게 회고했다. "보어는 복잡한 원자 모형을 고전적 역학으로 작업하지 않았다고 고백했다. 그것이 직관적으로, 경험을 바탕으로, 이미지로 그에게 왔다고 했다."

보어는 자신의 타원 궤도 아이디어를 계산으로 완료할 수가 없었다. 그는 뮌헨으로 가는 길에 어찌어찌 발견한 자신의 아이디어를 스케치 수준으로 발표했고, 그것은 공식에 능하고 아이디어가 풍부한 조머펠트의 손에 도달했다. 독일에서 최고의 교육을 받았고 수학에 능하며 역학 및 전자기 문제에 수학을 적용하는 데 능숙한 조머펠트야말로 다음 단계를 밟을 적임자였다.

보어가 원자의 코페르니쿠스라면, 조머펠트는 원자의 케플러였다. 그는 소형화되고 양자화된 행성계의 세부 역학을 연구하고, 전자의 타원 궤도 역시 특정 값에 제한된다는 사실을 입증할 수 있는 설득력 있는 주장을 발견했다. 그는 궤도의 타원율과 높이를 양자 단위로 쪼갰다. 조머펠트는 이런 묘수로 스펙트럼선의 패턴을 해독할 수 있었다.

보어는 자신의 원자 모형이 유익하다고 입증되는 것을 감탄하며 읽은 후, 조머펠트에게 이런 편지를 썼다. "지금까지 이렇게 아름다운 작업을 본 적이 없고, 이보다 더 기쁘게 읽은 글은 없었던 것 같습니다." 물리학자들이 보어-조머펠트의 원자에 대해 말하기 시작했다. 어쩌면 이 작업은 최초의 진정한 전 지구적 협업일 것이다. 핵심은 뉴질랜드의 러더퍼드에게서 왔고, 구조 원리는 영국에서 러더퍼드를 만난 덴마크의 보어에게서 왔고, 세부 내용은 독일의 조머펠트에게서 비롯되었다. 그러나 이 협업은 신구 물리학의 과감한 혼합이기도 하다. 고전적 역학과 양자역학의 혼합. 생산적이지만 잘못된 혼합. 보어 자신도 그것을 알았다.

1916년 보어는 코펜하겐으로 돌아갔고, 이제 그곳에 오래 머물 것이다. 그는 이제 더 이상 예전의 수줍음 많던 대학생이 아니다. 덴마크 정부는 그의 끊임없는 촉구를 수락했고, 한때 그가 개론강의를 들었던 대학교는 보어에게 교수직과 연구소를 제공했다. 처음에는 그저 작은 연구실 하나였다. 게다가 자신의 첫 조교인 네덜란드 출신의 헨드릭 크라머스Hendrik Kramers와 같이 써야 했다. 그러나 1919년에 세 번째 책상이 들어왔고, 그의 개인 비서가 쓸 책상도 추가되었다. 그러나 보어에게는 더 큰 계획들이 있었다. 그는 코펜하겐 블라이담스바이에 자신만의 연구소를 마련하기 위해 돈을 모았다. 1921년, 3층 건물의 거대한 이중 문이 활짝 열렸다. 큰 글씨로 "UNIVERSITETS INSTITUT FOR TEORETISK FYSIK(이론물리학 대학연구소)"라고 적혀 있다. 거대한 현관 로비 오른편에 강의실이 있고, 그 외에 도서관과 식당이 있다.

전쟁 기간에 수많은 물리학자가 안전하고 조용한 장소를 찾아 전 세계를 헤맸다. 보어는 조국에서 그런 장소를 찾았다. 그는 이제 전 세계에 몇 안 되는 이론물리학 교수이고, 이미 덴마크의 유명 인사다. 1920년대에 60명이 넘는 이론가들이 보어 연구소를 방문하여 오랜 기간 머물렀다. 대다수가 몇 년씩 머물렀다. 그들은 미국, 소련, 일본 등 전 세계에서 왔다. 대부분이 젊었다. 보어가 직접 그들의 체류 비용을 댔다. 그는 물리학을 넘어서는 새로운 유형의 협업을 탄생시켰다. 물리학자들은 그곳에서 함께 일하고 함께 살고 함께 먹고 함께 축구를 했다. 보어는 그들과 스키를 타고 등산을 가고 영화관에 갔다. 보어는 서부영화를 가장 즐겨 보았다.

젊은 네덜란드 물리학자 헨드릭 카시미르Hendrik Casimir가 보어에게 배우기 위해 코펜하겐에 왔을 때, 카시미르의 아버지는 보어가 정말로 전국적으로 유명한 사람인지 확인해보려고, 아들에게 보내는 편지에 주소를 "Casimir, c/o Niels Bohr, Dänemark(덴마크, 닐스 보어 집에 사는 카시미르)"라고 적었다. 이 편지는 카시미르에게 전달되었다. 아버지는 아들이 좋은 사람을 만났다고 안심했다.

보어의 강의 실력은 여전했다. 그는 말을 더듬고, 종종 말문이 막히고, 이 생각에서 저 생각으로 갑자기 넘어갔다. "에, 그리고, 그러니까, 그게… 하지만, 그러나…" 그에게 강의는 이미 생각을 마친 내용을 설명하는 것이 아니라, 큰소리로 생각하는 것이었다.

1915년 베를린
완벽한 이론, 미숙한 관계

1914년 2월 취리히. 서른네 살의 아인슈타인은 생각에도, 삶에도 변혁의 시간이 가까이 왔음을 알았다. 그는 베를린에 사는 사촌이자 내연녀인 네 살 연상의 엘자 뢰벤탈Elsa Löwenthal에게 편지를 썼다. "정말로 대단한 일에 몰두하느라 편지 쓸 시간이 없다오. 지난 2년 동안 내가 점진적으로 알아냈고 물리학의 근본을 전례 없이 발전시킬 엄청난 일에 나는 밤낮없이 깊이 빠져 있소." 그는 며칠 뒤에 편지를 이어서 썼다. "어린 아들이 백일해, 중이염, 독감에 걸려 상태가 심각하오. 의사 말이, 가능한 빨리 아이를 데리고 남쪽으로 가서 얼마 동안 요양을 하라 하오. 이것은 좋은 소식일 수 있는데, 아내가 아들을 데리고 가게 될 테고, 그러면 나는 한동안 베를린에 혼자 있게 될 테니 말이오." 아인슈타인의 결혼 생활은 균열이 생긴 지 오래였다. 아인슈타인이 내연녀에게 이렇게 편지를 썼다. "나는 아내를 '해고할 수 없는 직원'처럼 대한다오."

1914년 3월 29일, 비 내리는 일요일에 아인슈타인은 기차를 타고 베를린에 갔다. 짐이 단출했다. 베를린에 오래 머물 행색이 아니다. 손에는 바이올린 케이스를 들고 머리에는 미완의 이론을 갖고 승강장에 섰다. 이 미완의 이론은 나중에 '일반상대성이론'이라 불릴 것이고, 아인슈타인을 세계에서 가장 유명한 과학자로 만들 것이다.

그러나 미래의 명성은 아직 전망일 뿐이다. 과학자들 사이에서 그는 미래의 코페르니쿠스로 통하는데, 그것이 그에 대해 아는 전부였다. 막스 플랑크와 프리츠 하버Fritz Haber를 비롯한 프로이센 과학계의 권력자들이 아인슈타인을 베를린으로 데려오기 위해 오랫동안 노력했다. 아인슈타인은 예전 취리히에서와 달리 베를린에서는 아주 자유롭게 연구할 수 있다. 대학에서 강의를 해도 되지만 반드시 해야 하는 것은 아니다. 그는 "강의 의무 없이, 이른바 살아 있는 '미라'로 살아갈 날들"에 설렜다. 우선 2주 동안 엘자와 즐거운 시간을 보낼 수 있다. 2주 뒤에는 아내와 두 아들이 베를린으로 올 것이다.

아인슈타인의 베를린에서의 첫 일정은 영향력 있는 기업가이자 은행가인 레오폴트 코펠Leopold Koppel을 만나는 것이다. 그의 재단은 이제 막 설립된 카이저빌헬름 과학진흥협회를 지원하고, 사회민주주의에 맞서 싸우고, 아인슈타인에게 월급을 준다. 코펠은 아인슈타인을 소장으로 하는 물리학연구소를 만드는 데 재정을 대고자 했다. 그러나 그때까지는 아직 시간이 더 필요하다. 일단 아인슈타인은 한적한 달렘 지구의 카이저빌헬름 물리화학 및 전기화학 연구소에 연구실을 마련했다. 그는 가장 간절히 바랐던 것을 그곳에서 정확히 찾았다. 누구의 방해도 받지 않는 평온. 그가 지금 몰두하는 작업은 다름 아닌 뉴턴의 역학을 무너뜨리는 일이기 때문이다.

아인슈타인은 벌써 수년째 이 쿠데타를 준비해왔다. 1907년 가을에 그는 명확히 알았다. "모든 자연법칙은 특수상대성이론의 틀 안에서 해명될 수 있다. 중력의 법칙만 빼고." 그 이유를 이해하기까지, 특허청에 앉아 이리저리 생각 속을 방황하던 어느 날 '변혁'에 성공하기까지, 한참이 걸렸다. 아인슈타인은 지붕에서 떨어지는 사람을 생각했다. 그 사람은 자유낙하 중에 자신의 몸무게를 느끼지 않고, 지구의 중력 안에서 무중력상태이다. 이 사고실험이 그를 중력이론으로 이끌었다.

마치 1666년 스물세 살의 아이작 뉴턴이 정원에서 사과가 떨어지는 것을 보고, 사과를 아래로 끌어당기는 힘과 달이 지구 주위를 돌도록 붙잡고 있는 힘이 같다는 생각에 도달했을 때 뉴턴의 머릿속에서 번쩍 빛났던 번개가 연상된다. 다만 아인슈타인의 경우에는 머릿속에서 관찰자 스스로 떨어졌고, 뉴턴의 경우에는 사과만 떨어졌다.

아인슈타인은 사고실험에서 얻은 지식을 공식으로 정리하

기 위해 수년 동안 애썼다. 그러나 거의 아무것도 도출되지 않았고, 아인슈타인이 뭔가 대단한 것을 발견한 것 같다는 소문만 돌았다.

플랑크는 아인슈타인이 양자이론을 발전시키거나, 차라리 양자를 다시 세계에서 없애주기를 바랐을 것이다. 그는 아인슈타인에게 중력 혁명을 더는 추구하지 말라고 조언했다. 어차피 그런 혁명은 성공할 수 없다면서.

"설령 성공하더라도, 아무도 믿지 않을 겁니다." 플랑크가 아인슈타인에게 예언했다. "이미 검증된 중력이론이 있는데, 새로운 중력이론이 왜 필요할까요?" 보수적인 플랑크가 물었다.

아인슈타인은 새로운 중력이론이 왜 필요한지 알았다. 설령 뉴턴의 중력 법칙이 지금까지의 관찰과 일치하더라도, 그의 특수상대성이론과는 모순된다. 특수상대성이론에 따르면, 어떤 효과도 빛의 속도보다 빠르게 퍼질 수 없다. 그러나 뉴턴의 이론에서는 중력이 거리와 상관없이, 시간 지연 없이, 즉 무한히 빠르게 물체 사이에 작용한다. 아인슈타인은 전기장과 자기장처럼 중력도 장으로 이해하고자 한다. 그는 지구가 전기장이나 자기장과 비슷한 중력장을 만들어내고 이 중력장이 사과, 인간, 지구에 영향을 미친다고 상상한다. 다만 중력은 전자기력과 달리 항상 끌어당기는 작용을 하되 절대 충돌하지 않는다. 이것이 문제를 더 복잡하게 만든다.

아인슈타인은 1907년 특허청에서 일할 때 이미 핵심 아이디어를 갖고 있었다. 자유낙하에서는 떨어지는 물체의 관성이 정확히 중력의 가속을 상쇄한다. 반면, 자동차 안에서는 가속이 중력과 똑같이 느껴진다. 관성 질량은 중력 질량과 같다. 아인슈타인은 이 '등가의 원리'를 이론으로 만드는 작업을 수년째 해왔고, 베를린 중앙역 승강장에 섰을 때는 이미 상당한 진전을 이루었다.

아인슈타인은 빛이 우주의 천체를 지날 때 뉴턴의 이론이 예측하는 것보다 더 강하게 굴절한다고 예상했다. 그러므로 빛의 굴절을 정확히 측정하면, 아인슈타인과 뉴턴 가운데 누가 더 유리한 지점에 있는지 확인할 수 있다. 아인슈타인은 옛날 일식 사진 건판을 분석하여 빛의 굴절을 계산하려 했다. 태양이 달에 가려진다면, 바로 옆에 있는 별을 볼 수 있을 테니까. 그러나 촬영 상태가 너무 형편없었다.

1914년 8월 14일의 개기일식은 캐나다 북부, 북유럽, 아시아 일부에서 관찰에 성공할 전망이 더 높았다. 아인슈타인의 이론을 진지하게 받아들인 몇 안 되는 과학자 중 한 명인 천문학자 에르빈 프로인틀리히Erwin Freundlich가 4월에 모든 장비를 챙겨 러시아로 출발했다. 그러나 전쟁이 발발했고 프로인틀리히는 일식을 촬영하는 대신 러시아의 포로가 되었다.

그사이 아인슈타인의 결혼 생활이 완전히 깨졌다. 아내를 대하는 아인슈타인의 어조가 점점 남성 우월주의로 변했다. 그는 아내에게 쪽지로 지시했다. "세끼 식사를 '방에서' 할 수 있도록 제대로 상을 차려 대령하시오." 그는 자신이 경멸해 마지않던 프로이센 남자들의 권위적 언어를 아내에게 그대로 사용했다. "나와 개인적인 관계를 모두 포기하시오. 내가 요청하는 즉시 내게 하는 잔소리 연설을 중지하시오." 1914년 7월 말에 알베르트 아인슈타인과 밀레바 아인슈타인은 이혼했다. 밀레바는 두 아들을 데리고 취리히로 돌아갔고, 알베르트는 빌머스도르프의 작은 집으로 갔다. 알베르트는 내연녀에게 자신의 이혼 소식을 편지로 알렸다. "당분간 우리는 만나면 안 되오. 지금은 매우 정갈하게 행동해야 할 때요." 그의 새로운 거처는 엘자의 집에서 겨우 15분 거리였다.

하필 그가, 군대가 너무 싫어서 독일 여권을 버리고 스위스에서 처음에는 무국적자로, 그다음에는 스위스 시민권자로, 때로는 오스트리아 여권으로 살았던 그가, 하필 지금, 민족주의와 전쟁욕구로 시끄러운 지금, 베를린에 왔다. 이제 그는 조국으로 돌아왔다. 다시 낯선 곳으로. 그는 이제 프로이센의 교육 공무원이다.

"유럽에서는 믿을 수 없는 일들이 광기를 부리며 벌어지기 시작했다네. 이런 시기에는 자신이 얼마나 가련한 가축에 속하는지 알게 되지. 나는 조용히 졸며 연민과 혐오가 뒤섞인 감정만 느낄 뿐이라네." 아인슈타인이 레이덴에 사는 절친 파울 에렌페스트 Paul Ehrenfest에게 편지를 썼다. 아인슈타인은 국제연맹 설립을 옹호하고, 민주적 개혁과 상호 이해를 통한 평화를 추구하는 평화주의단체 '신조국동맹'에 가입했다.

그러나 아인슈타인은 전쟁에 반대하는 입장 때문에 동료들 사이에서 소외되었다. 동료 대다수는 민족주의적 환희에 동조했다. 그의 새 애인이자 오스트리아 물리학자인 리제 마이트너조차 1916년 공동 만찬 후, 이렇게 기록했다. "아인슈타인은 바이올린을 연주했고, 동시에 너무 순진하고 독특한 정치군사적 견해를 말했다." 플랑크는 학생들에게 "참호로 달려가 엄습해오는 악행의 온상에 맞서 싸우라"고 호소했다. 발터 네른스트는 50세 나이에도 위생병 복무를 자원했다. 프리츠 하버는 탁월한 화학 지식을 화학무기 개발에 사용하여 가스전 준비의 선봉장이 되었다. 하버가 서부전선에서 첫 대규모 가스전을 준비하는 동안, 아인슈타인은 하버의 열두 살 된 아들에게 과외 수업으로 수학을 가르쳤다. 와중에 염소가스 150톤이 무방비 상태의 프랑스 병사들에게 살포되었고 1,500명이 사망했다. 공격 직후 하버의 아내가 남편의 총으로 자살했지만, 하버는 계속해서 화학무기를 개발했고, 1,500명이 넘는 직원이 그의 연구소에서 이 작업에 몰두했다.

1914년 10월 14일, 독일의 주요 일간지와 해외 신문에서 "문명세계로An die Kulturwelt!"라고 외친 93인의 성명서에 막스 플랑크, 발터 네른스트, 빌헬름 뢴트겐, 빌헬름 빈이 이름을 올렸다. 서명자들은 "독일에 강요된 어려운 생존 투쟁에서, 독일의 순수한 대의를 더럽히려는 적들의 거짓말과 비방에 맞서" 저항했다. 그들은 독일이 전쟁에 책임이 있고 벨기에의 중립성을 훼손했다는 것을 부인했다. 벨기에의 중립성 훼손은 독일 총리조차 인정한 사실임에도 말이다. 그들은 성명서에 이렇게 썼다. "우리를 믿으십시오! 유적지의 아궁이와 토기만큼이나 소중한 괴테, 베토벤, 칸트의 유산을 가진 민족으로서 끝까지 싸울 것을 믿으십시오." 아인슈타인은 자신의 후원자인 플랑크가 이런 어조에 동조하지 않기를 바랐을 것이다. 아인슈타인은 한 편지에서 이들의 행방을 지적했다. "여러 국가의 학자들까지도 마치 8개월 전에 대뇌를 적출한 것처럼 행동하고 있습니다."

당시 과학자들이 보기에, 아인슈타인은 전망 없는 전투 두 개를 동시에 수행했다. 전쟁에 맞서는 전투, 그리고 새로운 중력이론을 위한 전투가 그것이다. 게다가 위험한 경쟁자까지 등장했다. 괴팅겐 출신의 전설적 수학자 다비트 힐베르트 역시 새로운 중력이론을 연구했다. 힐베르트는 "물리학자에게 물리학은 너무 어렵다"라고 말했다. 물리학자 아인슈타인을 향한 도발이었다.

아인슈타인은 처음에는 격분했고, 그다음에는 창조적인 열정을 불태웠다. 그는 동료들을 통해 힐베르트의 연구 진행 상황을 조사했다. 힐베르트는 뛰어난 수학자일지 모르나, 아인슈타인에게는 탁월한 물리학적 상상력이 있었다. 그는 중력장이 시공간 구조의 곡률에서 생겨난다고 상상했고, 이것을 "공중에 (잔잔히) 떠 있는 천"에 비유했다. 팽팽한 천에 떨어진 공처럼 물체가 시공간을 구부린다. 이런 상상을 공식으로 만들어야 하는데, 그 작업은 아인슈타인조차 수학적 능력의 한계까지 밀어붙였다. 이 천재가 앞서 나갈 수 있었던 힘은 번뜩이는 영감이 아니라 노력, 근면, 인내였다. 그는 한 조각 한 조각씩 중력장 방정식을 조립했고,

극찬을 아끼지 않으며 자신의 이론을 발표했다. "이 이론을 정말로 이해한 사람은, 이 이론의 마법에서 거의 벗어나지 못할 것입니다." 일주일 뒤에 이어진 다음 학회에서 아인슈타인은 확장된 버전으로 회원들을 놀라게 했다. 다시 일주일 뒤에 그는 놀라운 발견을 가져왔다. 그는 태양에서 가장 가까운 수성의 신비하게 구불구불한 공전궤도, 이른바 '근일점 회전'을, 자신의 이론으로 설명했다. 아인슈타인이 올바른 길을 가고 있다는 증거였다. 다시 일주일 후, 1915년 11월 25일에 그는 자신의 중력장 방정식을 다시 보완했다. 최종적으로. 8년의 고군분투 끝에 이론이 완성되었다. "이것으로 마침내 일반상대성이론이 논리적으로 완성됩니다." 그는 힐베르트의 공헌을 언급하지 않았다.

힐베르트는 5일 전인 1915년 11월 20일에 방정식을 제출했지만, 그의 방정식은 나중에야 비로소 출간되었다. 무승부였다. 아인슈타인은 힐베르트에게 화해를 청했다. "우리 사이에 어떤 악감정이 있었는데, 그 원인을 분석하고 싶지는 않습니다. 나는 위선 없이 진심으로 귀하를 존중합니다. 귀하께서도 나와 같기를 청합니다. 이 초라한 세상을 헤쳐 나가기 위해 애써온 진정한 두 사나이가 서로에게 기쁨을 주지 못하는 것은 정말로 안타까운 일입니다." 힐베르트는 이 평화 제안을 받아들였지만, 자신이 중력 방정식의 저작권자임을 평생 주장했다.

1916년 독일

전쟁과 평화

1916년, 전쟁이 발발한 지 햇수로 3년이다. 보이지 않는 균열이 독일을 휩쓸며 가족들을 갈라놓고, 친구들을 둘로 나눴다. 물리학자 프리드리히 파셴과 오토 루머Otto Lummer는 한때 물리기술제국연구소의 광학실험실에서 함께 일했었다. 그것은 이제 지난 일이다. 오토 루머는 전쟁에 열광하고 프리드리히 파셴은 평화를 기원한다.

물리학자 중에서는 특히 빌헬름 빈, 요하네스 슈타르크Johannes Stark, 필립 레나르트Philipp Lenard가 민족주의 열광자로 두각을 나타냈다. 빈은 "영국의 물리학 영향력에 맞서 싸우자"고 호소했다. 레나르트는 1914년 8월에 '세계대전 시기의 영국과 독일'에 관한 소책자를 출판했다. 그는 이 책에서 이렇게 썼다. "우리가 영국을 완전히 섬멸할 수 있다면, 나는 그것을 문명에 대한 죄악으로 보지 않을 것이다. 그러므로 영국 문화에 대한 모든 배려를 버려라. 셰익스피어, 뉴턴, 패러데이의 무덤 앞에서 부끄러워하지 말라!" 레나르트 혼자만의 생각이 아니었다. 그는 대다수 독일 교수들이 가졌던 생각을 크게 말했을 뿐이다.

그러나 독일 교수 아인슈타인의 생각은 달랐다. 그는 베를린 괴테연맹이 발행한 《괴테의 나라 1914~1916Das Land Goethes 1914~1916》이라는 제목의 '애국 기념서'에 글을 하나 게재했다. 이 두꺼운 책에는 파울 폰 힌덴부르크Paul von Hindenburg, 발터 라테나우Walther Rathenau, 리카르다 후흐Ricarda Huch, 지크문트 프로이트 Sigmund Freud 등의 글들이 실렸다. 주로 애국적 호소와 전투의 함성이었다. 극소수만이 조심스럽게 우려를 표했다. 예를 들어 에른스트 로스머Ernst Rosmer라는 필명을 쓰는 극작가 엘자 베른슈타인Elsa Bernstein이 이렇게 썼다. "신은 죽음을 만들었고, 인간은 살해를 만들었다." 아인슈타인은 더 명확히 표현했다. "스스로에게 물어보자. 국가 공동체가 거의 모든 폭력 투쟁을 억누르고 있는 평화의 시기에 인간은 어째서 대량학살의 자질과 충동을 잃지 않을까? 내 눈에는 그렇게 보인다. 선량한 보통 시민들의 마음을 들여다보면, 적당히 밝고 아늑한 방이 보인다. 그 방에는 잘 관리된 옷장이 있고, 집주인은 모든 구경꾼에게 그 옷장을 보라며 아주 자랑스럽게 큰소리로 외친다. 옷장에는 큰 글자로 '애국심'이라고 적혀 있다. 그러나 옷장을 열면 일반적으로 눈살을 찌푸리게 된다. 그렇다. 집주인은 그 옷장 안에 동물적 혐오와 대량학살의 욕구가 감춰져 있음을 거의 또는 전혀 모른다. 그러나 전쟁이 일어나면 집주인은 순순히 그것을 꺼내 활용한다. 독자들이여, 내 작은 방에는 이런 옷장이 없다. 어려서부터 익숙해졌기 때문에 그냥 참고 그대로 둘 수 있다고, 여기는 그런 옷장보다는 피아노나 작은 책장이 여러분의 방에 더 어울린다고 생각하면 좋겠다."

그러나 다른 물리학자들은 열광하며 애국의 옷장을 열었다. 1919년 필립 레나르트는 나치당 초대 지도자 안톤 드렉슬러Anton Drexler와 아돌프 히틀러의 연설을 들었다. 그는 1920년 2월에 '나치당의 첫 대중 행사'에 참석하여 큰 감명을 받았다. 1926년에는 히틀러를 직접 만나기 위해 하일브론에서 열린 파티에 참석했다. 1928년에는 히틀러가 그의 하이델베르크 집을 방문했다. 레나르트는 이 일을 인생에서 가장 기억에 남는 사건으로 기록했다.

1917년 베를린

쓰러진 아인슈타인

고된 지식 노동, 독신 생활, 전쟁의 암울함이 아인슈타인의 건강을 파괴했다. 1917년 2월에 그는 심한 복통과 함께 쓰러졌다. 간이 문제였다. 그 후 두 달 동안 병세가 급격히 악화되어, 몸무게가 25킬로그램이나 빠졌다. 그러나 이것은 앞으로 이어질 질병들의 시작에 불과했다. 그 후 몇 년 동안 황달, 담석, 중증 십이지장궤양 등이 그를 괴롭혔다. 이제 겨우 서른여덟 살인 그는 자신의 "병든 시신"을 진지하게 걱정했다. 의사는 "요양과 엄격한 영양 식단"을 처방했다. 그러나 프로이센은 기아에 시달리고 있었다. 흉년과 "순무로 버텨야 하는 겨울" 이후, 감자조차 부족했다. 선지와 톱밥으로 만든 대용 빵, 순무로 만든 대용 잼, 우지로 만든 대용 버터, 밤으로 만든 대용 커피, 재로 만든 대용 양념, 모래로 만든 대용 비누, 종이로 만든 대용 의복까지 온갖 대용품이 넘쳐났다. 독일은 대용 국가가 되었다. 정부는 닭고기 대용으로 까마귀 구이를 권했다. 고양이, 쥐, 말은 땔감 대용으로 아궁이에 던져졌다. 1915년에 8만 8,000명이 이미 기아로 사망했고, 이듬해에는 기아 사망자가 12만 명으로 증가한 상태였다.

다른 수많은 베를린 시민과 비교하면 아인슈타인은 그래도 아직 괜찮았다. 스위스에 사는 친척들이 식료품을 보내주었기 때문이다. 엘자가 그를 간호했다. 1918년 여름, 그는 요양을 위해 엘자와 그녀의 딸들로 구성된 "소규모 하렘(여인들)"과 함께 오스트제 근처 어촌 아렌스후프로 갔다. 그곳에서 그는 일하지 않고, 전화하지 않고, 신문을 읽지 않고, 그 대신 일광욕을 하고 맨발로 여유롭게 해변을 산책했다. 다행히 고통스러운 통증이 멈추고 그는 1918~1919년 겨울학기부터 다시 대학에 나갈 수 있게 되었다. 토요일 오전에 상대성이론 강연이 계획되었지만, "혁명 때문에" 취소되었다. 1918년 10월 3일, 독일제국 정부는 미국 대통령 우드로 윌슨Woodrow Wilson에게 평화 협정을 요청했고, 윌슨은 독일의 민주화를 요구했다.

평화와 민주주의. 아인슈타인에게는 두 소식 모두 좋은 소식이었지만, 끝까지 자신들이 승리자라고 망상했던 많은 독일인에게는 충격적인 소식이었다. 군대는 소진되었고 지쳤다. 11월 4일에 킬의 선원들이 반란을 일으켰다. 그들의 반란은 혁명으로 발전하여 독일 전역에 퍼졌고 11월 9일, 베를린에 도달했다. 노동조합과 군인평의회가 구성되고 총파업을 촉구했다. 시위대는 제국의

사당 앞에서 전쟁을 당장 끝내라고 요구했다. 아인슈타인의 강연이 취소된 토요일에 공화국이 선포되었고, 다음 날 황제가 퇴위하여 네덜란드로 도피했다. 아인슈타인은 스위스 친척들에게 환희의 편지를 보냈다. "큰일이 벌어졌습니다! (…) 군국주의와 추밀원의 몽상이 완전히 제거되었습니다."

막스 보른과 심리학자 막스 베르트하이머Max Wertheimer와 함께 아인슈타인은 '동지들'을 위한 연설 원고를 가방에 넣고 전차에 올라 제국의사당으로 갔다. 제국의사당 앞의 무장한 혁명가들이 그를 알아봤고 방금 임명된 제국 대표 프리드리히 에베르트Friedrich Ebert에게로 아인슈타인을 즉시 안내했다. 그는 혁명학생회가 투옥시킨 베를린대학교 총장의 석방을 주선했다. 이날 아인슈타인은 연단에 오르지 않았다.

1918년 베를린

전염병

미국 캔자스주 하스켈 카운티는 인구밀도가 매우 낮은 지역이다. 황량한 평원 위로 모래 바람이 부는 이 지역의 주민은 모두가 농부이고, 대다수가 닭을 키운다. 이 지역 의사 로링 마이너Loring Miner는 1918년 2월에 왕진 요청을 비정상적으로 많이 받았다. 그는 분주하게 이 집에서 저 집으로, 이 사람에서 저 사람으로 옮겨 다니며 치료했다. 갑자기 심한 독감이 유행했다. 기침과 열, 그리고 폐에서 덜걱대는 소음이 들렸다. 이상했다. 대다수 환자가 젊고 그때까지 아주 건강했었다. 이것은 일반적인 독감 유행이 아니었다. 로링 마이너는 이 사실을 보건당국에 알렸으나, 아무 대답도 듣지 못했다.

대서양 건너편에서 독일군이 프랑스를 공격하기 시작한 3월에, 독감 파도는 하스켈 카운티의 군 기지까지 퍼졌다. 독감에 걸린 요리사가 유럽 파병을 위해 대기 중인 병사들의 음식을 담당했다. 병사들은 비좁은 배를 타고 대서양을 건넜고, 그다음 참호, 진흙, 오물, 추위, 비, 벌레, 들쥐 속에서 비참한 위생 조건 아래에 있었다. 그들의 면역 체계는 변이를 일으킨 독감 바이러스에 대비된 상태가 아니었다. 나중에 생물학자들이 이 바이러스를 H1N1으로 분류할 것이다. 매일 수천 명의 군인이 이 바이러스에 감염되었고 10명 중 1명이 사망했다. 바이러스에 감염된 군인 중 어떤 이는 독일 포로가 되었다. 그렇게 바이러스는 전선 반대편에도 도달했다. 곧 전장 밖의 90만 독일 군인에게도 바이러스가 퍼졌다. 전장에서도 전장 밖에서도 군의병이 할 수 있는 일은 많지 않았다.

1918년 5월 27일, 처음으로 신문에 바이러스에 대한 기사가 났다. 스페인 통신사 '파브라Fabra'의 보도였다. "전염성 강한 기이한 질병이 마드리드에 등장했다." 스페인 국왕 알폰소 13세도 전염되었다. 그렇게 이 바이러스는 스페인에서 시작된 것이 아님에도, '스페인 독감'이라는 이름을 얻었다. 스페인은 전쟁에 참여하지 않았기에 전쟁 선전과 보안 검열이 없었다. 그래서 스페인 신문만이 전염병 기사를 낼 수 있었기 때문이다.

이 바이러스는 다양한 이름으로 전 세계에 퍼졌다. 영국은 플랑드르 군인들이 감염되었다 하여 '플랑드르 열병'이라 불렀다. 폴란드는 '볼셰비키병', 독일은 질병의 빠른 진행 속도 때문에 '번개병', 스페인은 '포르투갈병', 세네갈은 '브라질병'이라고 불렀다. 〈뉴욕타임스〉는 독일인이 특히 많이 걸렸기 때문에 '독일 독감'이라고 불렀다. 모두가 저마다 다른 원인을 지목했다.

휴가 나온 군인들이 바이러스를 독일제국 전체로 가져와, 굶주리고 사기가 꺾인 주민들에게 퍼트렸다. 첫 번째 유행은 아직 가벼웠고 감염자 대부분이 병을 이겨냈다. 그러나 가을에 퍼진 두 번째 유행은 곧 공화국이 될 제국을 더 심하게 강타했다. 몇 개월 이내에 수십만 명이 감염되었다. 독일 전역에서 40만 명이 사망했고 베를린에서만 5만 명이 넘는 사람들이 죽었다. 전 세계적으로 5,000만 명이 이 바이러스로 죽었는데, 이는 제1차 세계대전 사망자 수보다도 두 배나 많은 수치이다.

어느 누구도 안전하지 않았다. 뮌헨에서 철학자이자 경제학자인 막스 베버Max Weber가, 빈에서 화가 에곤 쉴레Egon Schiele가 죽었다. 프라하에서는 폐결핵으로 쇠약해진 작가 프란츠 카프카Franz Kafka가 몇 주 동안 독감으로 고생하다 겨우 회복되었다.

독감, 기아, 그리고 양쪽 진영 모두에게 힘겨운 전쟁. 이 모든 것이 너무 버거웠다. 1918년 11월 11일, 파리에서 북동쪽으로 90킬로미터 떨어진 콩피에뉴 숲에서 프랑스와 독일 대표단이 휴전 협정에 서명했다. 4년이 넘는 충격 이후, 갑자기 전쟁이 끝났다. 많은 독일인에게 항복은 충격이었다. 그들은 제국부대가 수비 입장이었음을 전혀 몰랐었다. 여름만 해도 서부전선에서 유리한 고지를 점령했다고 하지 않았어? 야전사령관 파울 폰 힌덴부르크가 불행한 소식을 전했다. "독일군이 등에 칼을 맞았습니다."

전쟁에 지친 조국이 군대를 배신했다는 이른바 '등에 꽂힌 칼'은, 독일이 다시 세계대전을 일으키는 데 크게 기여할 것이다.

1918년 11월에 바이에른에서 공산주의 혁명이 있었다. 쿠르트 아이스너Kurt Eisner가 총리가 되고 왕이 폐위되고 바이에른은 자유국임이 선포되었다. 베를린에서 로자 룩셈부르크Rosa Luxemburg와 카를 리프크네히트Karl Liebknecht가 사회주의공화국을 외쳤다. 1919년 초에 아이스너, 룩셈부르크, 리프크네히트가 살해되었다.

혁명 시도에 이어 반혁명이 뒤따랐다. 1920년 3월, 우파의 카프 폭동은 실패했다. 루어 지역에서 노동자들이 처음에는 폭동을 진압하기 위해, 나중에는 권력을 잡기 위해 봉기했다. 아이들이 돌을 던지고 총을 쐈다. 자유군단과 제국부대가 무력으로 봉기를 진압했다. 즉결 사형선고와 집단 총살이 있었다. 체포될 당시 무장 상태였던 사람은 부상자라도 곧바로 처형되었다.

1922년 6월에 발터 라테나우가 암살되고, 바덴 주정부는 대학에 문을 닫으라고 명령했다. 그러나 하이델베르크대학교에서 필립 레나르트가 폐교 명령을 거부하고, 조기를 게양하고, 실습 수업만 취소했다. 유대인 한 사람의 죽음은, 대학에서 강의를 중단할 만큼 중요한 사건이 아니라는 것이 이유였다. 레나르트에 대한 징계 절차가 시작되었다가 곧 다시 취소되었다.

독일 경찰은 질서를 유지하는 데 어려움을 겪었다. 국제연맹이 베르사유조약에서 독일의 군대와 경찰에 상한선을 두었기 때문이다. 국제연맹은 무장한 경찰이 갑자기 군인이 될까 봐 걱정했던 것이다.

전 세계적으로 많은 사람이 전쟁으로, 기아로, 독감으로 사랑하는 친구와 친척을 잃었다. 그로 인해 과학과 기술에 대한 믿음이 흔들렸다. 그 대신에 심령술과 미신이 붐을 이뤘다. 자식을 잃은 부모, 부모를 잃은 자식, 남편을 잃은 아내가 죽은 사람과 만나기를 갈망했다. 명탐정 셜록 홈스를 창조한 아서 코난 도일Arthur Conan Doyle과 전자파를 연구한 물리학자 올리버 로지Oliver Lodge가 당시 가장 저명한 심령술사였다. 로지의 아들은 벨기에에서 수류탄 파편에 죽었고, 도일의 아들은 프랑스에서 중상을 입은 후 폐렴으로 죽었다. 전염병과 전쟁 이후 두 남자는 영국과 미국을 돌며, 저승과 접촉하여 죽은 사람과 대화하는 모습을 사람들에게 보여주었다. 도일은 1919년 한 심령술 모임에서, "나는 아들을 만났고, 그것은 나의 영적 경험에서 최고의 순간이었다"라고 말했다.

과학자들은 굴욕을 맛보았다. 이를 두고 〈뉴욕타임스〉는 이렇게 적었다. "과학은 우리를 보호하는 데 실패했다." 완벽하게 확실한 지식은 없다. 이것이 새로운 위대한 물리학 이론의 핵심이 될 것이다.

1919년 카리브해

개기일식

알베르트 아인슈타인과 밀레바 아인슈타인 부부는 1919년 2월 14일에 취리히 지방법원에서 '성격 차이'를 이유로 이혼했다. 5년 동안 남편은 이혼을 요구했고 아내는 거부했었다. 남편이 더 높은 위자료를 제안하면서 결국 합의에 도달했다. 남편이 노벨상 상금을 모두 아내에게 주기로 약속한 것이다. 노벨상 수상이 아직 확정되지는 않았지만, 아인슈타인은 곧 자신이 노벨상을 수상할 것이라고 확신했다. 아인슈타인은 그해 6월 2일, 사촌 엘자 뢰벤탈과 재혼했다. 그는 이제 마흔 살에 접어들었고 엘자는 세 살 연상으로 마흔세 살이었다. 아인슈타인은 자신을 "아버지 알베르트"라고 부르는, 엘자의 딸과 또 뭔가를 시작했다. 아인슈타인이 수도 없이 해왔고 앞으로도 계속할 여러 외도 가운데 하나일 뿐인 그런 일을.

엘자는 앞으로 몇 달 동안 일어날 사건들이 결혼 생활을 완전히 바꿔놓으리란 것을 아직 몰랐다. 아인슈타인은 세계적 명성을 얻게 될 것이다.

1919년 2월, 아인슈타인이 이혼한 직후, 영국 왕립학회가 탐사대 둘을 파견했다. 한 팀은 브라질 북부의 소브랄 마을로, 또 다른 팀은 스페인-기니 해안의 프린시페 섬으로 갔다. 그들은 5월 29일에 개기일식을 관찰해야 한다. 천문학자들은 이들 장소에서 개기일식을 특히 잘 관찰할 수 있다고 계산했다. 개기일식 관찰 프로젝트의 대표인 아서 에딩턴Arthur Eddington은 1919년 5월 29일 아침에 팀원들과 프린시페 섬의 코코넛 농장에 있었다. 폭우가 쏟아졌고, 점심에 이미 개기일식이 진행되는 동안에 비로소 구름이 서서히 걷혔다. 다행스럽게도 관찰자들은 쓸 만한 사진 두 장을 찍을 수 있었고, 소브랄의 동료들은 여덟 장을 찍는 데 성공했다. 에딩턴은 영국으로 돌아와, 달에 가려진 태양이 자신을 지나가는 별빛을 얼마나 강하게 굴절시키는지 사진 건판에서 측정했다. 결과는 아인슈타인이 중력이론을 기반으로 예언했던 것과 정확히 일치했다.

이로써 아인슈타인은 하룻밤 사이에 세계적 스타가 되었다. 왕립학회 회장인 톰슨은 영국 신문에서 "상대성이론이 새로운 과학 아이디어의 신대륙을 열었다"고 말했다. 전후 독일에서도 아인슈타인은 축하를 받았고, 곳곳에서 그와 상대성이론에 관한 기사가 쏟아졌다. 독일 주간지 〈베를리너 일루스트리르테 차이퉁

Berliner Illustrirte Zeitung〉은 그를 코페르니쿠스, 케플러, 뉴턴의 뒤를 잇는 사람으로 소개했다. 런던의 〈타임스〉는 "과학의 혁명 / 우주의 새 이론 / 뉴턴의 아이디어가 전복되다"라는 제목으로 기사를 냈다. 런던 팔라디움의 버라이어티쇼가 아인슈타인을 3주간 게스트로 초대했지만, 그는 초대를 거절했다. 한 젊은 여성은 아인슈타인을 보고 기절했다. "모든 것은 상대적이다." 이 말은 대중문화, 광란의 1920년대, 미국화의 슬로건이 되었다.

그러나 친절한 비판과 악의에 찬 비판이 환호에 스며들었다. 이해할 수 있는 언어로 아인슈타인의 이론을 설명해낸 사람이 아무도 없다고, 톰슨이 한 기자에게 지적했다.

제1차 세계대전 동안 대량 사망, 거짓 선전, 사회적 불행, 전통적인 생활 방식의 상실로 유럽에 번진 깊은 불안이 상대성이론 안에서 응집되었다. 이윽고 반대 운동이 싹텄다. 반대 운동은 나치주의와 "독일물리학"을 내세웠다. 반대 운동의 대표자이자 노벨상 수상자인 필립 레나르트는 현대 이론물리학을 "유대인의 과학"이라며 거부하고 "아리아인의 과학"을 꿈꿨다. 아인슈타인, 유대인, 이론물리학자, 평화주의자. 아인슈타인은 그들이 반대하는 모든 것을 상징했다.

아인슈타인이 강연하는 곳마다 항상 폭동이 일었다. 동유럽에서 온 유대인 난민들을 위한 무료 강연 때, 반유대주의 학생들이 폭동을 일으켰다. "더러운 유대인의 목을 잘라버리겠다!" 폭도 중 한 명이 외쳤다. 아인슈타인은 살해 위협이 담긴 편지를 받았다.

그러나 아인슈타인은 눈 하나 깜짝 하지 않았다. 반유대주의자들의 적대감은, 그동안 자신의 혈통에 전혀 관심이 없었던 아인슈타인으로 하여금 자신이 유대인 혈통임을 처음으로 인식하게 했다. 1920년대에 그는 시오니스트 조직과 처음으로 접촉했다. 그러나 아인슈타인이 그들의 모든 목표에 동의하는 것은 아니었다. 유대인 국가의 건국은 그의 관심사가 아니었다. 그는 문화적 시오니즘을 옹호했다. 팔레스타인은 아랍인과 평화롭게 공존하며 박해받는 유대인들에게 안전한 피난처가 되어야 하고, 흩어져 사는 유대인들이 더 많은 자신감을 갖도록 돕는 상징적 존재여야 했다. 아인슈타인은 1925년에 완공된 예루살렘 히브리대학교 건축에 적극적으로 참여했다. 1929년에는 여성의 낙태할 권리, 동성애자가 처벌받지 않을 권리, 개방적 성교육을 주장했다. 그러나 정작 그는 자신의 여자들을 함부로 대했다.

1919년 뮌헨

플라톤을 읽던 소년

1919년 봄 뮌헨. 아서 에딩턴이 카리브해 프린시페 섬에서 개기일식을 기다리는 동안, 세계대전 베테랑인 프란츠 폰 에프Franz von Epp는 뷔르템베르크의 자유군단을 이끌고 뮌헨으로 진격하여 바이에른 평의회공화국을 무너뜨렸다. 바이에른 평의회공화국은 약 한 달 전인 2월 21일에, 사회주의를 지지하는 쿠르트 아이스너 총리가 사임을 발표하러 가던 중 한 귀족의 총에 맞아 사망한 후, 선포되었었다.

뮌헨뿐 아니라 독일 전체가 혼란에 빠졌다. 1919년 1월 첫 번째 선거 이후, 제헌국민의회는 베를린에서 바이마르로 이동했다. 의원들은 혼란스러운 수도가 두려웠고, 무엇보다 헌법을 작업할 조용하고 안전한 장소가 필요했다. 이들은 바이마르에서 적절한 장소를 찾아냈다. 요한 볼프강 폰 괴테가 한때 살았던 곳이었다.

그곳에서 바이마르공화국이 탄생했다.

갓 탄생한 바이마르공화국은 바이에른을 안정시키기 위해 정부군으로 뮌헨을 에워쌌다. 총소리가 울리고 불타는 바리케이드의 연기가 거리를 메울 때, 슈바빙 지역의 한 열일곱 살 된 고등학생은 봄 햇살을 받으며 다락방에 누워, 세계가 곧 수학이라고 소크라테스가 주장하는, 플라톤의 유명한 대화편 《티마이오스Timaios》를 읽었다. 이 학생의 이름은 베르너 하이젠베르크Werner Heisenberg이다.

베르너 하이젠베르크는 1901년에 프랑켄 지역 대학도시 뷔르츠부르크에서 형 에르빈과 1년 6개월 차이로 태어났다. 그의 부계는 베스트팔렌의 수공업자 집안으로 원래 성은 '하이센베르크Heissenberg'였지만, 한 공무원의 실수로 '하이젠베르크Heisenberg'가 되었다. 그의 아버지는 알텐김나지움에서 라틴어와 그리스어를 가르치는 교사였지만, 더 높이 올라가 교수가 되고자 했고, 비스마르크가 통치하는 독일공화국의 충성스러운 시민으로서, 비스마르크의 가치관을 체화한 인물이었다. 이를테면 근면, 성실, 절약, 감정 통제, 합리성, 독서에 대한 사랑, 음악을 향한 열정이 그것들이다. 하이젠베르크 가족은 일요일마다 교회에 갔다. 신앙 때문이 아니라 의무감으로. 아버지는 겉은 엄격하고 속은 변덕스러웠고, 그런 성격은 가족을 종종 힘들게 했다. 또한 평생 경쟁자로 살게 될 두 아들 사이에 쐐기를 박았다. 에르빈은 모든 과목에서 베르너를 능가했고 운동도 훨씬 잘했다. 그러나 한 과목, 수학만은 예외였다.

1910년, 그의 아버지는 뮌헨대학교 교수로 임용되고, 베르너는 몇 년 전까지 할아버지가 교장으로 있었던 막시밀리안김나지움에 입학했다. 베르너는 가족으로부터 벗어나기가 쉽지 않은 상황이다.

베르너는 수학에서 탁월함을 발휘했다. 고등학생 때 이미 대학에서 수학 강의를 들었고, 학교에서는 때때로 수학 교사를 대신했다. 제1차 세계대전이 끝났을 때, 베르너는 대학입학 자격시험을 앞두고 있었다. 그는 한 물리학 책에서 고리와 후크로 서로 연결되고 다시 분리되는 작은 덩어리로 묘사된 원자를 만났다. 이건 말이 안 돼! 이 그림은 삽화가가 상상으로 그린 것이지, 절대로 과학자의 지식에서 나온 것이 아니야! 원자가 물질의 최소 단위라면, 이 고리와 후크들은 무엇으로 이루어졌단 말인가? 수학이 세계를 지탱한다는 플라톤의 말이 역시 맞았던 것일까? 경험적 근거가 없는 한, 이것은 그저 그림에 불과한 것이 아닐까?

전쟁과 종전이 한동안 베르너의 야망을 정지시켰다. 과학보다 생존이 더 중요한 시기였다. 과학의 시기는 더 기다려야 했다. 그는 바이에른 북부의 한 농장에서 심부름꾼으로 일했다. 평의회공화국이 무너진 이후, 근위기병대의 정찰병 보조대원으로 자원하여, 이제 막 설립되어 전쟁 참사 후 자연의 재생을 추구하고, 나중에 나치 청년 조직과 가까워질 민족주의 신정찰대에 합류했다. 슈타른베르거 호수와 프랑켄 지역을 관통하는 긴 행군길에 그는

친구들과 원자, 기하학, 아인슈타인의 상대성이론에 대해 토론
했다.

열여덟 살에 접어든 베르너 하이젠베르크는 자신이 뭐가 되고
싶은지 잘 알았다. 바로 수학자이다. 그에게는 그것이 세계를 이
해하게 해주는 과학이다. 시간이 이미 많이 흘렀고, 이제 마침내
수학을 시작할 때가 왔다. 기초 과정은 고등학교 때 이미 다 끝냈
으므로 건너뛰어도 된다.

아버지의 소개로 하이젠베르크는 수학자 페르디난트 폰 린데
만Ferdinand von Lindemann을 만났다. 린데만은, 원의 넓이와 정확히 일
치하는 정사각형은 존재하지 않음을 증명하여 역사에 이름을 남
긴 수학자로, 흰 수염과 고루한 견해를 가진 고약한 노인이었다.
그에 따르면, 수학만이 아름다움의 독점적 특권을 가졌기 때문
에, 수학을 진지하게 연구하려는 사람은 이런 영원한 진리에 완
전히 빠져들어야 했다.

하이젠베르크와 린데만의 대화는 제대로 시작도 하기 전에 벌
써 잘못된 방향으로 흘렀다. 부끄러움이 많은 하이젠베르크가
린데만의 어둡고 칙칙한 연구실에 들어섰을 때, 시커먼 개가 책
상에 앉아 그를 사납게 노려보았다. 하이젠베르크는 흠칫 놀랐
지만, 돌아서기에는 이미 늦었다. 그는 떠듬떠듬 자신의 관심사
를 말하고, 세미나 수업에 받아줄 수 있는지 물었다. 낯선 방문
자에 놀란 개가 맹렬히 짖어댔고, 린데만도 개를 진정시키지 못
했다. 린데만이 하이젠베르크에게 최근에 어떤 책들을 공부했는

지 물었고, 개가 다시 으르렁거렸다. 하이젠베르크는 수학자이자 물리학자인 헤르만 바일Hermann Weyl의 《공간, 시간, 물질Raum, Zeit, Materie》에서 일반상대성이론을 읽었을 때의 감동을 말했다. 물리학 책! "그렇다면 자네는 벌써 수학에 싫증이 났다는 얘기군." 린데만이 대화를 끝내버렸다. 린데만이 보기에, 수학을 경험 세계에 적용하여 수학의 가치를 떨어뜨리려는 건방진 18세 청소년은 자신의 세미나 수업을 들을 자격이 없었다. 개의 으르렁거림 속에서 하이젠베르크는 린데만의 방을 나왔다.

하이젠베르크와 수학의 인연은 여기까지이다. 그는 실망하여 아버지와 다시 진로를 상의했고, 아버지는 수학 대신 수리물리학을 공부해보라고 제안했다. 아버지는 다시 자신의 인맥을 이용해 이번에는 아르놀트 조머펠트와 아들의 만남을 주선했고, 조머펠트는 햇빛이 잘 드는 환한 연구실에서 하이젠베르크를 맞이했다. 조머펠트는 작지만 다부지고, 살짝 배가 나왔으며, 콧수염 끝이 꼬여 있는 모습이 엄격한 프로이센 장교를 연상시킨다. 그는 《원자구조와 스펙트럼선Atomstruktur und Spektrallinien》이라는 책을 이제 막 출판했는데, 이 책은 곧 신생 원자물리학의 성경이 될 것이다. 조머펠트는 학생들에게 원자물리학에 대한 열정을 감염시켰다. 하이젠베르크는 주변에 개가 있는지 먼저 살폈다. 개는 없었다. 그리고 그가 린데만에게 기대했었으나 얻지 못했던 존중과 호의를 조머펠트에게서 모두 받았다.

1920년 베를린
거장들의 만남

1920년 4월 27일 베를린. 보어는 흥분과 기대가 뒤섞인 살짝 긴장된 마음으로 베를린 중앙역을 나와 대학으로 향했다. 독일 수도의 거리들은 쓸쓸해 보이고, 마차를 끄는 말들은 비쩍 말랐다. 이따금 매연을 내뿜는 자동차가 덜컹거리며 달리고, 전쟁 상이군인들이 목발을 짚고 또는 덜렁대는 금속 의족을 끼고 느릿느릿 절뚝절뚝거리며 도시를 가로지른다. 여자와 아이들이 행인에게 담배, 성냥, 양말을 내민다. 전쟁 후 빈곤은 독일인을 장사꾼으로 만들었다. 빈곤은 악취가 난다. 굶주린 사람은 씻지 않는다. 독일에 아직 물리학이 있다는 것은 기적이다. 학술지는 드물고, 대다수 연구자는 책을 살 여유가 없다.

보어는 두 남자 앞에 섰다. 그를 기다리고 있던 두 사람은 아인슈타인과 플랑크였다. 두 남자는 외모가 완전히 다르지만 각자의 방식으로 친절했다. 프로이센의 단정함과 정확성을 체화한 플랑크 옆에, 커다란 눈과 헝클어진 머리칼, 살짝 짧은 바지의 아인슈타인이 서 있다.

플랑크에게 전쟁은 괴로움과 고통이었다. 아들이 전장에서 죽었고, 쌍둥이 두 딸이 출산 과정에서 죽었다. 이제 그에게는 과학이 가족을 대신하는 존재이다. 그는 동료들과 '독일 과학 비상협회'를 설립하여, 정부, 산업, 외국으로부터 지원금을 모아 과학자들에게 나눠주는 일을 한다. 그는 1919년에 한 신문 기고에서 이렇게 썼다. "독일 과학이 이런 방식으로 계속 발전할 수 있는 한, 문명국가의 대열에서 독일이 제외되는 일은 결코 없을 것이다."

플랑크는 베를린에 있는 동안 자기 집에 머물라며 보어를 초대하고, 보어는 이 초대를 수락했다. 세 남자는 만나자마자 그들의 공통 주제인 물리학 얘기를 나눴다. 긴장감으로 울렁거렸던 보어의 속이 점점 편안해졌다.

전쟁 후 유럽의 물리학자들은 독일 동료를 싫어했다. 그러나 중립국 국민인 보어는 그들과 달리 독일 동료에 대한 원한이 없었다. 그는 오히려 끊어진 관계를 최대한 빨리 다시 살리려 애썼다. 국제사회가 독일 물리학자들을 배제하는 동안에도 보어는 이미 첫걸음을 내디뎌, 조머펠트를 코펜하겐으로 초대했었다. 그일이 있은 직후, 플랑크가 그를 베를린으로 초대했다.

보어는 방문 선물로 버터와 여러 식료품을 들고, 하버란트 거리에 있는 아인슈타인의 집으로 갔다. 대용 버터가 아니라, 진짜

버터다! 아인슈타인이 감사를 표했다. "아직 젖과 꿀이 흐르는 중
립국의 멋진 선물이군요." 아인슈타인의 아내 엘자가 '귀한 선물'
에 아주 기뻐했다.

그다음 곧장 다시 빛, 양자, 전자, 원자 등 물리학 얘기가 시작
되었다. 보어와 아인슈타인은 해답을 찾지 못했지만, 무엇이 수
수께끼인지에는 동의했다. 이 혼란스러운 지식 상태에서 그 이상
을 희망하기는 어려웠다.

보어는 베를린에서 가장 좋아하는 일을 하며 며칠을 보냈다.
새벽부터 밤늦게까지 물리학에 대해 얘기하기. 코펜하겐 연구소
소장의 의무를 잠시 잊을 수 있는 반가운 환기였다. 특히 베를린
대학교의 젊은 물리학자들이 그를 위해 마련한 점심 식사가 큰
기쁨을 주었다. 제임스 프랑크, 구스타프 헤르츠, 리제 마이트너
가, 공기 좋은 곳에 있는 것을 즐기는 보어를 위해 피크닉을 준비
했다. 노벨화학상 수상자 프리츠 하버가 피크닉을 위해 자신의
시골집을 내주었다. 플랑크는 젊은 물리학자들이 사기 어려운 비
싼 음식들을 기부했다. 젊은 연구자들은 이 피크닉이 "보스 없이
진행되기를" 바랐다. 그들은 보어를 독점하고자 했다. 물리학 학
회에서 들었던 보어의 강의에 대해 자세히 물어볼 기회였다. 아
무것도 이해하지 못했다는 기분으로 다소 좌절하며 뒤로 미루어
두었던 것을 묻고, 그에 대한 답을 들을 기회였다. 그러나 그들의
'보스'인 하버와 아인슈타인이 피크닉에 따라왔고, 파동과 입자
에 대해 보어와 토론했다.

아인슈타인은 보어의 말을 모두 이해하지만, 동의하지는 않는다. 다른 사람들과 마찬가지로 보어 역시 아인슈타인의 광양자가 실제로 존재한다고 믿지 않는다. 보어는 플랑크와 마찬가지로 빛이 다발로 방출되고 흡수된다고 여긴다. 보어와 플랑크는 빛 자체가 양자화되지 않는다고 주장한다. 빛이 입자라고 믿기에는 빛이 파동이라는 증거가 너무 강했다. 빛이 입자라면 모든 실험실에서 증명되는 간섭현상은 어떻게 설명할 것인가? 현재 전 세계가 통신에 사용하는 전파는? 보어는 빛과 여타 전자기선이 파동으로 구성되었다고, 다시 말해 입자로 구성되지 않았다고 확신한다. 물론 빛을 작은 다발로 상상하는 것이 도움이 될 때도 있지만, 그것은 임시방편에 불과하다.

물리학협회의 강당에서는 사실뿐 아니라 명성도 중요하다. 보어는 앞에 앉은 아인슈타인을 고려하여 빛의 본질에 대한 질문을 피한다. 보어는 빛의 자발방출과 유도방출, 그리고 높은 에너지 준위와 낮은 에너지 준위 사이를 이동하는 전자에 대한 1916년 아인슈타인의 연구에 깊은 인상을 받았었다. 아인슈타인은 답보 상태였던 연구를 다시 발전시켰고, 원자가 우연과 확률에 따라 행동함을 입증했다.

아인슈타인은 전자가 한 에너지 준위에서 다른 에너지 준위로 이동할 때 광양자가 방출되는 시점과 방향을 예측할 수 없다는 것을 여전히 우려한다. 그럼에도 그는 인과 원칙의 이런 훼손을 바로잡을 수 있을 것이라고 확신한다. 이제 보어가 연단에 올라,

시점과 방향의 정확한 예측이 영원히 불가능할 것이라고 주장함으로써 아인슈타인을 반박한다. 서로를 높이 평가하는 두 사람이 반대 입장으로 다시 만났다. 두 사람은 함께 베를린을 산책하고 아인슈타인의 집에서 식사를 하는 동안 각자 상대방의 관점을 바꾸기 위해 노력했다.

아인슈타인은 여섯 살 아래의 보어를 만나기 전부터 그를 높이 평가했었다. '양자조건'을 기발하고 담대하게 러더퍼드의 행성 모형에 접목한, 보어의 원자구조와 스펙트럼선에 대한 첫 번째 연구를 1913년에 읽었을 때부터였다. 아인슈타인이 이렇게 썼다. "보어가 독특한 본능과 섬세한 감수성으로, 이 불안정하고 모순된 토대에서, 스펙트럼선과 원자의 전자껍질의 주요 법칙뿐 아니라 화학의 중요성을 발견할 수 있었다는 사실이 내게는 기적처럼 보였다. 그리고 지금도 여전히 기적처럼 보인다. 그것은 사고 영역에 있는 최고의 음악성이다."

아인슈타인은 행복에 겨워 보어를 배웅했다. 보어가 코펜하겐으로 돌아간 후 아인슈타인은 보어에게 편지를 보냈다. "내 인생에서 선생만큼 존재만으로도 내게 기쁨을 준 사람은 흔치 않았습니다. 나는 이제 선생의 위대한 작업을 연구하다 막히는 곳이 생기면 소년 같은 미소로 친절하게 설명해주던 선생의 모습을 떠올리며 흐뭇해합니다." 그는 레이덴에 사는 에렌페스트에게도 편지를 썼다. "닐스 보어가 다녀갔고 나는 자네만큼 그를 좋아하게 되었다네. 그는 섬세한 감수성을 가진 소년 같고, 마치 최면에 걸린 사람 같아."

보어 역시 아인슈타인에게 매료되었다. 그러나 서툰 독일어로 답장을 보낼 때, 그는 매우 절제하여 표현했다. "교수님을 만나고 대화를 나눈 것은 제게 가장 큰 경험이었고, 베를린에서 베풀어 주신 그 모든 친절을 어떻게 감사해야 할지 모르겠습니다. 제가 몰두했던 질문들에 대한 교수님의 의견을 직접 듣는 기회를 그동안 얼마나 고대했었고 그것이 마침내 이루어졌을 때 제가 얼마나 흥분했었는지, 아마 교수님은 모르실 겁니다. 달렘에서 교수님의 집까지 가는 길에 나눴던 우리의 대화를 저는 결코 잊지 못할 것입니다."

8월에 벌써 아인슈타인은 보어의 방문에 대한 보답으로, 노르웨이에서 베를린으로 돌아가는 길에 코펜하겐에 잠시 들렀다. 이것이 두 사람의 마지막 평화가 될 것이다.

설령 아인슈타인이 보어로부터 새로운 것을 전혀 경험하지 못했더라도, 뭔가를 배웠다. "무엇보다 정서적으로 과학을 바라보는 방법." 아인슈타인은 물리학자를 두 유형으로 나눈다. '원칙현학자'와 '거장'으로. 아인슈타인은 자신과 보어를 원칙을 추구하며 깊이 파고드는 원칙현학자로, 보른과 조머펠트를 거장으로 분류한다. 거장들은 공식을 만들지만 철학적 사색은 하지 않는다. 조머펠트가 아인슈타인에게 이런 편지를 썼다. "나는 그저 양자의 기술을 지원할 수 있을 뿐입니다. 당신은 당신의 철학을 실천하세요."

아인슈타인은 보어에게 감탄했다. 무엇보다 자신이 해내지 못했던 보어의 원자 이론에 크게 감탄했다. 1905년에 창조력이 크게 폭발한 이후, 아인슈타인은 무엇을 더 연구해야 할지 모른 채 제자리에 서 있었다. 앞으로 이보다 더 큰 업적을 어떻게 이룰 수 있을까? 이제 무엇에 더 관심을 가져야 할까? 그래, 기이한 스펙트럼선이 아직 남아 있다! 그러나 아인슈타인은 기존 지식으로 그것을 설명할 방법이 없었고, 그래서 그대로 두었다. 그 대신에 그는 다시 한번 자신의 상대성이론을 발전시켜 $E = mc^2$ 공식을 발견했다. 그리고 몇 년 뒤에 다시 스펙트럼선을 연구했고 목표에 거의 도달했다고 여겼다. 그는 친구에게 편지를 썼다. "나는 지금 스펙트럼선 문제를 해결할 희망에 차 있다네. 심지어 광양자 없이도 가능할 것 같아. 앞으로 어떻게 진행될지 너무너무 기대돼." 그리고 그는 지나가는 말처럼 덧붙였다. "지금까지의 에너지 법칙은 버려야 할 것 같네." 아인슈타인은 에너지 보존의 법칙을 기꺼이 포기할 만큼 스펙트럼선 문제를 중요하게 여겼다. 그러나 그 정도 대가로는 해답을 얻을 수 없었다. 며칠 뒤에 그는 다소 의기소침해 친구에게 알렸다. "스펙트럼선 문제의 해결은 실패로 끝났네. 악마가 내게 어리석은 농담을 속삭였던 것 같아."

아인슈타인이 실패한 것을 보어가 해냈다. 보어는 스펙트럼선을 설명할 수 있다. 아인슈타인에게 그것은 "기적처럼" 보였다. 아인슈타인은 보어를 칭송했다. "이 사람은 최고의 정신을 가졌음에 틀림없다. 전체 큰 그림을 절대 놓치지 않는 극도로 비판적이고 넓은 시야를 가졌다!" 보어 자신의 표현을 빌리면, 1916년 여름에 원자 모형이 그를 끌고 가서, 원자의 빛의 방출과 흡수를 설명할 "빛나는 아이디어"를 보여주었다. 아인슈타인은 이 아이디어의 도움으로 플랑크의 복사 공식을 도출했다. 아인슈타인은 이것을 "특별한 도출"이라고 말하고 이제 확신한다. 광양자는 정말로 존재한다!

그러나 이 깨달음은 대가를 치러야 했다. 아인슈타인은 보어의 원자 모형에서 플랑크의 복사 공식을 얻었지만, 그 대신 고전물리학의 엄격한 인과 원칙을 버려야 했다. 그는 원자의 전자가 낮은 에너지 준위와 높은 에너지 준위 사이를 이리저리 이동할 수 있는 세 과정을 생각했다. '자발방출'에서 전자는 높은 준위에서 낮은 준위로 내려가고 이때 광양자가 방출된다. 반대로 낮은 준위에서 높은 준위로 도약하면 광양자가 흡수된다. '유도방출'에서 광양자가 유도된 전자를 밀어내 낮은 준위로 떨어트리고, 이때 다른 광양자가 방출된다. 유도방출에 의한 광증폭은 훗날 레이저의 기초 과정이 될 것이다.

전자의 이동에서 기이한 점은, 원인이 한 가지가 아니라는 것이다. 때로는 원인 없이 그냥 자발적으로 일어난다. 또는 원인이 있는데도 일어나지 않는다. 아인슈타인은, 마리 퀴리가 방사성 붕괴에서 했던 것처럼, 그저 확률만 계산할 수 있었다. 그는 옛날부터 물리학을 지배했던 인과 원칙이 걱정되었다. 아리스토텔레스가 단언하지 않았던가. "모든 것은, 어떤 것을 통해, 어떤 것으

로부터, 특정한 어떤 것으로 발생한다." 그런데 전자의 이동은 무
無에서도 발생했다!

수년 뒤에도 아인슈타인은 여전히 인과 원칙을 걱정했다.
1920년에 그는 보른에게 이런 편지를 썼다. "인과 원칙이 나를
너무 괴롭힙니다. 빛의 흡수 및 방출이 인과 원칙으로 완전히 해
명될 수 있을까요? 아니면 통계적 예외로 남게 될까요? 확신할
용기가 내게 없음을 인정할 수밖에 없습니다. 그러나 정말이지
어쩔 수 없이 인과성은 포기해야 할 것 같습니다." 아인슈타인은
갈피를 잡지 못했다. 새로운 양자물리학으로 혁명을 일으키고 싶
지만, 옛날 물리학을 버리고 싶지도 않았다.

1920년, 이제 아인슈타인은 다시 창조의 위기에 처했다. 추측
하건대 오늘날 '중년의 위기'라 부르는 상태가 되었던 것 같다.
그는 광양자를 찾았고, 특수상대성이론과 일반상대성이론을 수
립했고, 힘겨운 이혼을 겪었고, 전쟁과 여러 질병을 이겨냈다. 비
록 여전히 스스로를 "매우 튼튼한 남자"라고 부르지만, 엄격한
식이요법을 계속 지켜야만 했다. 그는 마흔한 살에 인생을 결산
하며 스스로에게 물었다. 뭔가가 더 있을까, 아니면 이제 벌써 다
이뤘을까?

베를린과 코펜하겐에서 만난 이후로 2년의 시간이 흘렀을 때,
보어와 아인슈타인은 각자의 방식으로 계속 양자와 씨름했다. 두
사람 모두에게 힘겨운 싸움이었다. 아인슈타인은 1922년 3월에
에렌페스트에게 편지를 썼다. "한눈을 팔 수 있는 일이 많은 건

좋은 일이네. 그러지 못했더라면 양자 문제가 오래전에 나를 정신병원에 데려갔을 걸세." 보어는 1922년 4월에 조머펠트에게 편지로 하소연했다. "최근에 종종 외로움을 많이 느끼고, 양자이론을 최대한 체계적으로 발전시키려는 나의 노력이 거의 이해받지 못한다는 기분이 듭니다." 보어와 아인슈타인 두 사람이 싸워야 할 때가 곧 올 것이다.

아버지를 찾은 아들

1922년 6월 화창한 오후 괴팅겐. 대화에 깊이 빠진 두 남자가 언덕을 오른다. 멀리에서도 벌써 두 사람의 대조가 눈에 띈다. 한 사람은 힘찬 발걸음으로 걷다가 동행자보다 너무 앞서가지 않기 위해 계속해서 멈춰 선다. 다른 한 사람은 마치 발걸음마다 신중하게 결정한 후 내디뎌야 하는 것처럼 아주 천천히 걷는다.

수수한 양복 차림의 연장자 쪽은 이제 겨우 30대 후반인데 머리가 벌써 희끗희끗해지기 시작했고, 넓은 이마와 눈에 띄게 돌출된 눈의 진지한 얼굴로, 고개를 약간 갸웃한 자세로 신중한 발걸음을 내딛으며 덴마크 억양이 강한 독일어를 말한다. 힘차게 걷는 다른 한 사람은 나이가 옆 사람의 거의 절반으로 이제 겨우 스무 살이다. 게다가 짧은 금발과 빛나는 갈색 눈의 앳된 얼굴로 나이보다 훨씬 더 어려 보여 두 남자는 마치 아버지와 아들처럼 보인다.

함께 걷는 두 남자의 모습은 오랜 친구 같기도 하다. 그러나 두 사람은 사실 오늘 처음 만났다.

몇 달 뒤에 노벨물리학상을 받게 될 연장자 닐스 보어는 자신의 원자 지식을 순회강연으로 알리기 위해 괴팅겐에 왔다.

제1차 세계대전 이후 시기에 보어의 독일 방문은 결코 당연한 일이 아니다. 전쟁 때 덴마크는 중립을 지켰지만, 이제 두 나라의 국경지대인 슐레스비히 지역을 두고 다투는 중이기 때문이다. 독일에서 여행하기는 쉽지 않다. 배상금 때문에 석탄이 부족했다. 그나마 남은 석탄은 품질이 형편없다. 기차가 느리게 달리고, 연료가 바닥나 몇 시간씩 도중에 멈추기 일쑤다.

사실 보어는 하지 않아도 되는 고생을 사서 하고 있는 중이다. 그는 다른 물리학자에게 배우기 위해 여기저기 여행할 필요가 없는 사람이다. 이제 다른 물리학자들이 그에게 배우러 덴마크로 온다. 1921년 3월 3일에 그는 코펜하겐에 모두가 그냥 편하게 '보어 연구소'라고 부르는, '이론물리학 연구소'를 열었다. 점점 늘어나는 보어 가족은 아름다운 팰레드 공원 근처 신축 건물의 방 일곱 개짜리 집으로 이사를 가기 직전이다. 보어 연구소는 전쟁과 위기가 짓누르는 유럽에서 휴식의 장소이다.

이 시기에 독일은 황폐하지만 비교적 조용했다. 사람들은 전쟁 배상금과 전 세계적인 경제 위기 속에서 힘들게 살아갔다. 그래도 이제 전쟁은 없고, 인플레이션이 있긴 해도 아직은 빵과 우유를 사기 위해 수레에 돈을 실어야 할 만큼은 아니다. 음식은 대부분 굶어 죽지 않을 만큼 넉넉했다. 보어와 하이젠베르크가 만나고 며칠 뒤, 사업가이자 작가인 독일 외무장관 발터 라테나우가 극우파 대학생의 총에 살해되었다. 나치 테러의 전조였다.

뮌헨대학교에서 물리학을 공부하는 하이젠베르크 역시 굶어 죽지 않을 만큼은 넉넉했지만 매일 배불리 먹기에는 부족했다. 비록 그의 집안이 뮌헨의 부잣집이었더라도 천재 아들의 괴팅겐 여행 경비를 댈 만큼 넉넉하진 못했다. 하이젠베르크의 지도교수 조머펠트가 사비로 기차표를 마련해주고 제자가 친구의 집에서 묵을 수 있게 주선해주었다.

이 시기에 보어의 독일 여행은 정치적 선언과 같았다. 아인슈타인과 마찬가지로 보어는 독일의 군국주의와 권력투쟁을 경멸했다. 그러나 독일 과학을 국제사회에서 배제하려는 몇몇 동료의 시도에는 반대했다. 보복은 평화를 주지 않는다.

전쟁이 끝나자마자 보어는 독일과의 연락망을 다시 살려냈고, 이제 이런 배경 속에서 자신의 '보어 축제'를 열기 위해 괴팅겐에 갔다. 괴팅겐에서 열리는 '헨델 축제'에 빗대어 사람들은 보어의 강연을 그렇게 불렀다. 100명이 넘는 물리학자, 나이 든 사람과 젊은 사람, 이론물리학자와 실험물리학자 등이 독일과 유럽 곳곳에서, 보어의 원자 구조를 보어에게서 직접 설명 듣기 위해 왔다. 오토 한Otto Hahn, 리제 마이트너, 파울 에렌페스트, 한스 가이거, 구스타프 헤르츠, 게오르크 폰 헤베시Georg von Hevesy, 오토 슈테른

Otto Stern 등이 그들이다.

보어는 주기율표의 원소 순서를 원자핵 주위의 전자 배열로 설명할 수 있다. 원자핵 주변을 양파 껍질처럼 감싸고 있는 '전자 껍질'이 있다. 각각의 껍질에 특정한 수의 전자가 자리한다. 화학 특성이 같은 원소들은 원자의 가장 바깥 껍질에 자리한 전자의 개수가 일치한다. 이로써 화학이 물리학으로 바뀌었다.

이때 보어는 유례없이 아름다운 수의 조화를 보여준다. 그의 원자 모형에 따르면, 나트륨 원자의 전자 11개가 껍질 세 개에 각 각 2, 8, 1개씩 자리한다. 세슘 원자는 껍질이 여섯 개이고 각 껍질에 2, 8, 18, 18, 8, 1개씩 총 55개의 전자가 있다. 두 원소 모두 가장 바깥 껍질에 전자가 단 한 개이므로, 두 원소는 비슷한 화학 특성을 갖는다. 보어는 이 모든 것을 자신의 원자 이론으로 예언 했고, 더 나아가 지금까지 알려지지 않은 원자번호 72의 원소는 주기율표에서 옆과 아래에 있는 '희토류' 금속이 아니라, 같은 열 의 윗부분에 있는 지르코늄 및 티타늄과 비슷해졌다.

괴팅겐에서 원소의 화학 특성을 예언한 직후에 보어는 프랑스 에서 전해진 한 뉴스를 접하고 충격에 빠졌다. 파리의 한 연구팀 이 실험한 결과, 72번 원소가 역시 희토류에 속한다는 것이다. 보 어는 불안해졌다. 그는 먼저 자신의 예언을 의심했고, 그다음 프 랑스 동료의 실험을 의심했다. 헝가리 화학자 게오르크 폰 헤베 시와 물리학자 디르크 코스터Dirk Coster가 코펜하겐에서 반대 실험 을 했다. 그들은 72번 원소를 대량으로 제조했고, 이 원소는 희토류가 아니라 지르코늄과 비슷하다고, 프랑스 연구팀을 반박했다. 이 원소는 발견자의 소망에 따라 '하프늄'이라는 이름이 붙었다. 보어의 고향 코펜하겐의 라틴어 이름인 '하프니아'를 딴 것이다.

괴팅겐 강당에 모인 모두가 보어의 걸작에 감탄한 것은 아니다. 추론, 공식, 탄탄한 수학은 어디 있지? 그러나 그의 아이디어에는 모두가 깊은 인상을 받았다. 보어는 행복했다. 그는 코펜하겐에 돌아와 이렇게 기록했다. "괴팅겐에 머무는 내내 모든 것이 멋진 경험이었고 배울 것이 많았다. 모든 면에서 입증된 그 모든 우정에 내가 얼마나 행복했는지 말로 표현할 수가 없다." 그는 이제 외롭지 않고, 과소평가되고 이해받지 못한다고 느끼지도 않는다. 그를 옥죄었던 이런 감정들이 점점 약해졌다. 그는 양자이론을 찾고, 세계의 가장 깊숙한 곳에 있는 역학을 밝히고 싶었다. 그리고 거의 아무도 그것을 알지 못했다. 그러나 소리를 내기 위해서는 공명이 필요하다. 그는 아인슈타인 같은 자립형 천재가 아니다. 제1차 세계대전 기간 동안 국경 너머 안전지대에서 보낼 수 있었다고 해도, 전쟁이 유럽의 물리학자에게 가져온 차단 때문에 보어는 그 누구보다 괴로웠다.

이 화창한 초여름 오전에 보어는 세 번째 강연을 했다. 커다란 창문으로 여름 햇살이 떨어지는 넓은 강당 앞자리는 괴팅겐 과학의 명사들을 위한 자리이다.

뮌헨에서 온 대학생 하이젠베르크는 보어의 설명을 강당 뒷자리에서 귀를 쫑긋 세우고 들어야 했다. 작게 말하는 단어는 거의 들리지 않았다. 보어의 강연이 끝난 후, 그는 순박하게 자리에서 일어나 보어의 추론에 이의를 제기했다. "말이 안 됩니다." 강당이 조용해지고 모든 머리가 일제히 뒤로 돌았다. 보어는 젊은 독일인이 말하는 것을 들었다. "제가 계산을 해보았습니다."

원자물리학자가 가장 좋아하는 주제인 스펙트럼선 문제이다. 백색 광선을 여러 원소의 증기를 통과시킨 다음, 유리 프리즘으로 분할하면, 특징적인 검은 선이 나타난다. 물리학자들은 이 검은 선의 패턴을 보고 어떤 원소인지 명확히 식별할 수 있다. 그런데 이 검은 선은 도대체 어떻게 생겨날까? 대답은 분명 물리학자들이 지금 풀고자 애쓰는 원자의 구조 수수께끼에 있음에 틀림없다.

보어는 자신의 원자 모형을 이용해, 스펙트럼선의 분할을 전기장에서, 그러니까 몇 년 전 독일 물리학자 요하네스 슈타르크가 발견한 이른바 '2차 슈타르크 효과'로 설명할 수 있다고 주장한다. 설명할 수 있다. 더 정확히 말하면, 설명하게 할 수 있다. 보어는 그런 고된 작업을 주로 연구소 직원들에게 맡기는데, 이 작업은 네덜란드에서 온 조교 헨드릭 크라머스가 맡았고, 그는 보어가 상상한 대로 원자의 상호작용을 전기장의 빛으로 계산하여 논문에 발표한 바 있다. 하이젠베르크는 이 논문을 안다. 그는 조머펠트의 세미나 수업에서 이 논문을 다뤘고, 그때 오류를 발견했었다.

계산은 보어의 관심사가 아니다. 그는 하이젠베르크가 민감한 지점을 폭로했음을 깨닫고 태연하게 대응했다. 강연이 끝난 후 보어는 하이젠베르크에게 함께 산책을 가자고 제안했다.

하인베르크 언덕으로 향하는 동안, 보어는 잡담으로 시간을 낭비하지 않았다. 벌써 9년이나 된 옛날 원자 모형에 너무 연연하지 말고, 원자가 왜 그렇게 안정적인지, 그리고 한 원소의 원자들이 왜 그렇게 정확히 똑같고 화학적 물리적 과정에서도 똑같이 유지되는지를 진지하게 다뤄야 한다고, 그가 말한다. 그리고 기존 물리학의 관점에서는 이해할 수 없는 기적처럼 보이고, 그래서 새로운 물리학이 필요하다고 말하고, 사색에 잠긴다.

하이젠베르크는 자신의 귀를 의심했다. 보어가 방금 자신의 원자 모형에 의문을 제기한 것일까? 전 세계 물리학자들이 계산하고, 대학에서 가르치고, 박물관에 전시되는 그 모형을? 사실이다. 그리고 그것뿐이 아니다. 보어는 자신의 원자 모형뿐 아니라, 원자 모형의 묘사 가능성조차 의심한다. 원자를 축소된 태양계로 상상하는 것은 멋질 수 있지만, 그런 이미지는 기껏해야 이해를 돕는 도구에 불과하다고, 보어가 말한다. 최악의 경우 그것들은 우리를 기만하여, 이해하지 못하는 것을 마치 이해한 것처럼 착각하게 만든다는 것이다. 모든 충돌과 화학반응을 겪고도 어떻게 원자가 안정적으로 유지되는지, 그리고 한 원소의 원자들이 왜 똑같은지를 묻는 질문이 있는데, 그것은 고전물리학의 관점에서 나온 수수께끼이다. 축소된 태양계 모형에서 원자는 모든 충돌과 화학반응 뒤에 안정적으로 머물지 못한다. 물리학자가 알고 있듯이, 어떤 시스템에서도 그렇게 할 수 없다.

조머펠트의 세미나 수업을 들을 때도 하이젠베르크는 언제나 모든 것을 최초로 이해하는 탁월한 학생이었다. 그는 보어의 설명을 집중해서 듣고 아주 가끔씩만 질문했다. 양자이론이 무슨 뜻인가? 모든 계산, 스펙트럼선, 양자수를 떠나, 도대체 양자이론은 물리적 현실에 대해 무엇을 말하는가? 이 기이한 공식들은 무엇을 의미하나?

"의미… 언어가 의미할 수 있는 방법에는 여러 가지가 있어요." 보어가 답하고, 철학의 세계로 들어간다. "먼지 알갱이 하나가 원자 수십억 개로 구성된다면, 그렇게 작은 것에 대해 어떻게 의미 있게 말할 수 있을까요?" 원자에 관한 얘기라면, 시인의 언어만 사용할 수 있을 것이다. 시인이 사실에 개의치 않고 이미지와 정신적 연관성에 중점을 두는 것처럼, 양자물리학의 모형 역시, 우리가 원자에 대해 알고 말할 수 있는 것을 우리의 부적절한 사고와 표현 방식으로 가능한 한 많이 담을 수 있는 수단에 불과하다. 사람, 나무, 집에 대한 생각이 원자의 세계에도 적용되리라 희망하는 이유는 무엇일까? "우리가 원자에 대해 갖고 있는 이미지는 우리의 경험과 관련이 있어요. 더 정확히 말하면, 어떤 이론적 계산이 아니라 경험을 토대로 추측하는 거죠." 보어가 말한다. "이런 이미지가 원자의 구조를 아주 잘 묘사하고 동시에 고전물리학의 언어로 가능한 잘 설명할 수 있기를 나는 희망합니다. 여기서 언어는 사실을 정확히 표현하는 것이 아니라 청자의 의식에 이미지를 떠우고 사고와 연결할 수 있을 만큼만 사용된다는 것을 명확히 해야 합니다."

하이젠베르크는 보어의 관점을 받아들이기가 어렵다. 몇십 년 전에 빈 출신의 물리학자 루트비히 볼츠만이, 원자가 고대 원자론자 때부터 통했던 추상적 환상이나 은유가 아니라, 우리가 앉아 있는 의자보다는 작지만 그만큼 구체적이고 실재적이라고 강력히 주장했었다. 볼츠만은 1906년에 자살했는데, 동료들에게 원자의 실존을 설득하지 못하는 자신의 무능력에 대한 절망이 한몫을 했다. 그러나 그의 죽음 이후, 원자론을 수용하는 물리학자들이 점점 더 많아졌다.

그런데 이제 보어가, 물질세계의 최소 단위가 역시 말뿐이고, 멋지지만 충분하지 못한 언어적 상징에 불과하다고 주장하는 것인가? 기본적으로는 그렇지만, 원자를 둘러싼 오랜 다툼과는 다르다. 보어는 원자의 실존을 부정하지 않는다. 다만, 물리학자는 원자를 있는 그대로 묘사할 것을 희망할 수 없다고 말할 뿐이다. 어쩌면 원자에는 '있는 그대로'라는 것이 없을지 모른다. 물리적 세계, 물질, 사물, 위치, 운동에 대한 우리의 기존 직관이 원자 안에서 무너진다. 그러나 우리가 가진 것은 이런 직관뿐이고, 우리는 그것으로 세계를 이해하는 법을 배웠다. 우리는 그것을 그냥 버릴 수가 없다.

보어가 특유의 진지함으로 설명하는 내용에 하이젠베르크는 혼란스럽다. 그가 스승 조머펠트와 다른 동료들과 토론했던 공식들이 보어에게는 그저 계산과 실험으로 확인될 수 있는 예언을 내놓기 위한 도구에 불과했다. 이제 하이젠베르크는 그들이 묘사하는 세계의 본질에 대해 질문하는 법을 배운다. 3년 전에 프로이센 정부군이 뮌헨 혁명단에 맞서 싸울 때 슈바빙 지역 다락방에서 읽었던 《티마이오스》가 떠오른다. 진실과 아름다움을 추구함으로써 세계의 기본 성분에 대한 수수께끼를 푸는 아이디어가 그 어느 때보다 더 가까이 있다.

하이젠베르크가 보어에게 묻는다. "양자이론은 무엇을 의미합니까? 정교한 계산 뒤에, 스펙트럼선과 양자수 뒤에는 어떤 세계가 감춰져 있습니까? 공식 뒤에 있는 물리학은 무엇입니까?" 보어에게는 명확한 대답이 없고, 단순한 대답은 더더욱 없다. 원자의 고전적 모형은 틀렸다. 그러나 완전히 틀린 것은 아니다. 그것들은 우리가 가진 최고의 도구이다. 원자에 관해 가능한 많은 것을 포함하는 모형을 발견하는 것이 중요하다. 한 가지 모형으로는 부족하다. 서로 보완하되 모순되는 여러 모형이 필요할 것이다. 전자를 입자 또는 파동으로 상상할 수 있다. 둘 다 맞지만, 완전히 맞진 않다. 전자는 어떤 면에서 입자처럼, 어떤 면에서 파동처럼 행동한다. 우리의 직관은 전자의 이런 이중성을 거부할지 모르나, 현실 세계가 그렇다.

두 물리학자는 도시 전체가 내려다보이는 언덕 꼭대기에 오르기 전에, '론스Rohns'라는 카페에서 잠시 쉬며 기운을 차린다. 하이젠베르크가 묻는다. "그렇다면 그것은 인간의 인식으로 접근할 수 없는 것입니까? 우리가 원자를 올바르게 이해할 전망은 전혀 없습니까?" "당연히 있어요. 하지만 그때 우리는 이해한다는 단어가 무엇을 의미하는지 비로소 배우게 될 것입니다."

물리학을 설명하는 이런 방식이 하이젠베르크는 새로웠다. 옛날 프로이센 시대에서 온 사람처럼 얼굴에 콧수염과 칼자국이 있는 꼿꼿하고 작은 교수인, 하이젠베르크를 비롯한 새로운 세대의 수많은 물리학자의 스승이자 멘토 조머펠트는 항상 강조했었다. 물리학자는 계산하고 실험해야 하고, 사색은 다른 사람에게 맡겨야 한다고.

하이젠베르크가 알아차린 것처럼, 보어는 수리물리학의 본고장인 괴팅겐에 모인 거의 모든 다른 물리학자와 전혀 다르게 생각한다. 계산 기술자와 노련한 실험가들은 충분히 많다. 보어의 강점은 다른 곳에 있다. 그의 강점은 직관이다. 그는 직관으로 세계의 구성 성분을 감지한다. 이 덴마크 물리학자는 계산하지 않는다. 그는 철학자처럼 사색하고, 시인처럼 단어와 씨름한다. 하이젠베르크는 나중에 보어를 "철학적 의미에서 물리학을 이해하는 유일한 사람"이라고 부를 것이다.

하이젠베르크가 공식을 보는 곳에서 보어는 현상을 본다. 보어는 자신의 지식을 논리적 추론이나 미분 방정식 풀이가 아니라, 하이젠베르크가 나중에 기술한 것처럼, "공감과 추측"으로 얻는다. "그는 단어를 신중하게 쓴다. 내가 평소 조머펠트에게서 보았던 것보다 훨씬 조심스럽게 단어를 선정하고, 신중하게 표현된 모든 문장 뒤에는 오랜 숙고의 흔적이 있다. 그는 문장의 시작만 말하고, 그 끝은 아주 흥미로운 철학적 태도의 어스름 속에서 길을 잃었다." 그리고 이제 보어가 원자의 수수께끼를 풀 계획에 대해 말한다. 마치 시인의 일인 것처럼, 마치 한 번도 얘기된 적 없는 뭔가를 표현할 올바른 단어를 찾는 일인 것처럼.

하이젠베르크에게 이것은 마치 물리학을 처음 만난 것과 같았다. 하이젠베르크가 나중에 이때를 회상하며 썼다. "산책한 지 세 시간 만에, 나의 과학이 그제야 진짜 발전하기 시작했다." 그리고 보어와 하이젠베르크의 우정도 시작되었고, 새로운 양자이론을 표현하기 위한 가장 중요한 몇 걸음이 떼어졌다. 두 사람의 우정은 19년이나 지속되었고, 그다음 깨졌다.

두 사람이 '론스'에서 나와 언덕 꼭대기로 향할 때, 보어는 이미 하이젠베르크의 뛰어난 재능을 알아차린 지 오래였다. 보어는 하이젠베르크의 순수한 지적 갈증이 맘에 들었다. 그는 하이젠베르크의 계획에 대해 묻고, 코펜하겐으로 와서 같이 연구하자고, 장학금도 줄 수 있다고 제안했다. 하이젠베르크는 이런 영광을 전혀 예상하지 못했으리라. 코펜하겐으로, 위대한 보어에게로, 과학의 거성에게로 초대되다니! 이것은 그에게 매우 특별한 의미였는데, 최대 경쟁자인 볼프강 파울리Wolfgang Pauli도 코펜하겐으로 가고 있었기 때문이다.

볼프강 파울리와 베르너 하이젠베르크는 조머펠트의 가장 우수한 제자이고, 1년 6개월이 빠르게 공부를 시작했던 파울리는 지금까지 늘 하이젠베르크보다 한 걸음 앞서 있었다. 하이젠베르크가 대학 공부를 시작했을 때 파울리는 이미 조머펠트의 세미나 수업에 앉아 있었다. 조머펠트의 의뢰로 파울리가 하이젠베르크의 숙제를 채점했고, 수강 신청 때 도움말을 주었다. 파울리는 가을에 'summa cum laude(최우수)'라고 적힌 박사학위증을 받았고, 하이젠베르크는 졸업시험을 겨우 통과했다. 심장이 약하여 징집을 면한 파울리는 함부르크에서 학자 경력을 쌓기 시작했다. 그는 독일 물리학의 신동으로 통했다.

두 사람은 서로가 최고의 업적을 내도록 자극하기에 충분할 만큼 가까웠지만, 친구가 되기에는 서로 너무 달랐다. 파울리는 밤샘 파티와 술을 즐기고 걸핏하면 싸움에 연루되고 대낮까지 늦잠을 잤다. 하이젠베르크는 자연을 만끽하며 산책하기를 가장 좋아했고 새벽이슬을 맞으며 산에 올랐다. "좋은 아침, 자연의 사도!" 파울리는 하이젠베르크에게 인사했다. 하이젠베르크는 파울리에게 "좋은 점심!"이라고 인사했다. 파울리는 하이젠베르크를 '멍청이'라고 부를 수 있는 기회를 결코 놓치지 않았다. "그것이 큰 도움이 되었다"고 하이젠베르크가 나중에 회고했다. 이제 하이젠베르크에게는 파울리보다 먼저 코펜하겐에서 양자이론의 거장에게서 직접 배울 수 있는 기회가 왔다. 그러나 늙은 조머펠트는 하이젠베르크를 위한 다른 계획을 갖고 있었다. 하이젠베르크는 먼저 괴팅겐에서 막스 보른에게 배워야 했다. 지난해 겨울학기 때 그곳에 있었던 파울리가 이제 코펜하겐의 보어에게로 가도

된다. 하이젠베르크는 다시 참고 기다려야 하지만, 곧 파울리를 추월하게 될 것이다. 그는 1932년 30세에 노벨물리학상을 받고, 파울리는 1945년에야 비로소 45세에 노벨상을 받는다.

'보어 축제'에 한 사람이 빠졌다. 바로 알베르트 아인슈타인이다. 그는 지금 목숨이 위태롭다. 독일의 정치 분위기가 점점 더 심각해지고 있었다. 나치 신문들이 몇 달 전 외무장관으로 임명된 유대인 사업가 발터 라테나우의 살해를 노골적으로 호소했었다. 1922년 6월 24일, 보어 축제 이틀 후에 라테나우는 그루네발트에 있는 자신의 빌라에서 장관실로 가는 자동차 안에서 대낮에 극우파의 총에 맞았다. 그것은 전쟁 이후 극우파에 의한 354번째 정치적 암살이었다. 극좌파는 그때까지 22건의 암살을 저질렀다. 아인슈타인은 라테나우를 잘 알았고, 둘은 종종 함께 정치에 대해 토론했었다. 아인슈타인은 라테나우에게 외무장관직을 수락하지 말라고 경고했었다. 그리고 이제 아인슈타인은 355번째 혹은 그다음으로 살해될 수도 있음을 두려워해야 하는 처지가 되었다. 아인슈타인은 극우파의 암살 후보 목록에 자기 이름이 있음을 알았고, 자신이 라테나우에게 했던 헛된 조언을 따랐다. 교수직을 내려놓고 모든 강의를 취소하고 국제연맹의 '지적협력위원회' 활동을 종료하고 집에만 머물렀다. 아인슈타인은 제네바협정 이후 이렇게 썼다. "유대인은 모든 공적 업무에서 물러나야 하는 상황이었다." 그는 심지어 다시 특허청으로 돌아갈까도 생각해봤다. 그는 이제 평범한 물리학자가 아니라 독일 과학의 아이콘이자 유대인 정체성의 살아 있는 표징이다. 미묘한 조합이다.

이 어려운 상황에서 아인슈타인은 보어의 논문을 적어도 읽을 수는 있었다. 그리고 크게 감탄했다. "그것은 사고 영역에 있는 최고의 음악성이다." 실제로 보어의 논문에는 과학 못지않게 예술도 많이 들어 있었다. 보어는 분광학, 화학 등 여러 분야에서 단서들을 모으고 껍질 하나하나, 원자 하나하나, 전체 주기율표를 거대한 퍼즐처럼 맞춰나갔다. 출발점은 확신이었다. 비록 양자 법칙이 원자라는 소우주에 적용되지만, 양자 법칙에서 나오는 모든 것은 고전물리학이 지배하는 대우주에서 우리가 관찰하는 것과 일치해야 한다는 확신. 보어는 이것을 '대응원리'라고 불렀다. 원자 소우주에 관한 아이디어 가운데 고전물리학에 대응하지 않는 모든 것은 금지된다. 이런 방법으로 보어는 통합될 수 없어 보이는 원자물리학과 고전물리학의 두 세계 사이에 다리를 놓았다. 보어의 조교 헨드릭 크라머스가 나중에 말한 것처럼, 어떤 사람들은 대응원리를 "코펜하겐에서만 효력이 있는 마법봉"으로 여겼고, 어떤 사람들은 이 마법봉을 헛되이 흔들었다. 아인슈타인은 거기서 자기를 닮은 마법사를 보았다.

그러나 아인슈타인의 인정보다 더 큰, 그해의 가장 커다란 인정이 아직 보어를 기다리고 있었다. 그해 10월에 그는 원자 구조 연구로 노벨물리학상을 받았다. 축하 전보가 그의 책상에 쌓였다. 동시에 아인슈타인 역시 광전 효과 규명으로 1921년 노벨물리학상 수상자로 뒤늦게 선정되었다. 그러나 스톡홀름에서 베를린으로 전보를 보냈을 때, 아인슈타인은 집에 없었다. 그와 엘자는 강연 여행 중이었고 10월 7일에 마르세유에서 일본으로 가는 배에 올랐다. 독일의 혹독한 분위기에서 벗어날 수 있는 반가운 기회였다. '배에서 살해되지는 않겠군.' 아인슈타인은 승객이 거의 영국인과 일본인뿐임을 확인하고 안도했다. "조용하고 교양 있는 사람들." 아인슈타인은 수많은 책과 약간의 논문을 챙겼다. 멀미가 심했던 것만 제외하면, 편안한 휴식의 날들이었다. 아인슈타인 부부는 콜롬보, 싱가포르, 홍콩, 상하이에서 내려 잠시 쉬었다. 어떤 항구에서는 독일 노래로 환영의 뜻을 전했는데, 아인슈타인에게는 오히려 그것이 불편했고, 그가 벗어나고자 했던 정치적 연루를 상기시켰다. 11월 17일에 아인슈타인 부부는 고베에서 육지에 올랐고, 기차를 타고 일본 곳곳을 지났다. 23년 뒤에 아인슈타인의 공식으로 발명한 폭탄에 잿더미가 될 히로시마도 지났다. 그들은 1923년 3월에 비로소 베를린으로 돌아왔다.

노벨상 수상식은 1922년 12월 10일에 눈 덮인 스톡홀름에서 아인슈타인 없이 개최되었다. 보어에게 이날은 모든 것이 잘 진행된 완벽한 날이 아니었다. 그는 연설 쪽지를 호텔방에 두고 가는 바람에 즉흥으로 연설을 해야 했다. 그러나 이런 실수가 오히려 잘된 일이었는데, 그의 연설이 평소와 달리 더 명확하고 더 재미있었기 때문이다. 물론, 호텔에 두고 온 쪽지가 그에게 전달될 때까지만 그랬다. 그다음부터 보어 자신에게는 안도이고 청중에게는 고통스럽게도, 연설은 다시 평소처럼 원고만 읽는 중얼거림으로 돌아갔다.

　아인슈타인의 상은 독일 특사 루돌프 나돌니Rudolf Nadolny가 그를 대신하여 받았다. 시상식 전에 아인슈타인을 스위스 국민이라고 주장하는 스위스 외교관과의 싸움이 있었다. 이와 관련하여 베를린대학교가 스톡홀름으로 전보를 보냈다. "아인슈타인은 독일제국 사람이다." 나돌니는 연회장에서 잔을 높이 올리며 외쳤다. "전 인류를 위한 성공을 다시 한번 이룩한 우리 국민의 기쁨을 위하여!" 아인슈타인의 국적 다툼을 생각하여 나돌니는 이렇게 덧붙였다. "이 학자에게 4년 동안 거주지와 일자리를 제공했던 스위스 역시 이 기쁨을 함께 누리길 바랍니다."

　비록 아인슈타인이 1896년에 독일 국적을 버리고 5년 뒤에 스위스 국적을 취득했더라도, 프로이센 과학아카데미에서 일하는 순간부터 독일 공무원이 되었으므로 자동으로 다시 독일 국민이 되었다. 본인도 모른 채로 말이다. 아인슈타인은 그런 일에 관심이 없었다. 그가 한때 말했던 것처럼, 그에게 국적은 보험계약 정도 수준으로만 중요했다. 그의 의붓딸 일제가 자신의 아버지는 스위스 국민이므로 메달을 베를린 스위스 대사관으로 보내달라고 노벨위원회에 청했다. 노벨위원회는 독일에 있는 스웨덴 대사관으로 메달을 보내 아인슈타인에게 전달하게 함으로써 이 딜레마를 해결했다.

1923년 뮌헨

하이젠베르크,
시험을 뚫고 날아오르다

1923년 뮌헨. 독일은 전쟁 배상금에 허덕이느라 물리학을 생각할 겨를이 없었다. 과도한 인플레이션이 독일을 짓눌렀고, 볼셰비키 혁명이 러시아를 넘어 독일까지 덮쳐 농민을 착취하고 공장주의 재산을 몰수하면 어쩌나 하는 공산주의에 대한 우려가 퍼졌다. 프랑스 정부는 배상금 지급을 독촉하여 나치주의를 더욱 부채질했다.

첫 독일공화국은 살아남기 위해 안간힘을 썼다. 공화국을 무너뜨리고자 하는 모든 세력에게는 좋은 기회였다. 화가 아돌프 히틀러가 권력을 잡기 위해 뮌헨에서 쿠데타를 시도했다. 1923년 11월 8일, 그는 제1차 세계대전 종전 기념식에 불쑥 나타났다. 그는 세계대전 베테랑이자 극우파 지도자인 에리히 루덴도르프Erich Ludendorff와 함께 행사장 강당으로 행진했다. 그들은 계속해서 베를린으로 전진하여 "부패한 바이마르 체제"를 무너뜨리고자 했다. 그러나 쿠데타는 실패했다. 제1차 세계대전의 영웅 헤르만 괴링Hermann Göring은 탈출했고, 히틀러는 투옥되고, 루덴도르프는 무죄를 선고받았다. 이제 히틀러와 루덴도르프는 적이 되었고, 히틀러는 진짜 지도자가 되었다.

뮌헨대학교 교수 조머펠트는 1922~1923년 겨울에 여러 대학으로부터 초청을 받아 독일의 황폐에서 벗어나 미국으로 강연 여행을 떠나 메디슨 위스콘신대학교에서 1년을 보냈다. 물리학 연구뿐 아니라 돈 역시 외국 체류의 중요한 명분이었다. 선망받는 독일 교수라고 해도 초인플레이션 시대에는 생활이 녹록치 않았다. 이제 조머펠트는 미국에서 버는 달러로 다음 날 뭔가를 살 수 있다. 여기에 미국의 만개하는 과학을 가장 가까이에서 경험할 수 있는 특권이 더해졌다. 독일 출신 과학자가 여전히 멸시받는 시기에 경험하기 아주 드문 영광이었다. 조머펠트는 미국 생활을 하는 동안 정치적 대화를 피하기 위해 늘 조심했다.

1923년 1월 초에 조머펠트는 실험물리학자 아서 콤프턴Arthur Compton의 발견에 대해 들었다. 콤프턴은 아직 서른 살도 안 되었지만 벌써 2년째 세인트루이스 워싱턴대학교의 물리학과 학장이다. 콤프턴은 X선이 원자의 전자에 의해 어떻게 굴절되는지 정확히 측정했다. 양자 모형은 예언한 것과 완전히 일치하고, 파동 모형은 예언한 것과 완전히 달랐다. 콤프턴은 탄소와 그 밖의 다양한 원소에 X선을 쐈다. X선 대부분이 원소를 곧장 통과했다. 콤프턴은 X선에 의해 전자에서 발생하는 2차 광선에 관심이 있다. 빛의 파장이 변하는가? 그렇다! 빛과 전자는 작은 당구공처럼 서로 충돌한 후 각각 다른 방향으로 날아가는 것 같다.

흥분한 조머펠트는 1월 21일에 "미국에서 경험한 흥미로운 일"을 보어에게 편지로 알렸다. 콤프턴은 반대되는 모든 증거에 맞서, X선이 양자로 이동함을 실험으로 보여주었다. 조머펠트는 콤프턴의 측정을 곧바로 받아들이기를 약간 망설였다. 과학의 기본인 검증 절차를 아직 거치지 않았기 때문이다. 콤프턴의 논문은 1923년 5월에 처음 《피지컬 리뷰Physical Review》에 게재되었다. 미국에서는 가장 중요한 학술지였으나 유럽에서는 거의 읽히지 않는 학술지였다. 그러나 조머펠트는 이미 "완전히 근본적인 새로운 지식"이 물리학자들 앞에 등장했다고 확신했다. "이제부터 X선의 파동이론은 영구히 무너질 것"이라고 그는 보어에게 썼다. 조머펠트는 콤프턴의 실험이 "물리학의 현주소에서 해낼 수 있었던 가장 중요한 발견일 것"이라고 생각했다. 보어에게 이 소식은 충격이었다.

반면, 아인슈타인에게 콤프턴의 실험 결과는 확인 도장이었다. 그는 진보좌파 신문인 〈베를리너 타게블라트Berliner Tageblatt〉에 이렇게 기고했다. "콤프턴 실험의 긍정적 결과는, 빛이 에너지 전달뿐 아니라 충돌 효과 측면에서도 마치 개별 에너지 발사체로 구성된 것처럼 행동한다는 것을 입증한다." 수년 전부터 아인슈타인은 빛이 입자라고 주장했었다. 그러나 다른 한편으로 빛은 파동이어야 했다. 맥스웰 이후 물리학자들은 그것을 알고, 전기기술자는 그 지식으로 라디오와 방송기기를 만든다. 파동이어야 하는데 입자라니, 말도 안 된다! "그러니까 이제 빛의 이론이 두 가지다. 둘 다 필수불가결이고, 20년에 걸친 이론물리학자들의 엄청난 노력에도 불구하고 오늘날 고백할 수밖에 없듯이, 둘 사이에는 어떤 논리적 연결도 없다." 빛의 파동이론과 입자이론 둘 다 어떤 식으로든 말이 된다. 광양자는 간섭현상과 굴절현상 같은 빛의 파동현상을 해명하지 못한다. 그러나 광양자 없이는 콤프턴 효과와 광전 효과를 해명할 수 없다. 빛은 두 개의 얼굴을 가졌다. 파동과 입자. 물리학자는 이것과 공존하는 법을 배워야만 한다.

1923년 봄에 조머펠트가 미국에서 뮌헨으로 돌아왔을 때, 하이젠베르크도 박사학위를 마치기 위해 괴팅겐에서 뮌헨으로 돌아왔다. 그는 박사학위 논문 주제로 유체역학을 선택했다. 유체역학은 액체의 교란운동 발생을 이론적으로 분석하는 작업이다. 안정적인 주제이기는 하지만 하이젠베르크가 현재 사로잡혀 있는 양자이론과는 거리가 멀다.

안정적이면서 지루한 주제. 재미없는 논문 주제가 탁월한 하이젠베르크를 괴롭혔다. 그는 초보자를 위한 실험실 수업을, 싫지만 어쩔 수 없이 신청했다. 뮌헨대학교 실험물리학 교수이자 '빈 법칙'에 이름을 준 빌헬름 빈이 강의하는 수업이다. 빈은 실험의 대가이다. 그의 정확한 전자기선 측정 덕분에, 1900년에 플랑크가 세운 양자가설을 위한 길이 열렸었다. 그러나 하이젠베르크는 실험에 관심이 없고, 게다가 대학에는 실험 설비도 부족했다. 하이젠베르크에게는 빈이 지시한 실험을 등한시하고 다시 이론으로 돌아서기에 좋은 핑곗거리였다.

1923년에 하이젠베르크는 박사학위 최종 구술시험을 치러야 했다. 이제 그는 관심 있는 분야만이 아니라 이론과 실험 모두 총체적으로 물리학을 섭렵했음을 증명해 보여야 한다. 그것은 전투와 같다. 수학, 이론물리학, 천문학에서는 모든 것이 잘 진행되었다. 이제 실험물리학 차례. 빈은 구술시험에서 하이젠베르크를 쉽게 통과시킬 마음이 없었다. 하이젠베르크가 얼마나 실험을 등한시했는지 잘 알고 있던 빈이 그의 실험 지식에 대해 질문한다. "거울 두 개를 마주 세워 광파의 주파수를 측정하는 광학기기인 패브리-페로 간섭기계의 분해능에 대해 설명해보세요." 이는 빈 교수가 강의 때 상세히 설명한 내용이었고, 하이젠베르크가 반드시 알아야 하는 내용이었다. 그러나 하이젠베르크는 빈의 강의를 귀담아듣지 않았고 당연히 공식을 몰랐으며 이제 빈의 엄중한 시선을 받으며 대답하려 애썼다. 그러나 결과는 실패. 빈이 이번에는 현미경의 분해능에 대해 묻는다. 하이젠베르크는 역시 이번에도 답하지 못한다. 빈이 망원경의 분해능에 대해 물었으나 하이젠베르크는 여전히 아무것도 대답할 수 없다. 배터리의 작동 원리에 대해서 물었을 때에도 마찬가지 상황이 이어졌다.

빈이 구술시험에서 하이젠베르크를 떨어뜨리려 할 때, 조머펠트가 나섰다. 하이젠베르크는 이론물리학 시험을 매우 우수한 성적으로 통과했으니, 박사학위를 수여하는 것이 옳다고 주장했다. 까다로운 상황이었다. 조머펠트는 동료에게 모욕감을 주지 않으면서 자신의 모범생 제자를 합격시키고자 애썼다. 마침내 두 교수는 타협점을 찾았다. 결과적으로 하이젠베르크는 박사학위를 받았다. 단, 꼴찌를 겨우 면한 형편없는 점수로.

하이젠베르크는 이것을 수치로 여기지 않았다. 그는 자신의 좌절을 열망으로 바꿨고, 현미경과 망원경에 대한 모든 것을 공부했다. 이 지식은 앞으로 그에게 매우 유용할 것이다.

조머펠트는 방금 박사가 된 하이젠베르크를 기꺼이 뮌헨에 두고자 한다. 그리고 보른은 그를 다시 괴팅겐으로 데려오고자 한다. 두 사람은 하이젠베르크의 미래를 두고 흥정했다. 보른은 조머펠트에게 긴 편지를 보내, 하이젠베르크가 괴팅겐 사람임을 주장했다. 하이젠베르크의 비범한 재능, 겸손, 의욕, 열정, 좋은 성격, 그리고 괴팅겐 물리학자들 사이에서의 높은 인기를 칭찬했다. 그리고 엄격히 따져보았을 때 하이젠베르크가 괴팅겐에서 교수자격시험을 준비하며 강사로 일하는 편이 더 좋을 것이라고 설득했다. 조머펠트는 그 말에 수긍했고 보른의 제안에 동의했다.

1923년 9월, 하이젠베르크는 보른 곁에서 교수자격시험을 준비하기 위해 괴팅겐으로 돌아갔다. 두 사람은 함께 헬륨 원자에서 전자의 궤도를 계산하고자 했다. 보른은 겨울학기에 '원자물리학에 적용된 섭동이론'이라는 거창한 제목으로 강의를 열었다.

그는 이 강의에서 전자 도약을 완전히 새로운 방식으로 설명했다. 이제 도약이 이론의 구성 요소가 되었다. 보른은 불연속성, 즉 양자 도약을 이론에 도입했고 그것으로 새로운 양자이론의 토대를 마련했다.

보른은 철학자가 아니고, 보어 같은 통찰자도 아니다. 그러나 보른은 보어가 말하는 것을 이해했고 그것을 수학에 접목할 수 있었다. 보른은 이렇게 말했다. "수학은 우리보다 더 영리하다." 보른의 날카로운 지성이 돕지 않았다면, 보어는 속수무책이었으리라. 보어의 깊은 통찰이 돕지 않았다면, 보른의 날카로운 지성은 비옥한 땅에 뿌려지지 못했으리라. 보어는 창조하는 사람이고, 쏟아지는 아이디어를 단어와 공식으로 표현하기 위해 고군분투한다. 보른은 정확히 보어의 반대이다. 우유부단하고 불안정하고 건망증이 심하고 집중력이 부족하고 병약하다. 세상에서 그를 지탱해주는 것은 오직 수학뿐이다.

보른과 하이젠베르크가 괴팅겐에서 전자의 궤도를 계산하려 애쓰는 동안, 프랑스 군대가 루어 지역으로 진군했다. 독일은 베르사유조약에 명시된 배상금을 체납하고 있었고, 루어 지역 노동자들은 파업 중이었다. 당장 자신들이 쓸 식량도 난방연료도 없는데, 프랑스인을 위해 석탄을 캘 수는 없었다. 그러나 프랑스인들은 냉혹했다. 결국 독일 정부는 노동자들에게 월급을 주기 위해 돈을 찍어냈고, 독일 마르크화의 가치는 더욱 떨어졌다. 제1차 세계대전이 시작될 무렵만 해도 환율은 1달러당 4마르크였는데,

1922년 7월에는 1달러당 493마르크에 이르렀다. 1923년 1월에는 1달러당 17,792마르크에 육박했으며, 같은 해 11월에는 1달러를 얻기 위해 4조 2,000억 마르크가 필요했다.

많은 사람이 일주일에 여러 번씩 줄을 서서 월급을 현금으로 수령했다. 수백만, 수십억 마르크의 지폐 더미를 수레에 싣고 서둘러 빵집, 정육점, 우유 상점으로 달려가 가능한 한 많은 식료품을 비축해야 했다. 다음 날이면 돈의 가치가 전날의 절반으로 떨어질 수 있었다. 독일의 안정된 부르주아 계급 역시 생존을 위해 싸울 수밖에 없었다. 보른은 당대의 이런 상황을 두고 이렇게 썼다. "이런 방식으로 중산층 전체가 재산 대부분을 잃었고, 그래서 정치적 선동가들의 쉬운 먹잇감이 되었다."

이제 더 이상 대학에서는 학문이 중요하지 않았다. 학생들은 돈이 생기자마자 식료품을 샀고, 돈이 없을 땐 굶주렸다. 휴강이 잦았고 강사와 조교들의 월급이 삭감되었다.

보른은 천식과 기관지염이 잦아들었을 때에는 자신의 연구에 몰두했다. 친구와 동료들로부터 점점 더 멀어져, 혼자 피아노를 치고, 종종 밤늦게까지 일했다. 1923년 8월, 보른은 아인슈타인에게 이런 편지를 썼다. "나는 물리학자의 집중력을 더는 갈망하지 않아요. 그저 조용히 혼자 지내며 연구하는 것이 더 좋습니다. 나는 내일부터 죽은 듯이 아무 말도 하지 않을 겁니다. 솔직히 말하면, 특별한 계획이 없어요. 늘 그랬듯이 절망 속에 양자이론에 대해 생각하고, 헬륨과 다른 원자를 계산하는 방법을 찾고 있어요.

하지만 이것 역시 실패합니다."

1923년 8월에 구스타프 슈트레제만Gustav Stresemann이 바이마르 공화국 총리가 되었다. 그는 통화정책을 바꾸고 무제한 화폐 발행을 중단하고, 기존 마르크의 몇백 만 가치를 지닌 '렌텐마르크'라는 새로운 통화를 도입했다. 틀린 적이 없다는 평판을 받는 괴팅겐 수학자 다비트 힐베르트는 렌텐마르크 도입을 비판했다. "독립변수에 새로운 이름을 지정한다고 해서 문제가 해결되진 않는다!" 그러나 이번에는 그가 틀렸다. 이름만 새로 지정한 것이 아니었다. 렌텐마르크는 회사채로 보호받았다. 이윽고 물가가 잡히고, 경제가 다시 살아나고, 이와 더불어 과학도 같이 살아났다. 다만, 수많은 독일 국민이 여전히 신생 공화국을 믿지 못했다. 1923년 봄, 보른은 아인슈타인에게 또다시 편지를 썼다. "프랑스의 광기가 너무 안타깝습니다. 그것 때문에 독일에서는 나치주의가 강해지고 공화국이 약해집니다. 어떻게 하면 내 아들이 복수전에 참전할 운명을 피할 수 있을지, 나는 매일 고민합니다. 그러나 미국으로 가기에 나는 너무 늙었고, 어차피 그곳도 독일과 마찬가지로 프랑스보다 더 큰 전쟁 광기가 지배합니다."

하이델베르크에서 필립 레나르트는 1923~1924년 겨울학기 마지막 강의를, 투옥된 쿠데타 폭동자 히틀러에 대한 찬양으로 마쳤다. 그는 1924년에 '히틀러 정신과 과학'이라는 제목의 선언문을 발표했는데, 거기서 그는 나치주의를 지지하고 히틀러와 루덴도르프에게서 뉴턴, 갈릴레이, 케플러 같은 '아리아인' 과학자

들의 "문화전달자 정신"을 보았고, 그리스도의 십자가부터 조르
다노 브루노Giordano Bruno의 화형을 지나 히틀러와 루덴도르프의
투옥에 이르기까지, "언제나 같은 아시아 민족이 배후에서 이런
문화전달자"를 괴롭혔다고 썼다.

1923년 코펜하겐
보어와 아인슈타인

1921년 노벨상 수상자로 선정되었지만 아인슈타인은 1922년에 열린 시상식에는 참석하지 못했다. 1923년 7월에야 비로소 스톡홀름에서 2,000명의 청중 앞에서 노벨상 수상 소감을 말했고, 청중 대다수가 그의 소감을 듣기 위해서가 아니라 그를 직접 보기 위해 그 자리를 찾았다. 아인슈타인은 스톡홀름을 떠나 자신이 잘 아는 사람, 자신의 말 한 마디 한 마디에 귀를 기울여 듣고 거의 모든 것에 반대 주장을 펼칠 한 남자에게 가기 위해 전차에 오를 때, 마음이 홀가분하고 기뻤다. 코펜하겐역 승강장에서는 바로 그 남자, 닐스 보어가 아인슈타인을 기다리고 있었다. 두 사람은 3년 만에 조우한다. 그 3년 동안 많은 일이 있었다. 두 사람은 만나자마자 물리학에 관한 대화에 깊이 빠져들었고, 주변의 모든 것을 잊고, 황급히 전차에 올라 보어의 연구소로 향했다. 보어는 미국에 있는 조머펠트로부터 들은 아서 콤프턴의 획기적 실험에 대해 전했다. 아인슈타인 역시 그 젊은 미국인의 실험에 대해 알고 있었다. 그는 이제 자신의 광양자를 방어하는 일에 있어서 더 이상 혼자가 아니다. 그러나 보어는 여전히 광양자를 믿으려 하지 않았다. "아인슈타인 교수님, 잘 생각해보십시오. 정확히 보셔야 합니다…." 보어가 덴마크 억양의 독일어로 맞선다. "아니, 아니죠…." 아인슈타인이 보어의 양자 도약을 반박한다. "하지만, 하지만…." 보어 역시 물러서지 않는다. 두 사람은 다른 승객의 놀란 시선에 아랑곳하지 않고, 내려야 할 정류장을 지나친 것도 모른 채 한참을 더 간다. "여기가 어디죠?" 아인슈타인이 묻는다. 보어도 이곳이 어딘지 모른다. 그들은 서둘러 전차에서 내렸고 길을 건너 반대 방향으로 가는 전차에 올랐다. 그리고 이번에도 대화 삼매경에 빠져서 내려야 할 정류장을 다시 지나쳤다. 보어는 나중에 이때를 이렇게 회상했다. "우리는 전차를 타고 같은 구간을 여러 번 오갔다. 그리고 사람들이 무슨 생각을 했는지는 안중에 없었다."

닐스 보어, 1930년 코펜하겐대학교 이론물리학 연구소.

마지막 시도

보어는 분개했다. 콤프턴의 발견으로 그는 수세에 몰렸다. 그러나 빛이 파동이라는 생각에는 여전히 변함이 없다. 그를 화나게 한 것은 콤프턴만이 아니다. 그의 제자이자 조교인 헨드릭 크라머스가 콤프턴의 발표 몇 달 전에 이미 양자 충돌 아이디어를 냈었다. 그는 흥분에 차 자랑스럽게 스승에게 자신의 아이디어를 보고했었다.

하필이면 몇 년 동안 보어의 총애를 받았던 크라머스가 그런 아이디어를 냈던 것이다. 크라머스와 보어는 1916년에 처음 만났다. 크라머스는 물리학과를 우수한 성적으로 졸업하자마자 새로운 양자이론을 배우겠다는 열망으로 보어를 찾아왔다. 그는 재능 있는 학생이었고 살짝 불안해 보이지만 매력적이고 유쾌한 사람이었다. "보어는 알라요, 크라머스는 그의 선지자이다." 볼프강 파울리가 둘의 관계를 이렇게 말하기도 했다. 그런데 그 '선지자'가 광양자의 존재를 증명하는 단서를 제공하여 자신의 '알라'를 배반한 것이다. "절대 그럴 리가 없어!" 보어가 말했다. 물리학에 광양자는 존재할 수 없고, 고전 전자기이론을 망치면 안 된다고, 크라머스를 설득했다. "이것을 명심하도록!" 보어는 설득의 귀재였다. 옳지 않은 것을 설득할 때도 마찬가지였다.

크라머스는 보어의 말을 따랐다. 그는 보어의 강요로 자신의 발견을 없던 일로 하고, 모든 기록을 없앴다. 그러고는 상실감에 앓아누워 병원에서 며칠을 보내야만 했다. 보어가 크라머스의 정신을 완전히 헤집어놓았다. 그러했으니 콤프턴이 크라머스의 아이디어를 재발견하여 발표했을 때, 크라머스와 보어가 크게 싸운 것은 너무나 당연했다.

보어는 이제 자신이 열세임을 알고 있었다. 하지만 그는 포기하지 않았다. 적어도 그 당시에는 아니었다. 유럽을 순회하다 코펜하겐에 막 도착한 스물두 살의 미국 이론물리학자 존 슬레이터John Slater는 크라머스와 보어를 도와 파동을 구하기 위한 마지막 시도를 단행했다. 대부분의 다른 젊은 물리학자들과 마찬가지로 슬레이터는 광양자에 반감이 없었다. 그는 젊었고, 과거의 이론에 얽매일 사람도 아니었다. 양자와 파장은 정말 공존할 수 없을까? 하지만 그 당시 그는 양자 반대 진영의 최전선인 코펜하겐에 있었다. 그는 보어와 크라머스의 지원군이었다. 그들은 3주 만에 논문을 완성했다. 보어의 다른 논문들과 비교하면, 확연히 빠른 속도였다. 보어가 자신의 생각을 말하면 크라머스는 가능한 한 모든 것을 받아 적었다. 슬레이터는 그것을 옆에서 귀담아듣고, 놀라고, 때때로 질문을 던졌다.

1924년 1월, 이들의 논문이 《철학 매거진》에 게재되었다. 논문은 보어 특유의 복잡한 문장으로 가득했다. "우리는 특정 정지 상태의 원자가, 고전이론에 따라 원자를 다른 정지 상태로 다양하게 전달하는 가상의 조화 진동자가 발생시키는 가상의 복사장과 거의 동등한 가상의 시공간 메커니즘을 통해, 다른 원자와 지속적으로 소통한다는 사실을 인정하게 될 것이다." '가상의', '시공간 메커니즘', '소통하다', '거의 동등한' 등은 명확한 물리학적 의미가 없는 표현들이다. 아인슈타인은 이에 대해 "자기 생각을 영구적 진리라고 확신하지 않고, 진리를 찾아 헤매는 탐험가처럼 말한다"고 평가했다. 아인슈타인은 칭찬으로 한 말이었으나, 이 평가는 보어의 약점을 고스란히 드러낸다. 보어는 언제나 자신의 견해를 명확하게 밝히지 않고, 꼬아서 에둘러 표현했다.

보어는 원자 내 광양자의 흡수와 방출을 바르게 설명하기 위해서라면, 에너지 및 운동량 보존의 법칙을 기꺼이 저버릴 준비가 되어 있었다. 그는 이런 기본 법칙을 단순한 통계로 격하시키고자 했다. 때로는 에너지와 운동량이 보존되지만, 때로는 그렇지 않다는 식으로 말이다. 자연법칙의 강력한 옹호자인 아인슈타인은 보어의 이런 생각을 받아들이지 않았다. 아인슈타인의 입장에서는 법칙은 법칙이지, 주먹구구식 어림짐작이 아니었기 때문이다. 하지만 그렇다고 개선된 무언가를 내놓을 수 있는 것도 아니었다.

보어의 발상에서 가장 눈에 띄는 점은, 파동이론을 보전하기 위해 에너지 및 운동량 보존의 법칙을 희생했다는 것이다. 물리학의 기본이자 주춧돌인 이 법칙은, 광양자이론을 무시할 수 없게 만든 '콤프턴 효과'를 뒷받침하는 주요 요소였다. 고전물리학이 지배하는 일상에서와 달리, 에너지 보존의 법칙이 원자의 미시 세계에서 적용되지 않는다면, 콤프턴 효과는 아인슈타인의 광양자이론을 증명할 수 없다.

당시에는 에너지 보존의 법칙이 미시 세계에도 적용되는지 여부가 아직 실험을 통해 검증되지 않았었다. 코펜하겐의 세 물리학자는 이것을 언급하며, 광양자의 자연방출 과정에서도 에너지 보존의 법칙이 적용되는지 확실하지 않다고 주장했다. 아인슈타인은 빛 입자가 전자와 충돌할 때 에너지와 운동량이 보존된다고 믿었다. "어째서 그렇습니까?" 보어가 묻고, 에너지와 운동량은 통계적 평균값으로만 보존된다는 가정으로 아인슈타인을 반박했다.

보어, 크라머스, 슬레이터는 콤프턴의 정확히 계산된 충돌이론을 정교한 모형으로 반박하지 않았다. 그들은 비과학적 용어로 한 가지 가능한 이론을 간략히 기술했고, 그들의 논문에는 극히 단순한 공식 하나만 들어 있다. 그들은 원자로 둘러싸였고 흡수와 방출이 빛의 영향을 받으며 서로 에너지를 전달하는 새로운

'가상의' 복사장에 대해 썼다. 이 가상의 장이 일종의 에너지 완충제 구실을 하여, 에너지가 빛과 전자의 모든 개별 상호작용에서 보존되는 것은 아니지만, 장기적으로 보면 대체로 보존된다는 것이다. 이 신비한 복사장은 어디에서 왔을까? 보어, 크라머스, 슬레이터의 머리에서 발명되었다.

발명자들의 이름 앞 글자를 각각 따서 'BKS-이론'이라 불린 이 이론은 언뜻 보기에 빛의 본질에 대한 논쟁에서 놀라운 불꽃 구실을 할 것 같다. 그러나 그것은 절박함에서 나온 결과물로, 보어가 아인슈타인의 광양자이론을 얼마나 강하게 부정했는지 보여준다. 보어는 아인슈타인이 BKS-이론을 어떻게 생각하는지 알고 싶었지만 직접 물어볼 용기가 없어 파울리에게 대신 물어봐달라고 부탁했다. 파울리는 1924년 9월에 마침내 아인슈타인을 만나 BKS-이론에 대해 물었다. "불쾌합니다." 아인슈타인이 한마디로 평했다. 파울리는 "지나치게 인위적이다", "모호하다", "거슬렸다", "논리적이지 못하다" 등과 같은 아인슈타인의 비판을 보어에게 곧이곧대로 전했다. 파울리는 아인슈타인의 평가에 동의하며, 이 이론이 "물리학을 가상화했다"고 함께 비난했다.

빛을 받은 전자가 원자 안에서 룰렛 공처럼 제멋대로 튀어도 된다면, 그것이 과연 물리학일까? 아인슈타인이 생각하는 물리학은 그렇지 않다. 아인슈타인이 보른에게 이런 편지를 썼다. "빛을 받은 전자가 아무 때나 사방 어딘가로 '제멋대로' 튄다는 생각을 도저히 참을 수가 없어요. 그게 사실이라면, 나는 물리학자로 사느니 차라리 구두 수선점을 차리거나 도박장에서 일하겠어요."

보어는 자신이 갈림길에 있음을 알았다. 자신의 끈기가 아집이 될 수 있는 순간이었다. 이전 세기의 잘못된 이론을 옹호하다 길을 잃은 슬픈 영웅이 될 수 있는 순간이었다. 다행히 거기까지 가지는 않을 것이다. 그사이 시카고대학교로 적을 옮긴 콤프턴과 베를린 물리기술제국연구소의 한스 가이거 및 발터 보테Walther Bothe가 1년 뒤에 빛과 전자가 충돌할 때 에너지와 운동량이 보존됨을 실험으로 입증했다. 아인슈타인이 옳았고, 보어가 틀렸다. 그리고 보어는 진리를 희생하면서까지 자신의 입장을 고수하는 그런 사람이 아니다. 그는 "우리의 혁명적 노력을 기려 최대한 명예로운 장례식을 준비하자"고 제안했다. 양자에 관한 진리는 아인슈타인이나 자기 자신 또는 그 밖의 다른 사람들이 지금까지 생각했던 것보다 훨씬 더 깊은 곳에 묻혀 있을 것이라고 보어는 생각했다. 그는 이렇게 썼다. "고전 전기역학이론을 일반화하려면, 자연을 설명하기 위해 지금까지 토대로 삼았던 우리의 생각을 근본적으로 혁신할 준비가 되어 있어야 한다."

괴팅겐 보어 축제의 광채가 흐려졌다. 보어는 수소와 이온화된 헬륨의 스펙트럼선에 대해 놀라운 예측을 내놓은 이후, 전자 두 개를 가진 헬륨 원자 모형에서 한계에 직면했다. 두 전자는 어떤 궤도에서 움직일까? 보어는 답할 수 없고, 크라머스 역시 그를 도울 수 없다. "중성 헬륨 원자의 문제를 해결하기 위해 지금까지 했던 모든 시도는 실패로 판명되었다." 조머펠트가 최종 판결을 내렸다.

양자물리학의 침체기였다. 터널의 끝이 보이지 않았고 모두가 갈팡질팡했다. 하이젠베르크가 신음했다. "정말 괴롭다." 파울리는 이렇게 썼다. "물리학은 현재 다시 혼돈의 시기를 맞이했고, 아무튼 나는 물리학이 너무 어렵다. 차라리 희극배우이거나 물리학과 전혀 관련이 없는 그런 사람이면 좋겠다!" 보른은 이렇게 결론지었다. "원자의 특성을 설명하기 위해 고전 법칙에서 단행해야만 하는 일종의 이탈에 대한 단서가 현재로서는 매우 적고 불명확하다."

1924년 초에 보른은 천식 때문에 침대에서 벗어나지 못했다. 꽃가루가 그의 기관지를 자극한 탓이다. 그의 제자 하이젠베르크도 꽃가루 알레르기를 앓았다. 하이젠베르크는 보어를 만나기 위해 코를 훌쩍이며 코펜하겐으로 향했다.

하이젠베르크가 코펜하겐에 도착했을 때, 보어는 바쁜 시기를 보내고 있었다. 그는 다섯 아들의 아버지였고, 빠르게 성장하는 연구소를 운영 중이었다. 보어는 하이젠베르크에 대해 더 많이 알고 싶었지만, 연구소에서는 차분하게 이야기를 나눌 기회가 별로 없었다. 결국 그는 하이젠베르크에게 셸란 섬으로 트레킹을 가자고 제안했다. 둘은 배낭을 메고 햄릿의 성이 있는 북쪽 헬싱괴르로 간 다음 동쪽 해안을 따라 다시 코펜하겐으로 돌아왔다. 단 며칠 동안 이들은 150킬로미터 이상을 걸었다. 이들은 걸으면서 삶과 정치에 대해 이야기하고, 원자물리학에서의 이미지와 상상의 힘에 대해 서로의 생각을 나눴다. 한번은 하이젠베르크가 멀리 떨어진 전봇대를 발견하고 돌을 집어 전봇대를 향해 던졌다. 명중! 불가능해 보였던 일이 일어났다. 보어가 잠시 생각에 잠겼다가 말했다. "전봇대를 명중시키기 위해 돌을 어떻게 던져야 할지, 팔을 어떻게 움직여야 할지 깊이 생각하고 던졌더라도 명중할 확률은 당연히 아주 낮았을 겁니다. 하지만 이성을 따르지 않고 그냥 명중할 수 있다고 상상하면, 뭔가 다르고 정말로 그런 일이 벌어질 수도 있는 것입니다." 때로는 상상이 이성보다 강한 법이다. 트레킹을 마치고 돌아온 보어는 한 학생과 양자물리학의 현주소에 대해 얘기하며 이렇게 전했다. "이제 모든 것은 하이젠베르크의 손에 달렸네. 그 사람이라면 이 어려움을 헤쳐 나갈 길을 분명 찾아낼 걸세."

하이젠베르크는 보어 곁에 2주를 머물렀다. 그는 BKS-이론 소식과 함께 흥분해서 돌아왔고, 보른은 긴장했다. 그러나 BKS-이론 때문이 아니었다. 하이젠베르크와 보어가 가까워졌다는 사실이 보른은 신경 쓰였다. 보어가 보른의 "소중하고 귀한 똑똑한 제자"를, 양자물리학의 새로운 스타를 빼앗아가기 위해 눈독을 들이는 것 같았기 때문이다. 보른은 하이젠베르크를 코펜하겐에 빼앗길까 봐 두려웠다. 그리고 드디어 올 것이 왔다. 보어가 보른에게 편지를 보내 하이젠베르크를 코펜하겐으로 보내달라고 요청한 것이다. 보른은 이 요청을 거절할 수 없었다. 거기가 어디든 생활이나 연구 측면에서 독일보다는 나을 것이 분명했고, 게다가 자신은 지금 미국으로 강연 여행을 떠날 계획이었기 때문이다. 물론, 자신이 미국에서 돌아와 전자 확률의 기본 법칙을 발견할 거라는 사실을 이때의 그는 아직 알지 못했다.

1924년 파리
원자를 살린 왕자

1924년 어느 봄날, 파리에서 보낸 작은 소포 하나가 아인슈타인의 책상에 당도했다. 프랑스에 사는 한 동료가 보낸 것으로, 동봉한 논문을 평가해달라는 부탁이었다. 아인슈타인은 논문을 꺼내 마음속으로 제목을 읽어본다. 'Recherches sur la théorie des Quanta(양자이론 조사).' 별로 두껍지 않은 데다가 쉽게 읽힐 것 같다. 그리고 이 논문에는 자신의 상대성이론이 등장한다. 아인슈타인은 이제 이 논문으로 박사학위를 받고자 하는 저자의 이름으로 시선을 돌린다. 모르는 사람이다. 나이도 벌써 서른한 살이란다. 만학도인 것일까? 그런데 이름이 드브로이de Broglie라면… 아, 그는 왕자다! 아인슈타인은 그의 논문을 다 읽고 감탄한다. 이 왕자는 물질을 보는 새로운 관점을 발견했다!

    루이 빅토르 피에르 레몽 드브로이Louis Victor Pierre Raymond de Broglie

왕자는 학업에 게으르지 않았다. 그러나 왕자로서의 의무와 전쟁이 그의 공부를 더디게 만들었다. 그는 오랜 전통의 유명한 프랑스 귀족으로, 조상의 발자국을 따를 것이라는 기대 속에 성장했다. 브로이 가문은 원래 이탈리아 피에몬테 출신이다. 그의 조상은 12세기 초에 그곳 영주였고 수도원을 설립한 것으로 유명하다. 그의 가문은 수세기 동안 조국을 위해 헌신한 공무원, 정치가, 장교를 배출했다. 뿐만 아니라 여러 군사 지도자, 역사가, 고위 관리도 배출했고, 그중에는 프랑스 대장 세 명, 수상 두 명도 있다. 이러한 공로를 인정받아 프랑스 왕이 그의 가문에 공작 칭호를 내렸고, 독일 신성로마제국 황제는 왕자 칭호를 주었다. 그래서 루이 드브로이는 프랑스 공작이자 독일 왕자이다.

루이 드브로이는 1892년 8월 15일에 디에프에서 사남매 중 막내로 태어났다. 부모의 살뜰한 돌봄은 없었지만, 사남매는 호화롭게 살았고 귀족으로서의 모든 특권을 누렸다. 신분에 걸맞게 그들은 집에서 가정교사로부터 수업을 들었다. 가족끼리 서로 존칭을 썼고 형제끼리도 서로 경어를 썼다. 막내 루이는 신문을 읽고 가족 앞에서 연설을 했다. 그는 열 살에 이미 프랑스 제3공화국의 장관 이름을 모두 외우고 있었다.

루이가 커서 관직을 맡는 것은 당연한 일이고, 어쩌면 아버지처럼 국민의회 의원이 될 수도 있고, 어쩌면 할아버지처럼 수상이 될지도 몰랐다. 그러나 루이가 열네 살 때 아버지가 사망한다. 루이는 그를 사랑하고 숭배하는 누나 폴린Pauline의 치마폭 아래에서 성장했다. 폴린은 루이를 "푸들 같은 곱슬머리에 작고 귀여운 얼굴과 장난기 가득한 명랑한 눈"을 가진 예쁜 소년이라고 묘사했다. "장난꾸러기 루이는 특유의 쾌활함으로" 냉랭하고 황량한 저택의 공기를 바꿔놓았다. 폴린이 그런 그의 모습에 대해 열광하듯 이런 기록을 남겼다. "루이는 식탁에서 쉬지 않고 재잘거렸고, 조용하라고 엄하게 꾸짖어도 아랑곳하지 않았다. 그의 말은 그냥 거부할 수가 없었다! 그는 외로움 속에서 자랐고, 책을 많이 읽었으며, 환상의 세계에서 살았다. 그는 놀라운 기억력을 가졌는데, 고전 연극의 대사 전체를 지칠 줄 모르는 열정으로 모두 암송할 수 있었다. 그러나 가장 평범한 상황에서 겁을 먹고 몸을 떨었다. 그는 비둘기를 무서워했고 개와 고양이를 겁냈고 계단에서 아버지의 발소리가 나면 패닉에 빠지곤 했다."

형 모리스Maurice가 세상을 떠난 아버지의 자리를 대신했다. 그러나 그는 아버지와 전혀 달랐다. 모리스는 육군 대신 해군이 되었고, 그곳에서 선박용 무선통신시스템을 공동 개발했으며, '전파'에 대한 글을 썼다. 1890년대의 X선 환희에 매료된 모리스는 아버지의 뜻에 반하여 과학자가 되기로 결심했다. 그는 어린 동생에게 빛과 전자에 대해 열광적으로 설명했다. 샤토브리앙에 있는 가족 별장에 실험실을 만들었고, 그것이 점점 더 커져서 건물 대부분과 손님용 욕실, 마구간까지 확대되었다. 이제 그곳에서는 X선 생성을 위한 진공관에 두꺼운 전선으로 연결된 변압기가 웅웅거린다.

모리스는 1911년 10월에 브뤼셀로 여행을 갔다. 대도시 호텔에서는 당시 가장 중요한 과학자들의 모임인 제1회 솔베이회의가 열렸다. 그곳에서 마리 퀴리, 앙리 푸앵카레, 막스 플랑크, 알베르트 아인슈타인, 어니스트 러더퍼드, 아르놀트 조머펠트, 헨드릭 로렌츠가 '빛과 양자의 이론'에 대해 토론했다. 모리스는 솔베이회의의 총무가 되는 영광을 누렸다. 그는 토론 내용을 기록하고, 그것을 책으로 출간할 수 있도록 정리하여 동생 루이에게 보여주었다. 최고의 실력을 가진 물리학자들의 아이디어와 주장이 담긴 400쪽짜리 문서는 루이의 삶에 전환점이 되었다. 이윽고 그는 형을 따라 과학의 세계로 건너가서 오로지 과학에만 전념했다. 그는 명문가 딸과의 약혼을 파기하고, 브리지 카드와 체스판을 버리고, 소설책을 선반에서 치웠다. 또한 사회적 접촉을 최소한으로 줄였다. 이제 그에게 중요한 것은 오직 과학뿐이다.

폴린의 귀여운 막냇동생은 이제 사라졌다. "나를 그토록 기쁘게 했던 나의 어린 왕자는 영원히 사라졌다. 그는 이제 온종일 작은 방에서 혼자 수학책에 깊이 빠져 있고, 영원히 변치 않는 똑같은 하루를 보낸다. 그는 놀라운 속도로 금욕주의적 인간으로 변했다. 수행 중인 수사들처럼 살아서, 언제나 똘망똘망했던 눈 위로 이제는 눈꺼풀이 내려와 거의 완전히 눈을 덮었다. 나는 동생의 이런 모습이 안타까웠다. 그 모습이 오히려 그의 조용하고 여성스러운 태도를 더욱 강조했기 때문이다."

1913년, 제1차 세계대전이 발발하기 직전에 루이는 군복무 의

무를 완료하기 위해 아주 무모하게도 공병대에 자원입대를 했다. 전쟁 기간 동안 그는 통신부대에서 복무했다. 에펠탑의 무선전신기를 담당하며 적의 무선 내용을 도청하기 위한 장비를 관리하는 일이 그의 임무였다. 전쟁에 참전한 젊은 병사에게는 참호에서 멀리 떨어진 어느 정도 안락한 보직이었다. 그러나 영웅심이 없는 루이에게는 가혹한 일이었다. 나중에 그는 "전쟁 뒤로 머리가 전처럼 잘 작동하지 않는다"고 불평했다.

전쟁이 끝나고 나자 루이에게는 유일하게 한 사람과의 관계만 남았다. 루이가 "잔인한 예술"이라 불렀던 것을 수집하는 화가, 젊은 예술가 장 바티스트 바젝Jean-Baptiste Vasek이었다. 바젝은 정신병 환자들의 시, 조각, 그림 등을 수집했다. 그는 정신병자의 환상에서 미래의 신화가 탄생할 것이라고 믿었다. 루이는 자신의 유일한 친구와의 대화를 즐겼고, 함께 침묵하는 것을 좋아했고, 그에게 사랑을 느꼈다. 그러나 바젝은 갑작스럽게 자살로 생을 마감했다. 그는 아무런 설명도 남기지 않았고 그저 "가장 사랑하는 루이"에게 편지 한 장만을 남겼다. 편지에서 바젝은 자신의 수집품을 보관하고 늘려달라고 부탁했다. 루이는 물리학 공부를 잠시 접고, 자신의 모든 힘과 상속재산을 친구의 유언을 완수하는 데 썼다. 그는 프랑스와 전 유럽에 있는 정신병원을 방문했고, '인간의 광기'라는 제목으로 대규모 전시회를 열었다. 전시회는 관람객 동원 측면에서 대성공이었으나 귀족 사회에서는 추문에 불과했다. 루이는 신문에서 친구의 그림들을 조롱하는 기사를 읽었고, 깊이 상처를 받아 몇 달이나 방에서 나오지 않았다. 누나가 차려주는 음식을 그는 고스란히 문 앞에 내놓았다. 폴린은 동생이 혹시 굶어 죽으려는 것이 아닐까, 하는 의심이 들어 모리스에게 알렸고, 모리스가 하인 다섯 명과 함께 루이의 방문을 부수고 들어가 수집품 더미를 지나, 좌절한 동생이 누워 있으리라고 기대한 침대로 곧장 갔다. 그러나 루이는 잘 빗은 머리와 말끔한 차림, 그리고 맑은 눈빛으로 입에 담배를 물고 거기 앉아 있었다. 그는 형에게 공식이 적힌 종이 더미를 건네며 말했다. "말해줘. 내가 혹시 미친 것은 아닌지."

루이 드브로이는 전쟁에서 고전적 전자기파 이론의 가치를 경험했다. 형으로부터는 논란의 광양자 아이디어를 알게 되었다. 다른 수많은 과학자들과 마찬가지로, 그에게도 빛에 대한 두 관점이 통합될 수 없어 보였다. 그러나 그는 아무도 간 적이 없는 길에서 점점 더 이 수수께끼에 다가가고 있었다.

1923년 말에 드브로이는 "길고 외로운 숙고 끝에" 단순하고 대담한 아이디어에 이르렀다. 그는 광전 효과에 대한 아인슈타인의 주장을 거꾸로 뒤집어보았다. 빛이 입자의 흐름처럼 행동할 수 있다면, 입자 역시 어떤 면에서 파동처럼 행동할 수 있지 않을까?

이것은 대단히 새롭고 과감하고 근거가 빈약한 결론이었다. 지금까지 입자는 파동과 전혀 관련이 없는 응집된 알갱이로 간주되었기 때문이다.

드브로이는 아인슈타인의 방정식 $E = mc^2$을 플랑크의 방정식 $E = hf$에 접목하여, 움직이는 모든 입자의 파장을 계산했다. 입자가 빠르게 움직일수록 파장이 더 짧았다.

계산 그 이상의 의미가 있을까? 드브로이가 계산한 파장에 실제로 파동이 있을까? 드브로이는 알지 못했다. 그는 그냥 시험해 보았을 뿐이다. 그리고 그 시험의 결과가 적중하여 자신도 놀랐다. 보어 스스로 아직 확신하지 못하는 보어의 원자 모형에서 그는 가장 안쪽 궤도에 있는 한 전자의 파장을 계산했고, 파장의 길이가 궤도 둘레와 정확히 일치했다. 두 번째 궤도의 전자는 파장의 길이가 두 배다. 세 번째 궤도의 전자는 파장의 길이가 세 배다. 그런 식으로 계속 이어진다. 이런 규칙성은 절대 우연일 수가 없다.

드브로이가 원자를 살려냈다. 보어의 원자 모형에서 그냥 존재하던 궤도들의 둘레가, 이제 바이올린이나 기타 현의 기본음과 화음처럼, 전자 파장의 정배수를 이룬다는 사실이 발견되었다. 그렇다면 음악의 화음보다 더 많은 것이 양자 뒤에 숨어 있지 않을까?

드브로이는 1923년 말에 두 논문으로 자신의 아이디어를 발표했다. 그러나 아무도 그의 논문에 관심을 두지 않았다. 그는 이 주제를 계속 연구했고, 확신했고, 박사학위 논문심사에서 막힘없이 방어했지만, 심사위원들을 설득하는 데 실패했다. 그들에게 전자의 파동 아이디어는 수학적으로 너무 단순해 보였고, 물리학적으로 허황되어 보였다. 그들은 드브로이의 계산을 논박할 수는 없지만, 아무튼 물리학적 가치는 없다고 결론지었다. 마리 퀴리의 옛 애인이자 드브로이의 지도교수인 폴 랑주뱅 역시 이 논문을 어떻게 받아들여야 할지 몰랐다. 그는 드브로이의 논문이 "좀 억지스러워 보인다"고 한 동료에게 털어놓았다. 그래도 그는 이 논문을 아인슈타인에게 보내 살펴봐주기를 요청할 정도로 그 가치를 중요하게 여겼다.

아인슈타인은 몇 달이 지나도록 침묵했다. 랑주뱅은 초조해졌다. 논문이 너무 하찮아서 답을 보낼 생각조차 안 하는 것일까? 랑주뱅이 다시 아인슈타인에게 편지를 보내 회신을 재촉했다. 이번에는 아인슈타인이 즉시 답장을 보냈다. 단순하고 대담한 아이디어를 좋아하는 그가 짧고 명료하게 답했다. "매우 인상적입니다." 아인슈타인은 루이 드브로이가 대단한 것을 발견해냈다고, 이야기했다. "루이 드브로이는 거대한 베일의 한 귀퉁이를 걷어 올렸습니다. 이것은 모든 물리학 수수께끼 중에서 가장 성가신 부분을 비추는 첫 번째 희미한 빛입니다." 다만, 지금까지 아무도 그것을 보지 않았을 뿐이다.

랑주뱅은 아인슈타인의 말을 따랐다. 1924년 11월에 드브로이의 박사논문 디펜스를 듣기 위해 파리대학교의 물리학 교수들이 한자리에 모였다.

드브로이는 고상한 콧소리가 섞인 나른한 어조로, 받아들이기 어려운 문장들을 말하기 시작했다. "오늘날 물리학이 스스로 드러내듯이, 물리학에는 잘못된 내용이 있고 그것이 우리의 상상력에 어두운 영향을 미칩니다. 우리는 1세기 넘게 세계 현상을 두 영역으로 나눴습니다. 물질의 원자와 입자, 그리고 빛의 바다에서 일렁이는 무형의 파동. 그러나 이 둘을 더는 따로따로 떼어서 봐선 안 됩니다. 이 둘을 유일한 한 이론으로 합쳐야만 합니다. 오직 그 이론만이 두 영역의 다양한 상호작용을 해명할 수 있습니다. 우리의 동료 아인슈타인이 이미 첫걸음을 떼었습니다. 아인슈타인은 20년 전에 벌써 빛이 파동일 뿐 아니라 에너지 입자를 내포하고 있고, 단순히 에너지의 양에 불과한 이 에너지 입자, 즉 광양자가 광파와 함께 움직인다고 주장했습니다. 많은 사람이 이런 생각이 틀렸을 거라 의심했고, 어떤 사람들은 아인슈타인이 보여준 새로운 길을 보지 않으려 차라리 눈을 감아버렸습니다. 우리 자신을 속이지 맙시다. 이것은 진정한 혁명입니다. 우리는 지금 물리학에서 가장 높이 평가되는 빛에 대해 말하고 있습니다. 그 빛은 우리에게 세계의 형태를 보여줄 뿐 아니라, 은하의 소용돌이를 아름답게 장식하는 별과 사물의 숨겨진 심장도 보여줍니다. 그러나 빛은 하나가 아니라 둘입니다. 빛은 서로 다른 두 가지 방식으로 존재합니다. 이처럼 빛은, 우리가 자연의 무수한 형태를 분류하려 시도했던 범주들을 초월합니다. 빛은 파동으로, 그리고 입자로 존재하며 두 가지 정체성을 모두 갖고, 이 두 정체성은 야누스의 얼굴만큼 대조적입니다. 빛은 로마의 신 야누스처럼 연속과 분산, 다름과 같음의 모순적 성질을 드러냅니다.

이 통찰을 부정하는 사람들은, 이런 새로운 견해가 이성과 거리가 멀다고 주장합니다. 그러나 나는 그들에게 말합니다. 모든 물질에 이런 이중성이 있습니다! 빛만이 이런 분열을 경험하는 게 아니라, 우주 창조의 기본 재료인 모든 원자도 그렇습니다. 여러분이 손에 들고 있는 이 논문이, 전자든 양성자든 모든 입자에는 파동이 있고, 이 파동이 공간을 이동한다는 사실을 입증합니다. 많은 사람이 내 주장을 반박할 것임을 나는 압니다. 그리고 이 주장이 오로지 나의 고독한 숙고에서 나온 것임을 주저 없이 말할 수 있습니다. 이 주장이 기이한 주장임을 나는 인정합니다. 만에 하나 그것이 틀렸을 때 내게 닥칠 형벌을 겸허히 받아들이겠습니다. 그러나 오늘 나는 여러분에게 가장 깊은 확신으로 말합니다. 모든 사물은 두 가지 방식으로 존재할 수 있고, 겉으로 보이는 것과 달리 확정적인 것은 없습니다. 나뭇가지에 앉은 참새를 노리는 아이의 손에 들린 돌이 물처럼 손가락 사이로 흘러내릴 수도 있습니다."

드브로이가 강연을 마쳤고, 교수들은 당황하여 침묵했다. 그들은 무슨 말로 토론을 시작해야 할지 몰랐다. 이윽고 드브로이는 강당을 나갔다. 그는 논문 디펜스를 통과해 박사학위를 받았으며, 5년 뒤에는 노벨상을 받을 것이다.

아인슈타인은 드브로이의 물질파 아이디어가 아주 마음에 들어, 1924년 9월에 인스브루크에서 열린 학회에서 실험물리학자 동료에게 분자선에서 파동현상의 징후를 찾아보자고 제안했다. 아인슈타인이 보기에 드브로이가 주장한 물질파동은, 현재 보어가 무너뜨리고 있는 물리학의 고전 질서를 복원하는 한 단계였다. 그러나 그러기 위해서는 한 가지 조건이 충족되어야 한다. 이제 물질은 파동과 입자 두 얼굴을 가졌다. 그렇다면 이 둘이 어떻게 연관되어 있을까? 연관이 있기는 할까? 아인슈타인은 답을 모른다.

1925년 4월, 드브로이의 대담한 아이디어가 길을 제대로 찾았음이 우연히 드러났다. 서른네 살의 물리학자 클린턴 데이비슨Clinton Davisson은 뉴욕의 웨스턴 일렉트릭 컴퍼니 실험실에서, 다양한 물질에 전자를 발사하면 무슨 일이 생기는지 조사했다. 그러던 어느 날 액화 공기가 든 병이 폭발했고, 전자를 쏜 니켈샘플 진공관이 산산조각 났다. 니켈은 공중에서 녹슬었다. 가열로 인해 작은 결정이 더 큰 결정으로 변하고, 전자선이 휜다는 사실을 알지 못한 채, 데이비슨은 가열을 해서 녹슨 니켈을 정화했다. 그러나 데이비슨은 왜 전혀 다른 측정 결과가 나오는지 이해하지 못했다. 어쨌거나 그는 그것을 기록하여 출판했고, 자신이 무엇을 측정했는지 동료들로부터 설명을 듣고는 깜짝 놀랐다. 전자가 파동처럼 행동할 수 있음을 그가 발견한 것이다! 드브로이 왕자의 추측이 맞았다. 클린턴 데이비슨은 12년 후 이때의 발견으로 노벨상을 받을 것이다.

1925년 헬골란트
넓은 바다와 작은 원자

1925년 5월. 자연이 온갖 꽃들을 피워내는 시절, 스물네 살의 젊은 하이젠베르크는 괴롭기만 하다. 눈이 따끔거리고, 얼굴이 붉게 부어오르고, 코가 막히기 때문이다. 하이젠베르크가 느끼기에 뇌도 막혀버린 것 같다. 그런데 왜 하필이면 지금 그런 것인지!

다른 여러 물리학자와 마찬가지로, 지금 하이젠베르크는 원자의 전자궤도 메커니즘을 연구하고 있다. 전자가 어떻게 이 궤도에서 저 궤도로 이동하고, 이런 이동이 물리학자와 화학자가 분광기에서 보는 선들을 어떻게 만들어내는지 연구한다. 이제 그에게는 이런 이동을 설명할 수 있는 대담한 아이디어가 하나 있다. 그 아이디어가 그를 새로운 양자이론으로 안내할 것이다. 천재는 때때로 너무나 당연한 일을 의심한다. 하이젠베르크는 동료들과 달리, 뉴턴 이후로 줄곧 과학자의 사고를 지배해온 법칙을 과감

베르너 하이젠베르크, 1929년 미국 시카고.

히 버릴 준비가 되어 있다. 그는 이 법칙이 원자 내부에서는 적용되지 않을 것이라고 추측했다. 원자를 어둠 속에서 꺼내려면 완전히 새롭게 접근해야 할 것이다.

그러나 천재이기 위해서는 끈기도 필요하다. 하이젠베르크에게 수학은 큰 어려움이 아니다. 전자의 위치와 속도를 어렵지 않게 원자의 파동 방정식 함수로 나타낼 수 있다. 그러나 이 함수를 고전 메커니즘의 방정식에 대입하자마자, 엉망진창으로 마구 꼬였다. 각각의 수가 수많은 수로 증가하고, 일반 대수 규칙이 몇 쪽에 걸친 긴 공식이 되었다. 하이젠베르크는 푸리에 급수도 써보는 등 이리저리 시험해보았다. 그러나 이내 녹초가 되고 조급해졌다. 게다가 극심한 꽃가루 알레르기 때문에 뇌까지 마비된 것 같다.

그의 지도교수 보른은 그런 제자를 가련히 여겨 특별 휴가를 허락했다. 6월 7일, 하이젠베르크는 꽃가루로부터 도망쳐 쿡스하펜으로 가는 밤기차에 올라, 바다 공기를 마시며 요양하기 위해 헬골란트로 갔다. 헬골란트는 '신성한 땅'이라는 뜻으로 북해 연안에서 80킬로미터 떨어진 독일의 유일한 섬이다. 베를린의 동물원보다 작은 이 섬은 기후가 너무 거칠어서 꽃이 피지 않고 나무도 높이 자라지 않는다. 제1차 세계대전 동안 군사 전초기지였던 헬골란트는 전쟁 후에는 평화와 신선한 공기를 찾는 관광객의 인기 휴양지가 되었다. 하이젠베르크는 그곳에서 머무를 방을 하나 찾았고, 주인은 그의 몰골을 보고 아마도 어디선가 흠씬 두들겨 맞았구나, 생각했다. 전후시대에 독일에서 드물지 않은 일이었다.

하이젠베르크의 짐은 단출했다. 갈아입을 옷, 등산화 한 켤레, 괴테의 《서동 시집West-östlicher Divan》 한 권, 전자궤도 계산식이 그가 챙긴 짐의 전부였다. 그의 방은 3층으로 붉은 암초 섬 가장자리 언덕에 있다. 그는 열흘 동안 그 방의 발코니에 앉아 깊이 호흡하고 바다를 보고 해변을 산책하고 근처 섬까지 헤엄쳐가고 괴테의 시를 읽고 아무하고도 얘기하지 않고 밤낮으로 깊이 생각했다. 그런 생활이 아주 편안했다. 그는 옛날부터 늘 자연에서, 산에서, 숲에서, 물속에서 안식을 느꼈었다. 서서히 코 점막이 진정되고, 얼굴이 다시 맑아졌다. 괴팅겐에서는 물리학 전통에 갇혀 있었지만, 이곳에서는 아무 방해 없이 멀리까지 자유롭게 내다볼 수 있다. 그는 예전에 함께 언덕을 오르며 평평한 덴마크의 마법을 보여주려 했던 닐스 보어의 말들을 떠올렸다. "우리는 바다 너머를 바라보며 무한성의 한 부분을 이해했다고 믿죠." 그는 헬골란트의 고독 속에서 그때 보어가 무엇을 말하고자 했는지 이해했다. 원자를 작은 태양계로 상상하여, 행성들이 태양 주변을 도는 것처럼 전자들이 원자핵 주변을 돈다고 상상하는 것은 얼마나 유치한가! 그는 태양을 지우고, 선명하게 그려진 전자의 궤도를 형태 없는 구름으로 흩날려버렸다.

이윽고 하이젠베르크는 양자 도약의 수수께끼에 다가가는 새로운 길을 찾아냈다. 괴팅겐의 한 과학자가—아마도 볼프강 파울리였던 것 같은데—원자 또는 그 정도로 작은 시스템의 내부에서 벌어지는 일을 알아낼 방법은 단 한 가지, 바로 측정뿐이라고 주장했었다. 원자가 어떤 양자 상태에 있는지 측정하고, 나중에 다시 그 원자가 어떤 상태에 있는지 측정하면 된다는 것이다. 그러나 두 번의 측정 사이에는 무슨 일이 일어날까? 그 사이에 일어나는 일을 묻는 것이 과연 의미가 있을까? 측정할 수 있는 유일한 현실은 측정 그 자체뿐이라는 아이디어가 괴팅겐 과학자들 사이에서 싹텄다. 실험으로 검증되는 물리학 이론은 오로지 측정할 수 있는 사물에 대해서만 말해야 한다. 물리학은 관찰이다. 그 이상도 그 이하도 아니다. 하이젠베르크는 처음에 이 아이디어를 받아들이기를 주저했다. 이 아이디어는 어쩐지 오래된 철학 논쟁을 연상시켰기 때문이다. 숲에서 나무가 쓰러질 때, 듣는 사람이 아무도 없더라도, 그 나무는 쓰러지면서 소리를 낼까? 그러나 이제 이 아이디어가 자신의 이론을 어디까지 데려갈지 시험해볼 준비가 되었다.

하이젠베르크는 나중에 "그 아이디어가 나타났다"라고 기록할 것이다. 그렇다. 그 아이디어가 그에게 나타났다. 다른 사람이 아니라 바로 그에게. 그리고 아인슈타인이 영원해 보이는 시공간 개념을 특수상대성이론으로 새롭게 정의하며 용감한 발걸음을 내딛었던 것처럼, 그는 과감한 한 걸음을 내디뎠다.

하이젠베르크는 두 번의 측정 사이에서 무슨 일이 벌어지는지는 놔두고, 측정된 양자 상태의 전환을 수학적으로 설명하려 시도했다. 이때 그는 기이한 방식으로 작업해야만 했다. 그는 숫자들이 모여 있는, 이른바 숫자판으로 작업했다. 각각의 숫자판 하나가 이런 전환 하나를 설명한다. 시스템이 만들어지려면 숫자판을 서로 곱해야 한다. 하이젠베르크는 숫자판을 어떻게 곱해야 할지 알아내야 한다. 두 수를 곱하면 하나의 수가 나온다. 거기까지는 명료하다. 그러나 숫자판 두 개를 곱하면, 마구 뒤섞인 숫자가 나온다. 우선 이 숫자들을 분류해야 한다. 숫자들 가운데 무엇을 취하고 무엇을 버릴 수 있을까? 하이젠베르크는 곱셈을 완전히 새롭게 배워야만 했고, 자신의 물리학적 통찰에 대한 뿌듯함과 버거운 수학이 주는 좌절 사이에서 갈팡질팡했다.

그러나 그는 곧 이해했고 조건들을 정리했다. 에너지 보존의 법칙을 훼손하지 않을 것, 관찰 가능한 수치들만 취할 것. 그는 전진할 수 있는 한 가지 요령을 발견했다. 상태 간의 이런 전환 두 개를 연달아 진행시키면, 언제나 의미 있는 전환 하나가 발생해야 한다. 그는 숫자판을 계속해서 계산하고, 잘못 계산하고, 수정하기를 거듭하며 한 발 한 발 전진했다. 그럴수록 흥분이 점점 더 커졌고, 확신도 점점 더 굳어졌다. "원자의 표면을 뚫고 들어가 그 아래 깊은 곳에 자리한 신비한 내적 아름다움의 기저를 볼 수 있다는 확신." 하이젠베르크가 곱셈값을 바르게 기록하자마자, 모든 것이 새로운 역학이론, 즉 양자역학이론과 마치 마법처럼 딱딱 맞아떨어졌다! 하이젠베르크는 나중에 이때를 두고 이렇게 회상했다. "자연이 저 아래 내 앞에 펼쳐놓은 풍부한 수학 구조를 따라갈 생각을 하니, 거의 현기증이 났다."

꽃가루 때문에 생긴 건초열이 진정되자, 이제 새로운 내적 열기가 그의 잠을 앗아갔다. 그러나 이번에는 갈피를 못 잡고 헤매지 않았다. 그는 새벽 3시경에 종이에 자신이 도출해낸 계산 결과를 적었다.

하이젠베르크는 흥분하여 잠을 이룰 수가 없었다. 흥분에 취해 비틀거리며 새벽 여명 속에서 섬의 남쪽 끝까지 걸어가 55미터 높이의 깎아지른 암벽 '뵌흐'를 올랐다. 하이젠베르크는 무사히 암벽 꼭대기에 도달하여 서서히 솟아오르는 태양을 보고 다시 힘차게 내려왔다. 그는 물리학 역사에서 가장 힘든 등반을 해냈다. 양자역학은 현재 오로지 하이젠베르크의 머리에만 존재한다. 그가 추락하면, 양자역학도 영원히 사라지고 말리라.

하이젠베르크는 가장 위대한 발견을 홀로 외로이 해냈다. 그러나 그는 혼자가 아니다. 그는 괴팅겐에 돌아와 자신의 아이디어를 보른에게 얘기했고, 놀랍게도 보른은 이 아이디어를 기꺼이 받아들였다. 하이젠베르크는 자신의 아이디어를 세상에 알리기 위해, 서둘러 논문을 작성하여 《물리학 잡지Zeitschrift für Physik》에 보냈고, 네덜란드 레이덴과 영국 케임브리지로 짧은 여름 여행을 떠나, 비록 강연에서는 침묵했지만, 개인적으로 동료들과 자신의 변혁에 대해 토론했다. 하이젠베르크는 자신이 확인한 양자역학을 이 논문에서 한 문장으로 요약했다. "이런 상태를 감안할 때, (전자의 위치, 전자의 공전주기 같은) 지금까지 관찰할 수 없었던 것을 관찰하려는 희망을 모두 버리는 동시에, 언급된 양자 규칙과 경험의 부분적 불일치가 어느 정도는 우연이라는 점을 인정하고, 관찰 가능한 수치들 사이의 관계만 등장하는, 고전역학을 닮은 양자역학이론을 개발하려 애쓰는 것이 더 바람직해 보인다."

1925년 7월 19일, 하이젠베르크가 헬골란트에서 영감을 얻은 지 한 달이 지났을 무렵, 하노버에서 열리는 독일 물리학 학회에 참석하기 위해 기차에 오른 보른은 기이한 기시감을 경험했다.

보른은 기차에 앉아 읽고, 쓰고, 고민했다. 한 가지 질문이 그를 놓아주지 않아 잠을 설쳤다. 하이젠베르크의 아이디어는 어쩐지 아주 익숙한데, 그게 뭔지 떠오르지가 않았다. 그게 뭘까? 그때 문득 생각이 났다. 하이젠베르크가 기록한 숫자판들은 행렬대수학이라는 수학의 한 분야로, 지금까지 전혀 쓸모가 없어 관심 밖에 있던 분야였다. 극소수의 수학자만이 행렬 개념을 알고 있었기 때문에 사실상 그것을 아는 물리학자는 없는 셈이나 마찬가지였다. 물론 보른을 제외하고 말이다. 그는 수년 전 아직 수학자가 되려 했던 때 읽었던 행렬대수학을 떠올렸다.

보른은 양자역학에 쓸모가 있을지도 모를 수학 분야를 알아차렸다. 한때 제자였던 볼프강 파울리가 그사이 옆 좌석에 와 앉았다. 그는 함부르크에서 왔다. 보른은 자신의 발견에 감탄하며 파울리에게 열심히 설명했다. 그러나 기대와 달리 파울리는 심드렁하게 대꾸했다. "어렵고 복잡한 수학 공식을 좋아하시는 거 압니다. 교수님의 쓸모없는 수학이 하이젠베르크의 아이디어를 망칠 수도 있어요." 보른은 긴 고민에 지치고 피곤한 몸으로 하노버에 내렸다. 이때 기차의 같은 칸에서 파울리와 보른의 대화를 조용히 듣고 있었던 파스쿠알 요르단Pascual Jordan이 두꺼운 안경 뒤의 불안한 눈빛으로 말을 심하게 더듬으며 보른에게 말을 걸었다. "교수님, 저 행렬이 뭔지 압니다. 제가 도움이 되지 않을까요?" 보른은 요르단과 함께 작업했고, 행렬 곱셈에서 순서가 중요하다는 중대한 사실을 알아냈다. 사과 일곱 개의 두 배는 사과 두 개의 일곱 배와 일치한다. 그러나 행렬에서는 일반적으로 a×b가 b×a와 같지 않다. 하이젠베르크 역시 첫 연구논문에서 이 내용을 언급했지만, 거의 감춰져 있었다. 하이젠베르크가《물리학 잡지》에 논문을 보낸 지 겨우 두 달이 지났을 시점에 보른과 요르단이 그들의 논문을 같은 곳에 보냈다. 그들은 하이젠베르크의 이론을 구체화했고, 이들의 이론은 곧 '행렬역학'이라는 이름으로 유명해졌다. 그것은 뉴턴이 수세기 전에 이뤄낸 세계 역학과 거의 아무 관련이 없었다. 하이젠베르크는 파울리에게 편지를 썼다. "내 옹색한 노력의 목표는, 관찰할 수 없는 궤도의 개념을 완전히 파괴한 후 적절한 것으로 교체하는 것입니다."

하이젠베르크는 개척자 동지들과 함께 했던 케임브리지 여름 모험 여행에서 돌아왔다. 1925년이 끝나기 직전에 하이젠베르크, 보른, 요르단은 '세 남자의 작업'으로 유명해진 행렬역학에 관한 세 번째 연구논문을 작성했다. 그들은 이 논문에서 행렬역학을 더욱 심화하고 확장했다.

하이젠베르크의 물리학적 직관은 아무도 발견하지 못한 유망한 길로 그를 안내했고, 이미 강했던 자기애에 더욱 불을 지폈다. 그러나 그는 파울리의 회의론도 공유했다. 그는 '행렬역학'이라는 용어가 마음에 들지 않았다. 그것은 많은 물리학자가 당혹스러워하는 순수수학처럼 들리기 때문이다.

이내 스승과 제자의 갈등이 시작되었다. 보른은 자신과 요르단이 양자역학에 기여한 공헌이 과소평가되거나 심지어 무시되어 평생 괴로워할 것이다. 게다가 '양자역학'이라는 단어를 처음 논문에 사용한 사람은 다름 아닌 바로 그였다. 물론, 행렬이 뭔지도 모르면서 행렬대수학을 이용한 하이젠베르크의 "대단한 천재성"은, 보른도 인정했다. 그러나 하이젠베르크의 대담한 걸음이 결정적이었다고 인정하기는 힘들었다. 그러나 하이젠베르크는 우연히 깨달음의 번개를 맞은 수학 초보자가 아니다. 그는 보른이 가지지 못한 깊은 물리학적 직관을 가졌다.

행렬역학은 물리학자들로부터 환영받지 못했다. 과학자들 대부분이 우선 완전히 새로운 수학을 공부해야 했으며, 그다음 이 행렬이 물리학적으로 무엇을 의미하는지 이해하기 위해 애를 써야 했다. 그것은 너무나 복잡한 일이었다. 수리물리학자들은 이 이론이 논리적으로 추론되었고 양자이론의 수많은 수수께끼를 푼다고 확신했다. 그건 그렇다 치고, 그것을 과연 어디에 쓸 수 있을까?

파울리는 여전히 회의적이었다. 보른과 요르단의 논문이 출판된 직후, 그는 한 동료에게 이렇게 의견을 피력했다. "하이젠베르크의 역학이 내게 다시 삶의 기쁨과 희망을 줍니다. 그것이 비록 수수께끼의 해답을 주진 않지만, 다시 앞으로 더 나갈 가능성은 있다고 생각합니다. 우선 하이젠베르크의 역학을 괴팅겐 학자들의 엄중한 지식에서 더 많이 해방시켜 그 핵심이 더 잘 드러나게 해야 합니다."

하이젠베르크는 파울리의 지적을 늘 침착하게 참아내진 않았다. 그는 화가 나서 파울리에게 이렇게 썼다. "아직도 그 야비한 언행을 고치지 못했다니, 기분 참 더럽네요. 코펜하겐과 괴팅겐을 향한 당신의 끊임없는 조롱과 야유는 그저 추한 비명에 불과합니다. 우리를 아직 물리학적으로 뭔가 새로운 것을 해내지 못한 덩치 큰 당나귀쯤으로 여기신다면, 그렇게 하십시오. 그러나 그러면 당신도 똑같이 덩치 큰 당나귀입니다. 당신도 해내지 못했으니까요. ……(이 점들은 약 2분에 걸친 욕을 의미합니다!)."

이 편지는 파울리의 아픈 곳을 정확히 찔렀다. 파울리는 곧 작업에 착수했다. 한 달이 채 되지 않아 그는, 보어가 몇 년 전에 첫 번째 원자 모형으로 했던 것처럼, 수소 원자 스펙트럼선의 '발머 계열Balmer series'을 도출했다. 파울리는 계산을 통해 행렬역학이 단지 수학적 구조에 불과한 것이 아니라 유용한 도구임을 보여주었다. 하이젠베르크는 약간 누그러져서, 파울리에게 우호적인 편지를 보냈다. "굳이 편지를 보낼 필요까지는 없었겠으나, 당신이 이 이론을 그토록 빨리 내놓은 것에 내가 얼마나 놀랐는지, 그리고 새로운 수소 이론에 얼마나 기뻐했는지 알려주고 싶었습니다."

그러나 파울리의 증명도 행렬역학을 이해하기 쉽게 만들진 못했다. 물리학자 대부분이 여전히 복잡한 수학에 겁을 냈다. 행렬역학이 정교한 수학일 뿐 아니라 심오한 물리학이기도 하다는 주장은, 믿음의 문제로 남았다.

1925년 여름에 거대한 히트작을 시도한 사람이 한 명 더 있었다. 아인슈타인이 베를린 과학아카데미에 '통일장이론'을 제출했던 것이다. 그리고 일주일 뒤에 괴팅겐의 보른으로부터, "하이젠베르크가 아주 신기해 보이지만 틀림없이 깊고 올바른 논문 하나를 방금 완성했다"는 소식을 받았다. 이제 겨우 스물네 살인 하이젠베르크가 기발한 아이디어로 새로운 양자이론을 설계했다. 이는 2년에 걸친 열렬한 창의성의 시작이었고, 그 끝에는 20세기 물리학에 가장 진한 흔적을 남길 이론이 기다리고 있었다. 아인슈타인은 하이젠베르크의 논문 내용을 인정하지 않았다. 그는 1925년 9월 20일에 에렌페스트에게 이렇게 의견을 전했다. "하이젠베르크가 아주 거대한 양자 알을 낳았다고, 괴팅겐에서는 그렇게 믿는 것 같네. 하지만 나는 아니라네." 아인슈타인은 죽을 때까지 이 입장을 고수했다. 1925년 1월까지 '옛' 양자이론을 강력히 선도했던 그가 '새' 양자이론에는 아무런 건설적 기여를 하지 않았다. 1925년은 아인슈타인 시대의 끝이자 하이젠베르크 시대의 시작이었다. 이후로 아인슈타인의 '통일장이론'은 끝내 완성되지 못할 것이다.

1947년 4월에 영국 해군은 전쟁에서 남은 모든 탄약, 포탄, 어뢰를 헬골란트 콘크리트 지하실에 적재했다. 폭발물 분량은 총 7,000톤에 이르렀다. 영국 해군은 그들의 벙커를 포함해 섬 전체를 역사상 가장 큰 폭발로 공중분해 시키려 했다. 그 폭발력은 히로시마에 투하된 핵폭탄의 절반이나 되었지만, 섬은 이들의 계획처럼 공중분해 되지 않았다. 그러나 하이젠베르크가 양자역학을 머리에 담고 올랐던 깎아지른 암벽은 무너졌다.

1925년 케임브리지
조용한 천재

1925년 여름 케임브리지. 하이젠베르크의 양자역학 소식이 물리학자들 사이에 퍼졌다. 대다수가 놀랐고, 극소수만이 그의 이론을 이해했다. 그들은 수학 괴물 행렬을 두려워했다. 그러나 케임브리지의 말이 없는 한 젊은 물리학자는 행렬을 두려워하지 않았다. 그는 하이젠베르크보다 8개월 어린, 스물세 살의 폴 디랙Paul Dirac이다. 디랙에게 너무 복잡한 수학 공식이란 없다.

하이젠베르크는 헬골란트에 다녀온 직후인 1925년 7월에 케임브리지에서 '용어동물학과 제이만식물학Termzoologie und Zeemanbotanik'이라는 수수께끼 같은 기이한 제목으로 강연을 했다. 그는 자신의 발견을 드러내놓고 얘기하기를 아직 주저했다. 그러나 동료인 랄프 파울러Ralph Fowler에게는 자신의 발견에 대해 개인적으로 설명했다. 하이젠베르크는 괴팅겐으로 돌아와 양자역학에 관한 첫 번째 논문을 파울러에게 발송했고, 파울러는 이것을 자신의 천재 제자 디랙에게 주었다. 디랙은 하이젠베르크가 케임브리지를 방문했을 때 그를 만나지 못했었다. 그러나 디랙은 그의 논문을 읽었고, 그 논문을 이해한 극소수의 한 명이 되었다. 여기서 끝이 아니다. 디랙은 하이젠베르크의 논문을 새로운 차원으로 끌어올렸다.

보른과 요르단이 알아낸 것을 디랙 역시 알아냈다. 하이젠베르크의 양자역학에서는 행렬의 비가환성이 중요하다. 즉, 행렬 곱셈에서는 순서를 바꾸면 안 된다. 보른과 요르단의 작업을 모른 채, 디랙은 온전히 혼자서 전체 이론을 새롭게 창조하고, 두 물리학자의 것과 비슷하지만 다른 새로운 토대 위에 양자역학에 대한 자신만의 수학적 해명을 개발했다. 그는 고전역학의 후미진 구석에서 하이젠베르크의 행렬처럼 곱셈 규칙을 만족시키는 '미분 연산자'를 찾아냈다. 그는 아일랜드 출신의 윌리엄 해밀턴William Hamilton이 19세기에 개발한 우아한 수학도구를 사용했다. 이제 행렬은 없다! 거의 없다! 행렬을 닮은 요소들이 그의 계산에도 있지만, 그저 부차적으로만 등장한다.

디랙은 자신의 작업 결과를 기록한 논문을 괴팅겐으로 보냈다. 양자역학의 고수들은 놀라움을 금치 못했다. "디랙? 처음 들어보는 이름인데, 누구지?" 그들은 이제껏 이렇게 아름다운 수학 구조를, 고전물리학과 양자역학을 이토록 우아하게 연결한 사람을 보지 못했다. 보른은 디랙의 논문을 두고 "내 생애 가장 큰 충격"

이라고 평했다. "이 논문의 저자는 아직 아주 젊지만, 그럼에도 그의 방식은 모두 완벽하고 감탄스럽다."

하이젠베르크 역시 디랙의 논문에 깊은 인상을 받았다. 그는 디랙에게 독일어로 된 두 쪽짜리 편지를 보냈다. "양자역학에 관한 대단히 훌륭한 논문을 매우 흥미롭게 읽었습니다. 새롭게 시도된 이론을 믿는 한, 의심의 여지없이 모든 결과가 옳습니다." 하이젠베르크는 디랙에게 심지어 이렇게 고백했다. "솔직히 말해, 귀하의 논문은 우리의 논문보다 더 우수하고 더 강렬하게 작성되었습니다." 그러나 그다음 디랙이 실망할 내용을 덧붙였다. "부디 속상해하지 않기를 바라며 한 가지 소식을 알려드리자면, 귀하가 도출해낸 결과 중 일부를 우리도 얼마 전에 발견했습니다." 괴팅겐의 보른과 함부르크의 파울리는, 디랙이 기술한 내용의 일부를 이미 발견했다. 그러나 디랙은 실망을 이겨냈고, 이 편지는 하이젠베르크와의 오랜 우정의 싹이 되었다.

이제 모든 것이 점차 아귀가 딱딱 맞아가는 것처럼 보인다. 그러나 여전히 혼란스럽다. 양자역학은 두 가지 서로 다른, 그러나 분명 유사한 수학 체계로 요약될 수 있다. 괴팅겐에서는 당연히 행렬을 선호한다. 보어를 중심으로 하는 코펜하겐에서는 디랙의 우아하고 강렬한 요약을 선호한다. 소수정예로 선별된 두 진영 바깥에 있는 물리학자들은 점점 커지는 좌절 속에 행렬과 미분연산자를 바라보며 속으로 물었다. 우리도 이해할 수 있는 공식으로 양자역학이 표현될 날이 언젠가 오기는 할까?

디랙은 눈에 띄지 않는 외모에 아주 조용한 사람이다. 마른 몸, 보통 키, 넓은 이마, 오똑하고 뾰족한 코, 곧은 턱, 성긴 콧수염, 지적이고 꿈꾸는 듯한 눈의 소유자인 그는 양자역학을 연구하는 과학자들 가운데 가장 독창적이고 가장 기이한 사람 같다. 나중에 밝혀졌듯이, 디랙은 자폐 성향이 있었다.

1902년에 태어난 폴 디랙은 스스로 "불행하다"고 표현한 유년기를 보냈다. 불행의 원인은 아버지와의 힘든 관계였다.

폴 디랙의 침묵하는 성향은 유년기에 유래했다. 그에게는 형과 누나가 한 명씩 있었다. 아버지는 스위스 사람인데, 너무나 엄하여 자식들이 무조건 자신에게 순종하기를 원했다. 아버지는 자식들에게 오로지 프랑스어만 쓰라고 명령했고, 콘월 출신이었던 어머니는 영어를 고집했다. 그래서 어린 폴은 아버지와는 프랑스어로, 어머니와 형제들과는 영어로 말해야 했다. 다른 가족이 부엌 식탁에 있는 동안 막내아들은 아버지와 단둘이 앉아 프랑스어로 대화해야 했다. 훗날 디랙은 이때를 회상하며 이렇게 썼다. "프랑스어로 제대로 표현할 수 없다는 걸 알았기에, 나는 말없이 가만히 있는 것이 더 좋았다." 그의 가족은 친구가 별로 없었기 때문에 집에 방문하는 손님이 없었고, 이들이 다른 집에 손님으로 초대받는 일도 없었던 터라, 어린 폴은 영어를 연습하고 개선할 기회가 거의 없었다. 그 결과, 그에게 남은 것은 침묵뿐이었다. 그리고 그는 평생 그렇게 살 것이다.

폴 디랙의 형과 누나는 우수한 학자가 되었다. 그러나 막내 폴

이 금세 모두를 앞질렀다. 그는 가장 빨리 배웠고, 모든 자연과학 및 기술 과목에서 1등이었으며, 심지어 수학과 물리학은 교사들보다 앞서서 스스로 자신이 해야 할 숙제를 찾아야 했다.

그러나 이 모범생은 앞으로 무엇을 해야 할지 몰라, 형이 그랬던 것처럼 아버지가 정해준 기계공학을 전공으로 정했다. 그러던 어느 날 한 강사가 대학교 지하실에서 실험에 빠져 있는 그를 보고 충고를 던졌다. "여기서 시간 낭비하지 마세요! 당신은 아주 우수한 수학자입니다. 전공을 바꿔요. 수학으로! 2년 안에 졸업할 수 있을 겁니다." 폴 디랙은 그 충고대로 전공을 수학으로 바꿨다.

디랙은 이제 공학자이자 수학자이다! 양발은 땅에 단단히 고정되어 있고 머리는 하늘에 있다. 그는 물리적 연관성에 대한 직관이 발달했을 뿐 아니라, 수학의 순수한 아름다움에 대한 비범한 감각도 가졌다. 그렇다. 수학의 아름다움! 디랙은 수학의 아름다움에 대해 많은 얘기를 했다. 다른 사람들이 명화나 시에서 그러는 것처럼, 그는 수학의 구조와 논리에서 아름다움을 보았다.

디랙은 1919년에 아인슈타인의 상대성이론이 개기일식으로 증명되었을 때 깨달음을 경험했다. 그는 이제 자신이 무엇을 하고 싶은지 안다. 그는 이제 이론물리학자가 되고자 한다. 우주의 질서를 수학 방정식으로 해명하는 일이 그가 찾아낸 소명이다. 자연의 가장 깊은 내부에는 수학 구조가 있다고, 그는 굳게 믿었다. 다른 물리학자들이 세상에 대해 너무 모호하게 호언장담하면, 그는 물었다. "방정식은 무엇입니까?"

디랙은 1921년에 케임브리지 트리니티 칼리지로 왔다. 어니스트 러더퍼드가 캐번디시 연구소를 이끌고 있는 곳이다. 러더퍼드는 디랙과 정확히 반대였다. 시끄럽고, 직설적이고, 격식을 차리지 않고 이론가를 못마땅해 했다. 그럼에도 그는 디랙을 자신의 제자로 받아주었다. 디랙은 매주 실험실에 와서 러더퍼드와 차를 마셨다.

케임브리지에서는 여전히 물리학을 뉴턴의 고전역학과 맥스웰의 전자기이론 두 기둥을 토대로 하는 완성된 학문으로 보는 견해가 우세했다. 이제 여기에 독일에서 온 새로운 이론, 아인슈타인의 상대성이론이 더해졌다. 그리고 케임브리지에서는 여전히 많은 사람이 이 이론들로 모든 것을 설명하고 계산할 수 있다고 믿었다.

디랙은, 스스로 말하듯이, 아인슈타인의 특수상대성이론을 "사랑했다." 그는 입자의 에너지, 질량, 운동량 사이의 관계를 연구하고, 물질의 최소 단위인 원자를 특수상대성이론의 대상인 가장 빠른 빛과 연결하여 설명하고자 했다.

케임브리지에서도 그는 변함없이 수줍음 많고 조용한 사람으로 머물렀다. 트리니티 칼리지에는 공동 식사의 전통이 있는데, '하이 테이블'이라 불리는 식탁에서 어떤 사람이 그와 대화를 나눠보기 위해 휴가 때 어디로 갈 생각인지 물었다. 그러나 그는 침묵했다. 후식을 먹은 뒤에 디랙이 되물었다. "그게 왜 궁금합니까?" 타인의 관심이 싫어서 이렇게 대꾸한 것이 아니었다. 어떻게 그런 일에 관심이 있을 수 있는지 그로서는 정말로 이해되지 않아서였다. 디랙은 스몰토크 감각이 전혀 없는 사람이다. 그의 관심은 오로지 원자와 특수상대성이론이다. 그리고 위대한 시간이 그를 기다리고 있다.

1925년 레이덴
선지자와 회전하는 전자

1925년 12월 중순. 보어는 동의하고 아인슈타인은 반대한다. 양
자역학 두 거장의 대립을 그대로 둘 수는 없다. 레이덴에 사는 이
론물리학자이자 두 거장의 절친인 에렌페스트가 합의를 중재하
기 위해 보어와 아인슈타인을 집으로 초대했다.

　레이덴으로 가는 보어의 기차가 함부르크에 정차했을 때, 파울
리가 그곳 승강장에서 기다리고 있었다. 파울리는 보어에게 전자
스핀 아이디어에 대해 물었다. 파울리는 원자의 구조를 설명하기
위해, 전자에 $\frac{1}{2}$과 $-\frac{1}{2}$ 두 수치만 받아들일 수 있는 기이한 특
성을 부여했다. 그는 그저 이렇게 예상하여, 이론가들이 수년째
풀고자 애쓰는 수수께끼를 풀 수 있을 뿐, 설명할 수는 없다. 그
수수께끼란 '이상 제이만 효과anomaler Zeeman Effekt'라 불리는 수수
께끼로, 자기장에서 원자의 스펙트럼선에 생기는 미세한 틈을 일

컫는다.

에렌페스트의 연구소에서 일하는 네덜란드 출신 대학생 사무엘 구드스미트Samuel Goudsmit와 조지 울렌벡George Uhlenbeck은 파울리의 발견을 과감하게 해석했다. 그것은 왼쪽과 오른쪽 두 방향으로 회전할 수 있는 전자의 자전, 즉 '전자스핀'이다! 구드스미트와 울렌벡은 '스핀'에 대해 말한다. 이는 과감한 해석이다. 물리학적으로 보면 전자는 점질량이다. 그러나 점은 확장하지 않고 자체 축을 회전할 수 없다. 즉, 자전할 수 없다. 또한 $\frac{1}{2}$ 수치는 전자가 반 바퀴만 회전해도 벌써 다시 정면을 향한다는 뜻이다. 어떤 측면에서는 '회전하는 전자'(하이젠베르크)가 자체 축을 회전하는 자전과 일치하고, 어떤 측면에서는 모든 고전 개념에 모순된다.

이 아이디어의 원작자인 구드스미트와 울렌벡조차도 이런 해석에 확신이 없어서 자신들의 생각을 다시 취소하려 했다. 그러나 에렌페스트가 만류했다. "두 사람 모두 아직 아주 젊어. 어리석은 일을 단행해도 괜찮은 나이지." 마침내 그들의 해석은 세상에 살아남았다. 전자가 기이한 방식으로 자기 자신을 축으로 자전한다는 생각은 대부분의 양자 현상과 마찬가지로, 이해하기 어렵다. '스핀'은 양자역학의 공식에 쓰이는 수치로, 그것을 명확히 이해한 사람이 아무도 없다.

"아주 흥미롭군요." 보어가 함부르크 기차역 승강장에서 파울리에게 말했다. 이는 동의하지 않는다는 뜻이다. 파울리도 고개를 끄덕인다. 그 역시 구드스미트와 울렌벡의 해석에 동의하지 않는다.

보어는 다시 기차에 올라 레이덴으로 향했다. 레이덴 역에서 아인슈타인과 에렌페스트가 그를 맞았고, 스핀에 대한 견해를 물었다. 보어는 자신이 무엇에 반대하는지를 그들에게 설명했다. 원자핵의 강력한 전기장 안에서 움직이는 전자 하나가, 이상 제이만 효과에서 나타나는 스펙트럼선의 미세한 틈을 생성할 만큼 외부 자기장의 영향을 받는 일이 어떻게 가능할까? 그것이 어떻게 가능한지를 아인슈타인이 설명했다. 그는 보어의 반박을 이미 알고 있었고, 이제 자신의 상대성이론으로 재반박했다. 보어는 아인슈타인의 재반박에 수긍했다. 그의 말처럼, "아인슈타인의 설명은 하나의 계시였다." 보어는 스핀 아이디어가 자신의 원자 모형을 구원할 것이라고 생각했다. 우주의 행성들도 태양 주변을 공전하면서 동시에 자신을 축으로 회전한다. 이것은 보어와 아인슈타인이 뜻을 같이한 마지막 순간이다. 이 둘은 양자역학에 대한 의견은 반대이지만, 회전하는 전자에 대해서는 의견이 일치했다.

코펜하겐으로 돌아오는 길에 보어의 기차가 괴팅겐에 정차했다. 승강장에서는 하이젠베르크와 요르단이 기다리고 있었다. 보어는 그들에게 전자스핀은 큰 진보라고 선언했다. 그들은 보어를 믿었다.

보어는 양자 25주년 기념일에 독일 물리학 학회를 위해 베를린으로 갔다. 파울리도 함부르크에서 왔다. 그는 보어에게 다시 스핀에 대해 물었고, 보어가 변심하여 스핀의 선지자가 된 것에 그다지 놀라지 않았다. 파울리는 그저 고개를 저었다. 파울리는 전자스핀이라는 "새로운 복음"을 "이단 교리"로 여겼고, 그것을 계속 퍼뜨리지 말라고 보어에게 경고했다. "맘에 들지 않아요!" 파울리가 말했다. 그러나 보어는 전자스핀이 마음에 들었다. 그는 전자스핀의 선지자이고, 그것에 반대하는 사람을 이단자로 보았다.

1925년 아로자

늦바람

1925년 12월. 빈 출신 물리학자 에르빈 슈뢰딩거Erwin Schrödinger는 크리스마스 방학을 맞아 취리히를 떠나 그라우뷘덴의 아로자 산 중턱 경사면에 우뚝 선 헤르빅 빌라로 간다. 이곳은 폐병 환자들을 위한 요양소다. 해발 1,850미터의 산 공기가 폐결핵의 고통을 완화시켜주리라. 그는 작년과 재작년 크리스마스도 이곳에서 보냈는데, 그때는 아내와 함께 왔었다. 이번에는 아내가 아닌 다른 여자와 함께 왔다. 빈에서 온 예전 여자 친구와 함께. 슈뢰딩거의 아내는 이런 일에 개의치 않았다. 그녀 역시 내연남이 여럿이고 그중 한 명은 수학자 헤르만 바일인데, 바일의 아내는 파울리의 친구인 물리학자 폴 셰러Paul Scherrer의 내연녀였다.

슈뢰딩거는 젊은 모험가 하이젠베르크와 파울리, 특히 괴팅겐과 코펜하겐에서 존재감을 드러내는 '청년 물리학자들'보다 열다섯 살이 많다. 그는 1887년 빈에서 영국과 오스트리아 혈통의 부유하지만 보수적이지 않은 가정에서 외동으로 태어나, 오스트리아-헝가리제국 말기에 빈 한복판에 자리한 화려한 저택에서 인자하고 다정한 어머니와 두 이모, 사촌들과 수많은 하녀들 등 많은 여자들의 보살핌을 받으며 자랐다. 이 시기에 슈뢰딩거의 여성관이 뼈에 새겨졌다. 슈뢰딩거에게 여자란 그의 욕구를 채워주는 존재이고, 여자들의 욕구는 그에게 중요하지 않았다.

슈뢰딩거 부부는 음악에는 크게 관심이 없었다. 그러나 19세기 말 빈에서 유행한 격정적 에로틱 연극의 광팬이었다. 슈뢰딩거는 고등학교 때부터 이미 자신감, 멋진 외모와 매력, 여유로운 태도, 그리고 비범한 재능으로 유명했다. 그는 여성스러웠고, 얼굴은 갸름하고 아름다웠다. 다만 심한 근시가 옥의 티였는데, 두껍고 동그란 안경 때문에 그의 눈은 마치 돌출되어 둥둥 떠다니는 것처럼 보였다.

1906년 가을, 루트비히 볼츠만이 자살하고 몇 주 후, 슈뢰딩거는 빈대학교에 입학했고, 1910년에 '습한 공기에서 절연체 표면의 전기 전도'에 대해 박사학위 논문을 썼다. 박사학위증에는 그의 이름이 에르빈Erwin이 아니라 라틴어 이름인 "에르비노Ervino"라고 적혀 있다. 그의 첫 직업은 실험물리학자 프란츠 엑스너Franz Exner의 조교였다. 아인슈타인이 1913년에 빈에서 '중력문제의 현재 상태'에 대해 강연했을 때, 슈뢰딩거의 마음에는 깊고 근본적인 물리학 질문, 중력 수수께끼, 우주의 특성과 물질의 본질에 대한 관심이 싹텄다.

그 직후, 전쟁이 일어났다. 슈뢰딩거 인생의 가장 중요한 스승이자 오스트리아 이론물리학의 희망인 프리츠 하젠외를Fritz Hasenöhrl이 수류탄 파편을 맞아 머리에 치명상을 입었다. 슈뢰딩거 역시 전쟁에 나갔고, 처음에는 요새포병 장교로, 그다음에는 기상학자로 복무했다. 그는 전장에서 총소리를 들었고 총격을 보았고, 이후 가슴에 훈장을 달았다. 그는 1916년 자신의 일기장에 이렇게 적었다. "그냥 비틀대며 계속 가고 있을 뿐, 아무것도 할 수 없을 것 같다. 끔찍하다. 이상하게도 나는 전쟁이 언제 끝날지를 묻지 않고, 전쟁이 끝나기는 할까를 묻는다. 유치하다. 아닌가? 부디 아니기를. 14개월이 그렇게 끔찍하게 긴 시간이란 말인가? 결국 좌절하고 말 만큼."

전쟁이 끝나고 슈뢰딩거는 남들의 선망을 받는, 그러나 비범하지 않은 경력을 이어갔다. 막스 빈Max Wien의 조교로 예나로 갔다가, 부교수로 슈투트가르트와 브레슬라우로 갔다. 그리고 1921년, 마침내 약혼자 안네마리에 베르텔Annemarie Bertel과 결혼하기에 충분한 급여를 주는 자리를 얻었다. 취리히대학교 이론물리학 정교수 자리였다. 그는 아내로부터 존경과 보살핌을 받았지만, 끊임없이 계속 바람을 피웠다. 결혼식 직후, 이미 신혼여행 중에 친구들의 아내들과 관계를 즐겼다. 몇 년 뒤에는 세 여자로부터 세 아이를 얻었지만, 정작 아내와의 사이에서는 아이가 없었다.

그러나 그는 아내를 부양했고, 아내가 늙어서도 재정적으로 풍족하게 사는 것이 그의 가장 중요한 목표였다. 취리히대학교에 정교수로 임용될 때도 그는 자기가 죽은 뒤 아내에게 상속될 퇴직연금을 중요하게 챙겼다.

중립국 스위스에서의 생활은 전쟁 후 빈에서의 삶보다 더 안락했다. 슈뢰딩거는 물리학자 피터 디바이Pieter Debye와 수학자 헤르만 바일과 토론하고, 알베르트 아인슈타인, 아르놀트 조머펠트, 빌헬름 빈과 서신을 교환하고, 고체의 열역학에 대해, 통계물리학에 대해, 일반상대성이론과 원자 및 스펙트럼에 대해, 색상의 측정 및 인식에 대해 연구했다. 그가 발표한 연구논문들은 내용면에서 탄탄했으나 화제성은 없었다.

슈뢰딩거는 당대에 가장 많이 토론되는 최신 물리학 질문들을 연구했지만, 여전히 전통적 사고에 붙잡혀 있었다. 그는 원자 내부의 전자들이 즉흥적으로 한 궤도에서 다른 궤도로 도약한다는 보어와 조머펠트의 생각을 받아들일 수가 없었다. 과도기 없는 그런 도약은 물리학의 영역에 속하지 않는다고 생각했다. 예측이 불가능하기 때문이다. 또한 뚜렷한 이유 없이 일어나는 일이기 때문이다. 아인슈타인이 보어에게 지적했던 내용도 바로 이것이었다.

루이 드브로이 왕자가 전자의 궤도를 정지 상태의 파동(정상파)으로 해석했다는 첫 소문이 돌았을 때, 그것이 슈뢰딩거에게는 어쩐지 익숙했다. 그가 1년 전에 발표했던 이론에도 이런 내용이 담겨 있었기 때문이다. 다만, 자기 자신도 인식하지 못했을 만큼

꼭꼭 숨겨져 있었다.

드브로이는 천재적인 아이디어를 가졌지만, 이론에는 젬병이었다. 반면, 슈뢰딩거는 수학의 대가였다. 그는 드브로이의 아이디어를 이론으로 발전시켰다.

1925년, 하이젠베르크가 헬골란트에서 자신의 낯선 공식과 씨름하고 있을 때, 슈뢰딩거는 자신이 드브로이의 전자 파동을 더 확장했다는 보고서를 작성하고, 입자는 원래 입자가 아니라 "세계의 토대인 빛 파도 위의 물보라 거품"일 것이라는 추측을 대수롭지 않게 덧붙였다. 그는 시적 감각으로 물리적 세계를 설계했다.

슈뢰딩거는 취리히의 한 동료 앞에서 입자파동에 열광했다. 그의 모습을 본 동료가 물었다. 만약 전자가 파동이라면, 전자의 파동 방정식은 무엇인가? 이 파동을 일으키는 물질은 무엇인가? 그것은 어떤 모습인가? 슈뢰딩거는 이 모든 질문에 대답할 수 없었다. 드브로이는 파장을 계산했을 뿐, 그 이상은 없었다. 그의 파동은 물리적 현실에 뿌리를 두지 않은 추상적 아이디어에 불과했다. 슈뢰딩거는 그것을 공식으로 정리하기로 결심했다. 보어의 양자 도약과 하이젠베르크의 거대한 행렬을 영원히 이길 공식. 그는 파동 방정식 하나를 종이에 적는다. 아름답지만 틀린 방정식이다. 그 방정식이 적힌 종이는 이내 쓰레기통에 버려진다.

1925년 크리스마스 방학에 아로자로 갈 때, 그는 올바른 방정식을 찾지 못하면 돌아오지 않으리라고 마음먹었다. 어쩌면 신선한 산 공기가 사고력을 북돋울 것이고, 어쩌면 동행하는 이 베일에 싸인 여자가 도움이 될지도 모른다. 수학은 늘 어렵다. 그리고 한심하게도 그는 아로자로 오면서 미분 방정식에 관한 책을 챙기지 않았다. "수학을 더 잘할 수 있다면 얼마나 좋을까!" 그는 안타까워했다. 슈뢰딩거는 새로운 접근 방식으로, 상대성이론 같은 복잡한 문제를 일단 관심 밖에 두고 마침내 찾고자 했던 것을 찾아냈다. 드브로이의 아이디어를 공식으로 정리하는 파동 방정식! 그는 이 방정식을 거의 혼자 힘으로 만들었다. 다만 몇 가지 수학적 세부 내용은 그가 취리히로 돌아간 뒤에 헤르만 바일이 도와줘야 했다. 스키 휴가는 재밌었냐고, 그의 상관이 물었다. "몇몇 계산"에 그만 정신이 팔려 스키를 타지 못했다고, 슈뢰딩거가 대답했다.

슈뢰딩거의 방정식은 우아했다. 그것은 일종의 에너지 함수에 의해 조절되는 장을 설명하고, 수학 연산자로 표현된다. 이 방정식을 원자에 적용하면, 장의 모든 정적 패턴, 즉 원자의 에너지 상태를 설명하는 해답을 얻을 수 있다. 슈뢰딩거는 능숙한 수학으로, 보어가 아주 서툴게 설정한 양자 규칙에 마법을 부렸다. 그의 방정식을 적용하면, 원자의 에너지 상태는 더는 신비하지 않다. 차라리 바이올린 현이 내는 음이 더 신비한 것 같다.

슈뢰딩거는 일부 물리학자들이 아주 끔찍해하는, 갑작스럽고 변화무쌍한 상태 변화, 즉 양자 도약을 머물러 있는 한 파동 패턴에서 다른 패턴으로 바뀌는 유동적 과도기로 변신시켰다. 그의 손에서 원자물리학은 더 이상 대충 짜 맞춘 졸작이 아니다. 그것은 걸작이다. 슈뢰딩거는 자신의 방정식을 단순한 추론으로 도출하지 않았다. 그는 그것을 작곡했다.

그는 1월에 곧바로 자신의 방정식에 관한 첫 번째 논문을 작성하여《물리학 연보》에 제출했다. 비범한 창조의 시간이 시작되었고, 그는 6월까지 논문 네 편을 더 썼다. 거의 한 달에 한 편 꼴로 그는 자신의 파동역학을 작업했다.

논문을 심사한 조머펠트는 감탄하며, "이 논문이 벼락처럼 강타했다"고 보고했다. 얼마 후 아인슈타인이 슈뢰딩거에게 서신을 썼다. "논문에 담긴 아이디어는 놀라운 천재성의 증거입니다! 선생은 양자를 기반으로 하는 공식으로 진정한 진보를 이루어냈습니다. 나는 하이젠베르크-보어의 길이 틀렸다고 확신합니다." 괴팅겐에서 보른에게 양자물리학을 배우고 있던 미국 천재 물리학자 로버트 오펜하이머Robert Oppenheimer도 열광했다. "이것은 대단히 아름다운 이론이다. 아마도 인류가 개발한 공식 가운데 가장 완벽하고 가장 정확하고 가장 아름다울 것이다."

보어와 하이젠베르크 주변의 양자역학자들도 깜짝 놀라며 우려했다. 함부르크에서 파울리가 괴팅겐에 있는 요르단에게 편지를 썼다. "이것은 최근 발표된 논문들 가운데 가장 의미 있는 작업으로 인정받을 것 같습니다. 신중하고 꼼꼼하게 읽어보세요."

고전 질서가 재건되는 것처럼 보였다. '슈뢰딩거 방정식'이 새로운 양자물리학의 핵심이 되었다. 이 방정식에 이름을 준 슈뢰딩거는 이제 거의 마흔 살에 가까워졌는데, 슈뢰딩거 아내의 내연남이자 그의 좋은 친구이기도 한 수학자 헤르만 바일은 이런 그의 성취를 두고 "인생 황혼기의 늦바람 시기에 위대한 작품을 만들어냈다"고 평했다. 이 시기의 슈뢰딩거에게 불어닥친 늦바람은 슈뢰딩거 생애에 있었던 수많은 외도 중 하나였으며, 또한 마지막 외도가 아니었다. 그러나 그것은 그로 하여금 가장 중요한 발견으로 안내한 결정적 외도였다. 슈뢰딩거와 함께 아로자로 갔던 베일에 싸인 여자에 대해, 슈뢰딩거 부부는 신중하게 서로 침묵했다. 슈뢰딩거는 물리학에서 전통주의자였으나 삶에서는 그렇지 않았다.

1926년에 슈뢰딩거는 이타 융어Itha Junger와 로즈비타 융어Roswitha Junger 자매에게 수학을 가르쳤다. 그는 두 어린 소녀들을 '이티'와 '비티'라고 불렀다. 이들은 아내의 지인의 딸로 열네 살의 이란성 쌍둥이다. 그들은 수녀원학교에서 유급 위기에 처했다. 나중에 이타가 설명했듯이, 슈뢰딩거는 그들을 유급에서 구했고, 그들에게 자신의 연구를 설명했으며, 그들과 종교에 대해 얘기했고, 그들에게 형편없는 시를 보냈고, "수많은 쓰다듬과 토닥임"이 있었다. 두 소녀는 그가 건네는 애정에 행복했다. 슈뢰딩거는 두 쌍둥이 중 이타를 사랑했다. 그는 이타가 열여섯 살이 될 때까지 기다렸다. 그다음, 스키 여행을 하던 한밤중에 그는 이타의 방으로 가서 그녀에게 사랑을 고백했다. 이타의 열일곱 번째 생일 직후에 그들은 연애를 시작했다.

1926년 코펜하겐
파동과 입자

1926년 코펜하겐. 하이젠베르크는 보어 연구소의 작고 안락한 다락방으로 거처를 옮겼다. 비스듬한 벽에 난 창문으로 팰레드 공원이 내다보인다. 보어는 연구소 옆 대저택에서 가족과 함께 산다. 하이젠베르크는 보어의 대저택을 "거의 내 집처럼 편안하게" 느낄 만큼 자주 방문했다.

보어는 지쳤다. 연구소를 보수하고 확장하느라 에너지를 너무 많이 썼기 때문이다. 그는 심한 독감에 걸렸고, 다시 회복되기까지 두 달이 걸렸다. 하이젠베르크는 보어가 없는 이 휴식 시간에 헬륨의 스펙트럼을 자신의 이론으로 작업했다. 자신의 이론을 테스트하는 중요한 작업이었다. 이론과 이론의 창시자는 당당히 테스트를 통과했다.

보어가 회복되자마자, 오랜 게임이 처음부터 다시 시작되었다.

"저녁 8시나 9시 이후에 보어 교수님이 내 방으로 와서 묻는다. '하이젠베르크, 이 문제에 대해 어떻게 생각하나?' 그러면 우리는 얘기하고 또 얘기한다. 종종 12시를 넘겨 1시까지 계속 얘기한다." 때때로 보어는 하이젠베르크를 집으로 초대해 열띤 대화를 나눴고, 둘의 대화는 포도주 여러 잔과 함께 밤늦게까지 이어졌다.

그것과 별개로 하이젠베르크는 자신의 강의 의무를 채워야 했다. 그는 일주일에 두 번씩 대학에서 덴마크어로 이론물리학을 강의해야 한다. 그는 스물네 살로 자신이 가르치는 학생들보다 나이가 별로 많지 않다. 첫 강의 후에 한 학생은 하이젠베르크에 대한 첫인상을 이렇게 적었다. "그는 그다지 똑똑해 보이진 않는다. 그저 명민한 목수 견습생처럼 생겼다." 하이젠베르크는 아주 빠르게 연구소의 일과에 적응했고, 동료들과 친해져 주말에는 그들과 요트, 승마, 트레킹을 즐겼다. 그러나 1926년 10월 슈뢰딩거의 방문이 있은 후부터, 그에게 가장 중요했던 이런 여가 활동 시간이 점점 줄어들었다. 보어가 그를 내버려두질 않았다. 보어는 대화가 필요했다.

그러나 보어와 하이젠베르크는 양자역학을 어떻게 해석할지를 두고 합의에 이르지 못했다. 보어는 철저하게 근본을 파헤치고자 한다. 그는 명확함을 추구한다. 양자 세계로 가는 길에서 명료성은 어디에서 끝나는가? 명료성이 왜 끝나는가? 보어는 파동과 입자라는 두 얼굴을 한 이론으로 합쳐서 새 시대에도 옛 물리학 개념이 건재하게 하고자 한다.

하이젠베르크는 보어의 근심을 이해하지 못했다. 뭐가 문제지? 우리는 이론을 가졌고, 이론으로 예언할 수 있고, 실험으로 이론을 테스트할 수 있는데! 위치와 속도가 무엇을 뜻하는지는 이론이 말해준다. 그것에 대해 어떤 생각을 하느냐는 부차적인 문제다.

파동-입자 이중성이 물리학자들에게 안겨준 고통은 거의 육체적 통증에 가까웠다. 아인슈타인은 1926년 8월에 에렌페스트에게 이런 편지를 썼다. "여기에 파동, 저기에 양자! 두 현실 모두 아주 견고하다네. 하지만 악마가 거기에서 (정말로 운율이 잘 맞는) 시 한 편을 지어냈지."

고전물리학에서 세계는 아직 질서 안에 있었다. 파동이 있었고 입자가 있었다. 둘이 동시에 있을 수는 없었다. 양자물리학에서는 입자가 때때로 파동처럼 행동한다. 또는 그 반대일까? 하이젠베르크는 자신의 양자역학에서 입자의 존재를 확신했다. 슈뢰딩거는 세계를 거대한 파동 뭉치wave packet로 생각했다. 그런데 두 접근 방식이 수학적으로 같음이 입증되었다. 이것이 어떻게 가능하단 말인가? 완전히 다르고 절대 합쳐질 수 없어 보이는 두 출발점에서 같은 결과가 나오다니! 행렬역학과 파동역학의 동일성은 파동-입자 이중성을 해결하는 데 도움이 되지 않았다.

이는 마치 전자들이 연구자를 일부러 놀리는 것처럼 보인다. 아무도 지켜보지 않으면, 전자는 파동이다. 누군가 지켜보면, 전자는 입자이다. 어떤 메커니즘이 이 뒤에 숨어 있을까? 무엇이 원인이고 무엇이 결과일까? 보어와 하이젠베르크는 깊이 생각할수록 점점 더 이해할 수 없었다. 그들은 역설의 핵심을 무시하기로 했다. 그러나 이때 그들은 둘 사이에 자라고 있는 갈등도 무시했다. 그들은 합의될 수 없는 접근 방식을 각각 가졌고, 누구도 자신의 접근 방식으로 진전을 보이지 못했다. 둘은 상대에 대한 인내심을 잃었고, 서로를 거의 미치게 만들었다.

하이젠베르크는 이론 자체, 즉 자신의 이론에 집중하고자 했다. 원자 현실의 본질에 대해 이론은 무엇을 말하는가? 이론이 양자 도약과 불연속성을 말하면, 그런 것이다. 끝! 그는 파동-입자 이중성에서 입자가 더 우세하다고 확신한다. 슈뢰딩거의 파동을 연상시키는 어떤 여지도 허락하지 않는다. 보어는 하이젠베르크보다 더 개방적이다. 그는 하이젠베르크와 행렬역학에 붙잡혀 있지 않다. 그는 두 가지 현상, 입자와 파동 모두를 다루고자 한다. 수학 공식은 보어를 매료시키지 못한다. 하이젠베르크는 항상 수학에 대해 깊이 생각한다. 보어는 수학 너머에서 물리학을 숙고하고자 한다. 그는 파동-입자 이중성의 물리학적 의미를 찾고자 한다. 하이젠베르크는 수학적 설명을 찾고자 한다.

말하자면 보어는 원자 과정을 설명할 때, 파동과 입자를 동시에 수용할 방법을 찾는다. 서로 모순되는 두 현상을 화해시키고자 한다. 보어는 양자역학 해석의 열쇠가 거기에 있다고 믿는다.

1926년 베를린
물리학의 신들을 만나다

1926년 4월 베를린. 물리학의 올림포스에서 아인슈타인과 플랑크가 이 장면을 내려다보았다. 이제 아인슈타인은 50세를, 플랑크는 70세를 바라보는 나이다. 둘은 물리학 세계에서 거의 신적인 존재다. 그들은 관심 있는 일이 생기면, 물리학의 젊은 영웅들을 불러 그들의 모험에 대해 듣곤 한다. 이제 스물네 살인 하이젠베르크가 "물리학의 성전"(그는 베를린을 이렇게 불렀다)에서 자신의 최신 업적을 강연하는 영광을 얻었다. 하이젠베르크는 4년 전 보어와 함께 하인베르크 언덕을 오르고 부끄러움과 호기심 사이에서 갈팡질팡했던 그때처럼 여전히 앳되어 보인다. 그는 여전히 기이한 양자와 씨름한다. 그러나 이제는 갈팡질팡하지 않는다. 양자역학을 발견한 사람이 바로 그가 아니던가. 플랑크도 아니고, 아인슈타인도 아니다. 이 이론은 그의 창조물이다.

이제 아인슈타인은 숭배받는 거성이 되었다. 헝클어진 백발, 강렬한 눈빛, 언제나 살짝 짧아 보이는 바지 차림으로 인해 그는 어디에서나 쉽게 눈에 띈다. 그는 물리학의 신이 되었다. 그는 위상이 바뀌면서 생각하고 말하는 방식도 바뀌었다. 신은 진리를 선언할 뿐, 근거를 대지는 않는다. "양자역학은 주의가 필요합니다." 아인슈타인이 보른에게 편지를 썼다. "그러나 그것이 진짜 야곱일 리가 없다고, 내면의 목소리가 내게 말합니다. 이 이론은 많은 것을 제공하지만, 과거의 비밀로 우리를 데려가지는 못합니다. 아무튼 나는, 자비로우신 신이 주사위 놀이를 하지 않는다고 확신합니다."

1926년 4월 28일 베를린에서 칠판 앞 교탁에 강연 자료를 펼쳐놓을 때, 스물네 살의 젊은 하이젠베르크는 당연히 몹시 긴장했다. 그는 이제 베를린의 경이로운 물리학 거성 앞에서 자신의 행렬역학을 설명해야 한다. 뮌헨과 괴팅겐에서의 강연은 연습에 불과했고, 이 베를린 강연이 진짜 데뷔 무대다. 하이젠베르크가 청중들을 둘러본다. 첫 줄에 막스 폰 라우에Max von Laue, 발터 네른스트, 막스 플랑크, 알베르트 아인슈타인이 앉아 있다. 나란히 앉은 이들은 모두 노벨상 수상자이다.

하이젠베르크는 이들의 이름을 자주 들었고, 또한 자신의 논문에서 종종 인용했었다. 그는 오늘 그 이름의 주인공들을 처음으로 대면했다. 그들은 이제 더 이상 젊지 않다. 그들의 위대한 업적은 이미 오래전 일이다. 그가 나중에 적었듯이, 그는 "당시의 물리학에서는 아주 낯선 개념과 새 이론의 수학적 기초를 가능한 한 명료하게 설명하기 위해 애썼다."

아인슈타인은 하이젠베르크와 깊은 대화를 나눠보고 싶을 정도로 그에게 큰 관심이 생겼다. 강연이 끝나고 청중들이 흩어졌을 때, 그는 하이젠베르크를 자신의 집으로 초대했다. 그들은 함께 베를린 거리를 걸으며 아인슈타인의 집으로 향했다. 하이젠베르크는 나중에 이날의 강연이 아니라 신적인 존재와의 이 산책을 베를린 여행의 하이라이트로 기억하게 될 것이다. 그는 마침내 아인슈타인을 직접 만났다! 4년 전에 라이프치히 물리학 학회에서 아인슈타인을 만나기를 희망했지만, 당시 아인슈타인은 외무장관 발터 라테나우가 암살당한 사건 때문에 집에 머무르는 것이 더 낫겠다고 판단했었다. 또한 그때 하이젠베르크는 학회 참석 직전에 조머펠트에 이끌려 코펜하겐에서 열렸던 '보어 축제'에 가야만 했다.

그렇게 엇갈렸던 두 사람이 1926년 봄날 마침내 만나 베를린 거리를 함께 산책한다. 아인슈타인이 대화를 주도했다. 그는 하이젠베르크의 가족, 공부해온 과정, 그리고 지금까지의 연구에 대해 물었다. 그러나 하이젠베르크의 새로운 이론에 대해서는 한마디도 언급하지 않았다.

하버란트슈트라세 5번지 5층, 아인슈타인의 집에 도착했을 때, 이들의 대화는 진지한 주제로 바뀌었다. 하이젠베르크가 행렬역학으로 물리학의 중심에서 위치와 속도를 밀어내고 그 자리를 난해한 수학으로 대체한 것이, 아인슈타인은 영 마음에 들지 않았다. "강연에서 설명한 내용은 사실 제게는 아주 이상하게 들립니다. 선생은 원자 안에 전자가 있다고 가정합니다. 그것은 옳습니다. 그런데, 안개상자에서 전자의 궤도를 직접 볼 수 있음에도 선생은 원자 안의 전자궤도를 완전히 없애려고 합니다. 이런 기이한 가정의 근거를 좀 더 자세하게 설명해주시겠습니까?"

드디어 하이젠베르크가 고대했던 기회가 왔다. 이제 오십을 바라보는 양자역학의 거성을 자기편으로 끌어당길 수 있는 기회 말이다. 그는 현실에 충실했다. 그는 잘 알려지지 않았고, 어쩌면 알아낼 수 없는 수치 위에 자신의 이론을 세우기보다, 물리학자가 실제로 원자에서 관찰할 수 있는 것을 토대로 하고자 했다. "원자 내부의 전자궤도들은 관찰할 수 없습니다. 그러나 방전 과정에서 원자가 방출하는 방사선에서 진동 주파수와 원자 내 전자의 진폭을 직접 알아낼 수 있습니다. 진동 주파수와 진폭에 대한 전체 지식은 기존 물리학에서도 전자궤도에 대한 지식을 대체합니다. 관찰이 가능한 수치만을 이론에 포함하는 것이 합리적이므로, 이 지식만을 전자궤도에 대한 대표 지식으로 받아들이는 것이 자연스럽다고 생각합니다."

아니다. 아인슈타인은 하이젠베르크의 생각을 합리적이라고 여기지 않는다. 그가 반문한다. "물리학 이론에서 오직 관찰이 가능한 수치만을 받아들일 수 있다고, 정말 진지하게 믿는 건 아니죠?"

그렇다. 하이젠베르크는 바로 그렇게 믿는다. 그는 자신에게 맞서는 아인슈타인을 흉내 내려 애쓰며 똑같이 반문한다. "교수님이야말로 상대성이론의 기초를 위해 바로 이런 생각을 했던 게 아닌가요? 절대시간은 관찰할 수 없으므로 절대시간에 대해 말해선 안 된다고 교수님은 강조하셨습니다. 기준 시스템이 움직이고 있든 고정되어 있든, 시계가 알려주는 것만이 시간을 특정하는 데 결정적이라고 하셨습니다."

맞는 말이다! "그런 종류의 철학을 사용한 것 같긴 하네요." 아인슈타인이 얼버무린다. "하지만 그럼에도 선생의 이론은 난센스입니다. 조금 더 신중하게 말하자면, 실제로 관찰한 것을 상기하는 것은 어쩌면 이해를 돕는 데 가치가 있을 것 같군요. 하지만 원리 측면에서 보면, 오직 관찰이 가능한 수치로만 이론을 입증하고자 하는 것은 완전히 틀렸어요. 현실은 정확히 그 반대이기 때문입니다. 무엇을 관찰할 수 있는지, 이론이 먼저 결정합니다. 보십시오. 관찰 절차는 일반적으로 매우 복잡합니다. 관찰되어야 할 과정은 우리의 측정 장치에 어떤 사건을 발생시킵니다. 그러면 그것의 결과로 우리의 측정 장치에서 새로운 과정들이 진행되고, 그 과정들은 우회적으로 우리의 의식 속에 감각적 인상과 결과로 고정됩니다. 뭔가를 관찰했다고 주장하려면, 의식에 고정되기까지의 이 길고 긴 길에서 자연이 어떻게 작동하는지 알아야 하고, 적어도 실용적 차원에서라도 자연법칙을 알아야 합니다. 단지 이론, 즉 자연법칙만 알아서는 근본적 과정을 감각적 인상에서 추론할 수 없습니다. 뭔가를 관찰할 수 있다고 주장하려면, 더 정확히 이렇게 말해야 할 것입니다. '지금까지 합의되지 않은 새로운 자연법칙을 공식화하기 전이라도, 지금까지의 자연법칙이 관찰 과정부터 우리의 의식에 고정되기까지 정확히 작동하고, 우리가 그것에 의존하기 때문에 관찰에 관해 얘기해도 된다고 추측한다.' 예를 들어, 상대성이론에서는 움직이는 기준 시스템이 움직이더라도 시계에서 관찰자의 눈까지 가는 빛이 예전과 똑같은 방식으로 정확히 작동하는 것을 전제로 합니다. 그리고 분명 선생의 이론에서도, 진동하는 원자부터 스펙트럼 장치나 눈까지 가는 빛이 옛날부터 늘 전제되었던 방식, 즉 맥스웰의 법칙에 따라 작동한다고 가정합니다. 만약 그렇지 않다면, 선생이 관찰 가능하다고 했던 수치들을 더는 관찰할 수 없을 것입니다. 그러므로 관찰할 수 있는 수치만을 다룬다는 주장은 선생이 공식화하려 애쓰는 이론의 특징에 대한 추측에 불과합니다. 선생의 이론이 빛의 과정에 대한 지금까지의 설명을 훼손하지 않는다고, 선생은 추측합니다. 그것은 맞는 말일 수 있지만, 확실하진 않습니다."

이는 하이젠베르크가 미처 생각하지 못했던 주장이다. 그는 관찰 가능성에 관한 한 아인슈타인이 자신과 같은 편에 있다고 생각했었다. 하이젠베르크는 방금 아인슈타인의 주장에서 뭔가를 깨달았다. 그런데 이 주장 역시 아인슈타인 자신의 상대성이론에 반하지 않나? 자신의 걸작을 무너트릴 각오를 할 만큼 아인슈타인은 양자역학에 적대적이었나? 하이젠베르크는 지원사격을 위해 아인슈타인의 오랜 동맹인 철학자 에른스트 마흐를 끌어들인다. "이론이 사실은 '사고경제'의 원리에 따라 관찰 내용을 요약한 것에 불과하다는 견해는 물리학자이자 철학자인 마흐에게서 온 것입니다. 그리고 교수님이 상대성이론에서 바로 마흐의 이런 견해를 결정적으로 활용했을 거라는 주장들이 많습니다. 그러나 교수님이 지금 주장한 것은 정확히 그것과 반대인 것 같습니다. 이제 저는 무엇을 믿어야 할까요? 아니, 더 정확히 말해, 이 지점에서 교수님은 도대체 무엇을 믿으십니까?"

실제로 아인슈타인은 베른 특허청에서 일할 때 오스트리아 철학자 에른스트 마흐의 작품을 읽었었다. 마흐는 과학의 새로운 목표를 제시했는데, 과학의 목표는 자연의 본질을 해명하는 것이 아니라 팩트, 즉 실험으로 입증된 데이터를 가능한 한 간단하게 설명하는 것이라고 했었다. 모든 과학 개념은 측정 방식에 따라 정의된다는 것이다. 아인슈타인은 마흐의 철학을 토대로 절대시간과 절대공간이라는 옛날 개념들을 공격했었다. 그러나 지금 하이젠베르크가 모르는 것이 있다. 아인슈타인은 나중에 마흐의 철학을 버렸는데, 그 철학은 세계가 실제로 존재한다는 사실을 무시했기 때문이다. "그것은 아주 긴 이야기입니다만, 그것에 대해 상세히 얘기해볼 수 있겠군요. 마흐의 사고경제학이라는 개념은 분명 진리의 한 부분을 포함합니다만, 내가 보기에 그것은 너무 진부합니다. 우선 마흐에 동의하는 몇 가지 주장을 말해보겠습니다. 우리는 확실히 우리의 감각기관을 통해 세계와 관계를 맺습니다. 어린아이가 생각과 말을 배울 수 있는 것은, 아주 복잡하지만 어떻게든 서로 연관된 감각적 인상을 한 단어로, 이를테면 '공'이라는 단어로 표현할 수 있음을 인지함으로써 가능합니다. 아이는 그것을 어른으로부터 배우고 이때 자신을 표현할 수 있음에 만족감을 느낍니다. '공'이라는 단어와 개념의 형성은, 매우 복잡한 감각적 인상을 간단하게 요약해주는 사고경제적 행위라고 말할 수 있습니다. 이때 마흐는 이해의 과정이 시작되려면 (어린아이에게) 어떤 정신적·육체적 전제조건이 있어야 하는지에 대해서는 전혀 다루지 않았습니다. 잘 알려졌듯이, 동물의 이해 과정은 훨씬 더 형편없습니다. 그것에 대해서는 말할 필요도 없습니다. 마흐는 이어서 주장합니다. (아주 복잡한) 과학 이론의 형성 역시 근본적으로 이와 유사한 방식으로 진행된다고 말입니다. 우리는 현상들을 획일적으로 정리하여, 매우 다양하고 많은 현상들을 소수의 몇 가지 개념으로 이해할 수 있을 때까지 어떤 식으로든 간단하게 축소하려 애씁니다. 그리고 '이해하다'라는 단어의 의미는 분명 현상의 다양성을 이런 단순한 개념으로 파악할 수 있다는 뜻일 것입니다. 모두 매우 타당하게 들립니다만, 이런 사고경제적 원리가 여기서 어떤 의미인지를 물어야 합니다. 정신적 또는 논리적으로 경제적인 사고일까요? 아니면 현상의 주관적 또는 객관적 측면을 다루는 것일까요? 어린아이가 '공'이라는 개념을 형성한다면, 복잡한 감각적 인상을 이 개념으로 요약하여 단지 정신적으로만 단순화하는 것일까요? 아니면 그런 공이 실제로 존재할까요? 마흐는 분명히, '그런 공이 실제로 존재한다는 문장에는 간단하게 요약할 수 있는 감각적 인상의 주장만 들어 있을 뿐이다'라고 답할 겁니다. 그러나 여기서 마흐는 틀렸습니다. 첫째, '그런 공이 실제로 존재한다'라는 문장에는 미래에 등장할지 모르는, 잠재된 감각적 인상에 대한 수많은 발언도 포함되어 있을 것이기 때문입니다. 가능한 것, 기대되는 것은 팩트 옆에서 그냥 무시되면 안 되는, 우리 현실의 중요한 일부입니다. 그리고 둘째, 감각적 인상을 상상과 사물에 연결하는 것은 사고의 기본 조건이고, 감각적 인상에 관해서만 얘기하려면 언어와 사고를 없앨 수밖에 없음을 고려해야 합니다. 말하자면, 마흐는 세계가 실제로 존재하고 우리의 감각적 인상이 뭔가 객관적인 것을 토대로 한다는 사실을 간과했습니다. 순진한 현실주의를 말하려는 게 아닙니다. 네, 압니다. 우리는 지금 아주 어려운 문제를 다루고 있어요. 그러나 나는 관찰이라는 마흐의 개념도 다소 순진하다고 느낍니다. 마흐는 마치 사람들이 '관찰하다'라는 단어가 무슨 의미인지 이미 알고 있는 것처럼 행동합니다. 그리고 그가 이 지점에서 '객관적이든 주관적이든' 결정을 내릴 수 있다고 믿기 때문에, 그의 '단순함' 개념은 '사고경제'라는 미심쩍은 상업적 특성을 가집니다. 이 개념에는 주관적 윤색이 너무 많이 담겨 있습니다. 현실에서는 자연법칙의 단순함이 객관적 팩트이고, 그래서 올바른 개념 형성으로 단순함의 주관적 측면과 객관적 측면의 균형을 맞추는 것이 중요할 것입니다. 물론 그것은 매우 어렵습니다. 이제 선생의 강연 주제로 다시 돌아가는 게 좋겠습니다. 우리가 얘기했던 바로 그 지점에서 선생의 이론이 나중에 어려움을 겪지 않을까 우려됩니다. 그것을 더 자세히 설명할 테니 들어 보세요. 선생은 관찰 측면에서 마치 모든 것을 기존대로 그냥 둘 수 있을 것처럼, 다시 말해 물리학자가 관찰한 것을 기존의 언어로 말할 수 있을 것처럼 행동합니다. 그렇다면 선생은 또한 이렇게 말해야만 합니다. '우리는 안개상자에서 전자의 궤도를 관찰한다.' 그러나 선생의 관점에 따르면, 원자 내부에는 전자의 궤도가 존재하지 않아야 마땅합니다. 명확히 모순입니다. 전자가 움직이는 공간을 축소하는 것만으로는 궤도 개념을 무력화할 수 없습니다."

이제 하이젠베르크가 자신의 이론을 방어할 차례다. 그는 아인슈타인의 의견을 약간 수용하면서 방어를 시도한다. "원자에서 일어나는 일을 어떤 언어로 말할 수 있을지, 우리는 당분간 전혀 모릅니다. 우리는 수학적 언어, 즉 수학 도식을 가졌고 그것의 도움으로 원자의 정적인 상태 또는 한 상태에서 다른 상태로 바뀌는 확률을 계산할 수 있습니다. 그러나 이 언어가 일반언어와 어떤 관련이 있는지, 우리는 (적어도 보편적으로) 아직 모릅니다. 이론을 실험에 적용하려면 당연히 이런 관련성이 필요합니다. 우리는 언제나 일반언어로, 즉 지금까지의 고전물리학 언어로 실험에 대해 말하기 때문입니다. 그러므로 나는 우리가 양자역학을 이미 이해했다고 주장할 수 없습니다. 수학 도식에는 문제가 없으나 일반언어와의 관련성이 아직 생기지 않았다고, 나는 추측합니다. 그것이 생겨야 비로소 안개상자의 전자궤도에서도 자기모순이 없다고 말할 수 있을 것입니다. 교수님의 문제를 해소하기에는 그냥 아직 너무 이릅니다."

"좋아요, 그렇다고 칩시다." 아인슈타인이 화제를 돌린다. "몇 년 뒤에 다시 한번 그것에 대해 얘기를 나눠야겠군요. 하지만 선생의 강연과 관련하여 다른 질문이 하나 더 있습니다. 양자이론에는 전혀 다른 두 가지 측면이 있습니다. 특히 보어가 항상 강조했듯이, 한편으로 그것은 같은 형태가 계속 새롭게 생겨나는 원자의 연속성과 안정성을 보장합니다. 다른 한편으로, 양자이론은 예를 들어 어둠 속에서 방사성 물질이 방출하는 섬광을 형광판에서 관찰할 때 매우 명확히 드러나는 자연의 불연속성과 비항상성의 기이한 요소를 설명합니다. 이 두 측면은 당연히 연관성이 있습니다. 예를 들어 원자에 의한 빛의 방출에 대해 이야기하려면, 선생은 선생의 양자역학에서 이 두 측면에 대해 이야기해야만 할 것입니다. 선생은 정지된 상태의 분산된 에너지값을 계산할 수 있습니다. 그러니까 선생의 이론은, 계속해서 하나로 합쳐지지 않고 어느 수준까지 계속해서 분산되고 형성될 수 있는 특정 형태의 안정성을 설명할 수 있는 것 같습니다. 그러나 빛의 방출 때 무슨 일이 생길까요? 선생도 알고 있듯이 나는, 원자가 에너지 차이를 에너지 덩어리로, 이른바 광양자로 방출함으로써, 정적인 에너지값에서 다른 에너지값으로 다소 급작스럽게 이동한다고 상상하려고 애썼습니다. 그것은 비항상성에 대한, 특히 빈약한 예일 것입니다. 이런 상상이 옳다고 보십니까? 한 정적인 상태에서 다른 상태로 이동하는 것을 어떤 식으로든 자세히 설명해주실 수 있습니까?"

이제 하이젠베르크는 보어의 뒤에 숨을 수밖에 없다. "지금까지의 개념으로는 그런 이동에 대해 말할 수 없고, 시간과 공간의 한 과정으로 설명할 수 없다고, 보어 교수님께 배웠던 것 같습니다. 그래서 그것에 대해 들은 게 거의 없습니다. 사실, 알 수 없다는 말만 들었습니다. 광양자를 믿어야 할지 말지를 저는 결정할 수 없습니다. 빛에는 교수님이 광양자로 표현한 비항상성의 요소가 분명 있습니다. 그러나 다른 한편으로 항상성 요소 역시 명확히 있습니다. 그것은 간섭현상에서 드러나고, 빛의 파동이론으로 가장 쉽게 설명됩니다. 그러나 아직 제대로 이해하지 못한 새로운 양자역학에서, 이런 끔찍하게 어려운 질문에 대해 뭔가를 배울 수 있을지 묻는 것은 매우 당연합니다. 최소한 그것을 희망해야 한다고 생각합니다. 주변의 다른 원자들이나 복사장과 에너지를 교환하는 원자를 관찰하면, 흥미로운 정보를 얻을 수 있으리라 생각합니다. 그다음 원자의 에너지 변동에 대해 물을 수 있습니다. 교수님이 광양자 아이디어로 기대하는 것처럼 에너지가 불연속적으로 변한다면, 변동은, 수학적으로 더 정확히 표현해서, 평균 제곱 변동은 에너지가 연속적으로 변할 때보다 더 커집니다. 나는 양자역학에서 더 큰 수치가 나올 거라고, 그러니까 비항상성의 요소를 직접 볼 거라고 믿고 싶습니다. 그러나 다른 한편으로, 간섭 실험에서 드러나는 항상성의 요소도 알아차릴 수 있어야 합니다. 어쩌면 한 정적인 상태에서 다른 상태로 넘어가는 것을, 일부 영화에서 한 장면이 다음 장면으로 바뀌는 것과 비슷하게 상상해야 할 것입니다. 이런 장면 전환은 갑자기 일어나지 않고, 한 장면이 서서히 약해지고 다른 장면이 천천히 등장하여 점점 강해집니다. 그래서 한동안 두 장면이 섞이고, 원래 무슨 장면이었는지 알지 못합니다. 어쩌면 원자가 위에 있는지 아래에 있는지 알 수 없는 중간상태가 있을 것입니다."

"선생의 생각은 지금 아주 위험한 방향으로 가고 있습니다." 아인슈타인이 하이젠베르크에게 경고한다. "선생은 갑자기 자연에 대해 인간이 아는 것을 말하고, 자연이 실제로 무엇을 하는지에 대해서는 말하지 않습니다. 그러나 자연과학에서는 오로지 자연이 실제로 무엇을 하는지 알아내는 것이 중요합니다. 그러나 선생과 내가 자연에 대해 알고 있는 것이 서로 다를 수 있습니다. 그러나 그것에 누가 관심이나 있겠습니까? 선생과 나 이외에 다른 사람들은 아무 관심이 없을 것입니다. 그러므로 선생의 이론이 옳다면, 빛의 방출을 통해 정적인 상태에서 다른 상태로 넘어갈 때 원자가 무엇을 하는지, 선생은 내게 언젠가는 말해야 할 것입니다."

하이젠베르크는, 언젠가는 그것을 말할 수 있기를 희망하고, 아인슈타인이 지금은 그 정도에 만족하기를 바란다. "어쩌면요.

하지만 교수님은 언어를 다소 엄격하게 사용하신 것 같습니다. 고백하자면, 지금 내가 답할 수 있는 것은 게으른 핑계에 가까울 것입니다. 그러니 앞으로 원자 이론이 어떻게 발전할지 기다려봅시다."

그러나 아인슈타인은 만족하지 않고 계속 파헤친다. "중심 질문이 그렇게 많이 아직 해명되지 않았다면, 어째서 선생은 그토록 확고하게 선생의 이론을 믿습니까?"

하이젠베르크는 아인슈타인의 질문에 쉽게 답할 수 없다. 이유를 묻는 질문에 대답하는 것은 그의 강점이 아니다. 그는 주저하며 깊이 생각하고 신중히 답한다. "교수님과 마찬가지로 저는 자연법칙의 단순함에는 객관적 성질이 있고, 그것이 단지 사고경제에 불과하지 않다고 믿습니다. 자연이 위대한 단순성과 아름다움의 수학 공식으로 우리를 안내한다면, 여기서 공식이란 근본적 가정이나 공리 같은 폐쇄된 시스템을 말합니다. 지금까지 아무도 생각하지 않은 공식으로 우리를 안내한다면, 그것이 '진리'임을, 즉 그것이 자연의 진짜 모습을 표현함을 믿지 않을 수 없을 것입니다. 물론 이 공식도 우리와 자연의 관계를 다루고, 공식 안에는 사고경제적 요소도 있을 것입니다. 하지만 이 공식에 저절로 도달한 것이 아니라, 자연을 통해 비로소 우리 앞에 안내된 것이므로, 그것은 현실에 관한 우리의 사고에만 속하지 않고 현실 자체에도 속합니다. 교수님은 내가 지금 단순성과 아름다움에 대해 얘기함으로써 진리의 미학적 기준을 사용한다고 비난할 수 있습니다. 하지만 자연이 지금 여기 우리에게 제시한 수학 도식의 단순성과 아름다움이 내 확신의 이유임을 인정할 수밖에 없군요. 자연이 갑자기 우리 앞에 펼쳐놓은 예기치 못한 단순성과 단일성에 깜짝 놀라는 일을 교수님도 경험했을 것입니다. 물론 그런 경험의 순간에 덮치는 기분은, 물리적이든 물리적이지 않든 작품 하나를 특히 잘 완성했을 때 느끼는 기쁨과는 전혀 다릅니다. 그러므로 나는 당연히 방금 전에 얘기된 어려움이 어떤 식으로든 해결되기를 희망합니다. 여기서 수학 도식의 단순성은, 이론에 따라 결과를 정확히 예측할 수 있는 여러 실험을 고안할 수 있어야 함을 의미합니다. 이 실험들이 이행되고 예측된 결과를 보여준다면, 이 이론이 이 영역에서 자연을 바르게 보여준다는 것을 더는 의심할 수 없습니다."

하이젠베르크의 말은 주장이라기보다는 오히려 간청처럼 들린다. 아인슈타인이 조금 더 관대하게 대답한다. "실험을 통한 점검은 당연히 이론의 정확성을 입증하는 일반적인 전제조건입니다. 그러나 모든 것을 점검할 수는 없는 일입니다. 그래서 나는 선생이 단순성에 대해 했던 말에 더욱 관심이 있습니다. 그러나 자연법칙의 단순성을 내가 정말로 이해했다고 주장하지는 못할 것 같습니다."

아인슈타인은 세계가 저기 밖에 정말로 존재하고, 인간의 상상력이 그 세계를 철저히 파헤칠 수 있다고 확신한다. 하이젠베르크는 일상 세계를 넘어서는 상상을 신뢰하지 않는다. 수가 맞아야 하고 공식이 맞아야 한다. 그래야 우리는 상상에 대해 말할 수 있다.

이제 두 사람은 깊은 철학적 질문에 도달한다. 과연 과학적 진리란 무엇인가? 아름다움이 그것의 기준일까? 둘은 한참을 더 토론을 이어갔다. 이후 하이젠베르크가 주제를 바꾼다. 그는 지금 중요한 갈림길에 서 있다. 사흘 뒤에 다시 코펜하겐에서 업무를 시작해야 한다. 보어를 보조하면서 동시에 강의도 해야 한다. 보어는 그를 기꺼이 코펜하겐에 두고자 한다. 그러나 라이프치히대학교가 그에게 교수직을 제안했다. 안정적이고 장기적으로 특권을 누릴 수 있는 자리였다. 그것은 젊은 과학자에게 아주 특별한 영광이었다. 이제 그는 어디로 가야 할까? 코펜하겐 아니면 라이프치히? 하이젠베르크가 이 문제에 대해 아인슈타인에게 조언을 구했다. 아인슈타인은 하이젠베르크에게 다시 보어에게로 가라고 대답한다.

대답을 들은 하이젠베르크는 이제 아인슈타인과 헤어졌다. 그는 아인슈타인을 끝내 설득하지 못해 아쉬웠다. 두 사람은 지금으로부터 1년 반 뒤에 다시 만날 것이고, 양자역학과 현실에 대해 다시 다투게 될 것이다. 지금보다 더 격렬하게.

다음 날 하이젠베르크는 라이프치히대학교에서 온 제안을 거절하겠다고, 뮌헨의 부모님께 알렸다. 앞으로 더 많은 제안이 올 것이라고, 만일 그렇지 않다면 자신에게 그런 자리에 갈 자격이 없는 것이라고, 그는 스스로에게 말했다.

아인슈타인은 하이젠베르크가 떠난 직후에 조머펠트에게 이렇게 편지를 썼다. "양자 법칙을 더 깊이 설명하려는 최근 시도 중에서 나는 슈뢰딩거의 설명이 제일 마음에 듭니다. 하이젠베르크-디랙 이론에 감탄한 것은 맞지만, 내가 보기에 그들의 이론에는 현실이 빠져 있어요."

1926년 베를린
플랑크의 파티

1926년 여름 베를린. 하이젠베르크가 물리학의 두 거성 아인슈타인과 플랑크를 만난 일은 양쪽 모두에게 실망으로 끝났다. 두 거성의 호의는 다른 영웅에게 향했다. 공장 컨베이어벨트처럼 계속해서 논문을 발표하고 있는 에르빈 슈뢰딩거였다. 아인슈타인은 "감탄함이 마땅한" 슈뢰딩거의 논문에 대해 언급했다. 아인슈타인은 하이젠베르크의 행렬대수학을 "끔찍한 고문기계"라고 슬쩍 암시하고, 슈뢰딩거의 논문을 "명료한 사고"라고 평하며 "반드시 응용해보겠다"고 말했다.

원자 내의 전자를 정지한 상태의 파동, 즉 정상파로 상상하는 것에는 하이젠베르크의 행렬에는 없는 손에 잡히는 뭔가가 있었다. 전혀 다른 두 이론이 어떻게 같은 현상을 해명할 수 있단 말인가? 이 혼란은 놀랍도록 빠르게 해결되었다. 슈뢰딩거가 직접 해결했다. 1926년 봄에 그는 파동역학과 행렬역학이 전혀 다르지 않음을 알아냈다. 대립하는 것처럼 보이는 겉모습 뒤에 같은 이론이 들어 있다. 같은 이론이 각각 다른 수학의 옷을 입었을 뿐이다. 이제 슈뢰딩거의 파동으로 행렬대수학에 순응하는 수를 계산할 수 있다. 행렬대수학을 약간 조정하면 슈뢰딩거 방정식이 나온다. 두 이론이 놀랍도록 동일하다는 것을 슈뢰딩거만 알아낸 것은 아니다. 볼프강 파울리도 그 사실을 발견했지만 논문으로 출판하지 않고 그저 파스쿠알 요르단에게 보내는 편지에서 잠깐 언급하고 끝냈다.

이제 양자물리학자들은 슈뢰딩거의 파동 아니면 하이젠베르크의 행렬 둘 중에 하나를 선택할 수 있다. 대다수 물리학자는 예전부터 알았던 파동을 선호했다. 그들에게 행렬은 여전히 낯설고 복잡했다. 세계를 구성하는 최소 단위를 설명하는 '옳은' 방식은 오직 단 하나일까? 아니면 그저 취향과 편리함에 따라 선택할 수 있을까?

이제 슈뢰딩거를 베를린으로 불러야 할 시간이다. 때마침 그는 자신의 방정식을 널리 알리기 위해 독일 곳곳을 순회 중이다. 슈뢰딩거는 플랑크의 초대를 받아 7월에 베를린에 왔다. 그전에는 슈투트가르트에서 며칠을 보냈고, 베를린 다음에는 5년 전 조교로 일했던 예나로 가야 한다.

플랑크가 베를린 기차역에 직접 마중을 나가, 슈뢰딩거를 엄격하고 말끔하게 정돈된 그루네발트 방겐하임슈트라세 21번지 자기 집으로 안내했다. 베를린에서의 빡빡한 일정이 슈뢰딩거를 기다리고 있었다. 그는 7월 16일에 독일 물리학협회에서 '파동이론에 기반한 원자론의 기초'에 대해 강연했다. 그다음 베를린 물리학협회의 더 작은 모임에 나가 특별 강연을 했다. 이 강연에는 아인슈타인, 플랑크, 폰 라우에, 네른스트 등 베를린 물리학의 모든 원로들이 참석했다. 그들은 호의를 갖고 슈뢰딩거의 강연을 경청했다. 마침내 고전 개념과 입증된 수학으로, 좋은 옛날 방식으로 양자물리학을 발전시킨 영웅이 나타났다! 강연이 끝나고 플랑크가 슈뢰딩거를 위해 파티를 열었다. 강연에 감탄한 플랑크는 술기운에 과감해져서, 이듬해 자신의 정년퇴임 후 후임자로 슈뢰딩거를 지목했다.

이날 아인슈타인과 슈뢰딩거는 마침내 처음으로 깊은 대화를 나누었다. 1913년 빈에서 아인슈타인이 젊은 슈뢰딩거의 사고를 열어주었던, 물리학의 큰 수수께끼에 대한 강연 이후로, 슈뢰딩거는 늘 아인슈타인과 동맹이라고 느꼈다. 그 후로 두 사람은 편지를 주고받고, 논문을 검토받고, 1924년 인스부르크에서 열린 자연 연구자 모임에서 아주 잠깐 스치듯 만난 적도 있다. 슈뢰딩거는 기회가 있을 때마다, 아인슈타인이 자신에게 얼마나 큰 모범인지 강조했다.

하이젠베르크와의 어려웠던 대화를 아직 생생히 기억하는 아인슈타인은, 슈뢰딩거와 대화가 더 잘 통해서 기뻤다. 그는 슈뢰딩거가 마음에 들었다. 하이젠베르크에게서 거슬렸던 북부 특유의 경직성과 소극적 태도가 슈뢰딩거에게는 없었다. 하이젠베르크는 비록 바이에른 출신이었지만 여전히 '이민자' 또는 '프로이센 사람'이라 불렸고, 말씨나 태도 역시 아버지의 고향인 베스트팔렌풍이었다. 반면에 슈뢰딩거는 교양과 매너를 갖췄고 사교성이 좋았으며, 정감 있는 빈 사투리를 썼다. 그는 파티에 잘 어울리는 대화 상대자였다.

양자역학에 관한 한 아인슈타인과 슈뢰딩거는 뜻이 잘 맞았다. 파동역학은 아름답고 올바른 진정한 이론이다. 두 사람의 공통점은 과학뿐만이 아니었다. 두 남자는 가족의 보살핌을 중요시했고 그래서 둘 다 기혼자였다. 그러나 인생의 즐거움은 서로 다른 곳에서 찾는다.

이렇게 아무리 영혼의 단짝이라 해도, 아인슈타인이 슈뢰딩거 물리학의 결함을 발견하는 것을 막지는 못했다. 독일 물리학협회에서 강연을 한 뒤로 슈뢰딩거는 자신의 방정식이 설명하는 파동이 전자와 다른 사물의 신뢰할 만한 그림으로 입증되기를 바라는 희망을 더욱 키웠다. 다른 사람들이 상상하는 입자가 아니라, 질량과 전하를 가진 파동 뭉치인 것이다. 아인슈타인은 이 아이디어가 마음에 들었지만 신중한 태도를 유지했다. 슈뢰딩거에게 희망이 있지만, 강력한 한 방이 될 주장이 아직은 없다. 어쩌면 그저 희망 섞인 아이디어에 불과할지 모른다.

하이젠베르크는 슈뢰딩거의 이론이 전혀 마음에 들지 않았고, 이것을 노골적으로 드러냈다. "슈뢰딩거 이론의 물리학 측면을 깊이 생각할수록, 그것은 더욱 형편없어 보입니다." 하이젠베르크가 파울리에게 쓴 편지의 내용이다. "이런 뒷말을 적어 미안합니다. 부디 아무에게도 말하지 마세요."

이후 아인슈타인은 자신이 발견한 결함을 슈뢰딩거에게 직접 말하지 않을 것이다. 그는 슈뢰딩거가 옳고, 하이젠베르크가 틀렸기를 바랐다.

1926년 괴팅겐

현실의 소멸

1926년 봄. 막스 보른이 미국에 온 지도 벌써 5개월째다. 그는 거대한 나이아가라 폭포와 그랜드캐니언을 보았다. "상상을 초월하게 갈라지고 찢긴 험준한 절벽과 급격한 균열들." 그는 조지 호수에서 빙상요트를 타고, 철강도시 시카고의 우울한 공장지대를 둘러보고, 기차로 1만 킬로미터를 넘게 여행하며 우수한 대학들에서 강연을 하고 안전한 달러를 벌었다. 여러 대학교에서 그에게 교수직을 제안했지만 보른은 모두 거절했다. 그는 조국에 의무감을 느꼈을 뿐 아니라, 마침 괴팅겐대학교가 연봉 인상을 제안한 터라 결정을 내리기가 쉬워졌다. 그는 그해 4월에 독일로 돌아왔다. 힘든 상황 속으로 되돌아온 것이다.

그의 상사가 써준 추천서의 여백에 누군가 "유대인!"이라고 적었다. 자신의 조교로 근무하던 하이젠베르크는 이제 코펜하겐으로 떠났다. 유익한 협업의 시간이 끝났다.

그러나 보른의 관심을 끄는 새로운 것이 생겼다. 슈뢰딩거가 방금 세상에 내놓은 파동역학에 관한 일련의 논문들이 그것이다. 보른은 그것을 읽었고 "큰 충격을 받았다." 수학 천재인 보른은 슈뢰딩거가 세운 이론의 "매력적인 힘과 우아함", 그리고 "파동역학이 우수한 수학적 도구"임을 금세 알아차렸다. 하이젠베르크는 가장 단순한 수소 원자 하나를 설명하기 위해 행렬역학의 원작자인 수학 천재 파울리의 도움이 필요했다. 그러나 슈뢰딩거의 파동역학으로는 모든 것이 아주 간단했다.

보른은 충격을 받았고, 화도 약간 났다. '나는 왜 이런 생각을 미처 하지 못했을까!' 1924년에 이미 아인슈타인이 그에게 루이 드브로이의 물질 파동에 대한 예리한 명제를 얘기했었다. 당시에 보른은 그것을 좋은 아이디어라고 생각했고, 아인슈타인에게 그렇게 답했었다. "큰 의미가 있는 것 같습니다." 보른은 드브로이의 파동을 이리저리 공식에 대입해봤었다. 그다음 자신의 수학 실력으로도 하이젠베르크의 괴물 행렬을 다루기가 버거워지면서, 보른은 드브로이의 논문을 옆으로 밀쳐뒀다. 그는 수년 동안 괴팅겐에 있었고, 괴팅겐에서는 행렬로 계산했다.

보른은 비록 괴팅겐에 오래 살았지만, 토박이는 아니다. 그는 프로이센 슐레지엔의 주도인 브레슬라우에서 자랐다. 그를 가장 먼저 매혹한 것은 물리학이 아니라 수학이었다. 그가 브레슬라우 대학교에 입학했을 때, 발생학 교수인 그의 아버지 구스타프 보

른Gustav Born은 그에게 너무 일찍 한 분야를 전문화하지 말라고 조
언했다. 아들은 아버지의 조언대로 화학, 동물학, 법학, 철학, 논
리학 등 여러 강의를 들은 후에 수학, 물리학, 천문학을 마음에
담았다. 이후 하이델베르크대학교와 취리히대학교를 다녔고, 마
침내 1906년 괴팅겐대학교에서 수학으로 박사학위를 받았다.

박사학위를 취득한 직후 보른은 군 복무를 시작했지만, 천식
때문에 끝까지 마치지 못했다. 그는 6개월 동안 박사후연구원으
로서 케임브리지대학교에서 톰슨에게서 배우고, 고향 브레슬라
우로 돌아와 실험실에서 일했다. 그러나 실험은 그의 적성에 맞
지 않았다. 그에게는 정교한 손놀림과 최소한의 인내심이 없었
다. 그는 우수한 실험가가 아니었으며, 경쟁력도 없었다.

그래서 보른은 다시 이론으로 방향을 바꾸고, 다비트 힐베르트
라는 전설적 수학자가 있는 세계적으로 유명한 괴팅겐대학교 수
학과 강사가 되었다. "솔직히 물리학은 물리학자에게 너무 어렵
다." 다비트 힐베르트의 말이다. 수학자들은 이 말을 마음속에 간
직했다. 이후 보른은 베를린대학교 이론물리학 교수가 되었다.
그가 교수가 된 직후 제1차 세계대전이 발발했다. 보른은 다시
군대에 불려가 먼저 공군의 무선통신원으로, 그다음에는 포병부
대에서 설계자로 복무했다. 포병부대가 베를린 근처에 주둔한 덕
분에 그는 세미나 수업에 참석하고 아인슈타인과 음악을 연주할
수 있었다.

1919년 봄, 전쟁이 끝나고 막스 폰 라우에가 보른에게 자리

를 바꾸자고 제안했다. 라우에는 프랑크푸르트대학교 교수로, 1914년에 '결정에 의한 X선 회절' 이론으로 노벨상을 받은 인물이다. 그의 이론은 X선이 파동처럼 행동하는 것을 증명했다. 그에게는 '오랜 열망'이 있는데, 베를린에서 자신의 스승이자 우상인 막스 플랑크와 같이 일하는 것이다. 라우에의 제안에 대해 보른이 아인슈타인에게 묻자 아인슈타인은 "무조건 받아들여야죠!"라고 보른에게 조언했다. 보른은 조언을 따라 프랑크푸르트로 갔다. 그리고 약 2년 뒤에는 괴팅겐으로 갔고, 그곳에서 이론물리학 연구소 소장이 되었다. 연구소는 작은 연구실 하나와 조교 한 명, 그리고 파트타임으로 일하는 비서 한 명이 전부였다. 보른은 뮌헨의 조머펠트 연구소와 견줄 만큼의 규모로 연구소를 키우기로 결심했다. 오랜 노력 끝에 그는 파울리와 하이젠베르크를 괴팅겐으로 불러올 수 있었고, 그들과 후기 고전물리학의 첫 번째 이론인 행렬역학을 탄생시켰다.

이제 보른은 슈뢰딩거의 논문과 함께 다시 파동이론으로 돌아왔다. 그는 이 이론의 힘을 알았지만, 슈뢰딩거처럼 절대 진리로 보지는 않았다. 입자와 양자 도약을 부정하는 것이 보른에게는 너무 과해 보였다. 괴팅겐 과학자들과 작업할 때 그는 입자이론이 원자들의 충돌을 이해하는 데 얼마나 유용한지 자주 경험했었다. 충돌하는 것은 입자이지 파동이 아니다. 입자는 특정 장소에 머물지, 연못의 파문처럼 공간 전체로 퍼지지 않는다. 보른이 보기에 슈뢰딩거의 파동이론은 현실과 맞지 않았다. 원자물리학자의 실험에서 드러나는 세계의 모습과 맞지 않았다.

보른은 파동역학을 이용해, 두 입자가 충돌하면 무슨 일이 벌어지는지를 계산했고 뭔가 놀라운 것을 발견했다. 충돌 후 튕겨져 나오는 입자의 파동이 연못의 파문처럼 공간 전체에 퍼졌다! 슈뢰딩거의 해석에 따르면, 입자 자체가 사방으로 번지는 것이다. 이게 무슨 뜻이란 말인가? 충돌하는 입자들은 설령 파동을 토대로 하더라도 여전히 입자이지 안개가 아니다. 슈뢰딩거 역시 이것을 확신했다. 입자들은 어딘가 특정 장소에 머물러야지, 기이한 방식으로 공간에 번질 수 없다.

슈뢰딩거는 다음과 같은 미심쩍은 주장으로 자신의 해석을 뒷받침했다. 빈 공간을 떠도는 입자는 파동 뭉치가 오래도록 뭉쳐 있는 것이다. 오래도록 안정적으로 뭉쳐 있으므로, 기존의 입자를 파동 뭉치로 대체하는 것은 정당하다.

그러나 이런 안정성은 예외이지 규칙이 아니다. 탁월한 수학자인 보른은 슈뢰딩거의 이론으로 더 복잡한 시나리오를 만들었다. 두 입자가 충돌한다. 이때 뭔가 완전히 다른 것이 등장한다. 충돌 후에 파동 뭉치가 풀어져, 연못에 돌을 던졌을 때 생기는 파문처럼 공간 전체에 퍼진다. 슈뢰딩거가 옳다면, 입자 자체가 충돌 후에 사방으로 번지는 것이다. 그러나 그것은 우리가 매일 관찰하는 세계의 모습과 맞지 않았다. 입자는 충돌한다. 입자는 사방으로 번지지 않는다.

입자가 정말로 파동 뭉치라면, 그것은 결국 물리학자와 다른 사람들이 관찰하고 측정한 것과 일치해야 한다. 보어의 대응원리가 의미하는 것도 바로 이것이다. 양자물리학의 충돌 설명은 고전물리학의 설명과 합쳐져야 하고, 결국 사람들이 경험하는 일상의 직관과 맞아야 한다. 입자는 공간 전체에 번질 수 없다. 입자는 장소를 가진다. 콤프턴의 산란 효과에서 볼 수 있듯이, 충돌한 입자들은 어딘가로 번지지 않고 특정 방향으로 튕겨져 나간다. 아무리 오래 관찰하더라도, 여기서 작용하는 것은 입자이지 파동이 아니다.

보른은 깊이 숙고한다. 그는 과연 무엇을 계산해냈을까? 그는 우아한 설명을 발견했다. 충돌 후 사방으로 번지는 파동은 입자 자체가 아니라 입자일 확률이다. 충돌로 튕겨져 나오는 입자의 파동이 높을수록 입자를 발견할 확률이 높다. 파동이 낮으면 입자를 발견할 확률은 낮다.

그러니까 보른은 하이젠베르크의 공식에서 슈뢰딩거의 공식으로 입장을 바꾸되, 슈뢰딩거의 해석은 받아들이지 않는다. 그는 여전히 입자가 그냥 소멸되지 않는다고 확신한다. 그는 자신의 논문 〈충돌과정의 파동역학에 관하여Zur Wellenmechanik der Stoßvorgänge〉에 이렇게 썼다. "고전적인 연속체 이론의 부활을 목표로 하는 슈뢰딩거의 물리학적 상상을 완전히 버리고, 그의 공식만을 받아들여 그것을 새로운 물리학 내용으로 채워야 한다."

이것이 어떻게 가능할까? 보른은 입자와 슈뢰딩거 방정식을 모두 보존하는 걸작을 만드는 데 성공한다. 비결은 파동함수의 재해석에 있다. 보른은 파동을 재해석했다. 파동을 입자 자체가 아니라 입자일 확률로 이해했다. 파동이 높게 일렁이면 입자를 만날 확률이 높고, 파동이 낮으면 입자를 만날 확률이 낮다.

보른이 옳다면, 슈뢰딩거 방정식은 완전히 새로운 것을 설명한다. 전자에 대입하면, 슈뢰딩거가 상상하는 것처럼 전자의 질량분포나 전하분포가 아니라, 전자를 발견할 확률이다.

그러나 파동함수의 재해석은 대가를 치러야 했다. 보른은 파동을 비현실화했다. 그에게 파동은 그저 확률분포, 즉 수학 구조일 뿐이다.

냉철한 수학자 보른은 파동을 애도하지 않는다. 중요한 것은 이론과 실험이 일치하는 것이다. 미국에 체류하는 동안 그는 난해한 행렬역학으로 원자 충돌을 설명하려 노력했었다. 그는 독일로 돌아와서는 파동역학의 도움으로 이 주제에 관한 획기적인 글을 단시간 내에 두 개나 썼다. 〈충돌과정의 양자역학에 관하여Zur Quantenmechanik der Stoßvorgänge〉라는 제목의 겨우 4쪽짜리였던 첫 번째 글은 1926년 6월 25일에 《물리학 잡지》 편집부에 도달했다. 보른이 이 글에 이렇게 기술했다. "나는 개인적으로 원자 세계의 결정성을 포기하는 편이다." 그는 열흘 뒤에 더 상세하고 철저한 두 번째 글을 우편으로 《물리학 잡지》 편집부에 보냈다.

슈뢰딩거는 보른의 논문을 읽고 깜짝 놀랐다. 슈뢰딩거는 입자의 존재를 부정한다. 그런데 보른이 이제 슈뢰딩거의 이론을 이용해 입자를 구원하고, 더 나아가 물리학의 영원한 기본 법칙인 결정성마저 흔든다. 슈뢰딩거는 자신의 파동함수로 뭔가 구체적인 것, 관찰할 수 있는 것을 설명하고자 했다. 나무, 의자, 책, 사람처럼 우리 주변에 정말로 존재하는 것들을 말이다. 그리고 그것들은 확률분포가 아니다.

뉴턴이 상상하는 우주는 결정론의 파라다이스였다. 그곳에서는 우연이란 없고 오직 원인과 결과에 대한 무지無知만 있을 뿐이다. 각각의 모든 입자는 매 시점에 특정 위치에 있고 특정 속도를 갖는다. 입자에 미치는 힘이 위치와 속도의 변화를 결정한다. 이것은 이론적으로 수많은 입자를 함유한 기체와 액체에도 적용된다. 그러나 그런 대규모 입자 집합체를 실제로 총괄할 수는 없다. 그래서 맥스웰과 볼츠만 같은 물리학자들은 기체의 특성을 확률과 통계로 설명할 수밖에 없었다. 확률은 자연법칙에 따라 엄격하게 발달한 결정론적 우주에 대한 인간의 무지에서 생긴 안타까운 결과였다. 우주의 상태와 특정 시점에 효력을 미치는 힘을 알만큼, 인간의 정신이 충분히 컸더라면 미래의 상태도 모두 계산해낼 수 있었을 터이다. 고전물리학에서 결정론과 인과성(모든 결과에는 원인이 있다는 원리)은 탯줄처럼 연결되어 있다. 인과성이 결정론을 낳았다.

보른은 확률 해석의 기초로 역사에 기록될 자신의 논문에 이렇게 썼다. "여기서 결정론의 모든 문제가 드러난다. 양자역학 관점에서 볼 때, 개별 상황에서 충돌의 효과를 인과적으로 결정하는 수치가 없다. 하지만 현실에서도 우리는 특정한 충돌을 결정하는, 원자의 특정한 내부 속성이 있다는 징후를 지금까지 찾지 못했다. 나중에 그런 속성(예를 들어 내부 원자운동의 단계 같은)을 발견하여 개별 상황에서 결정하기를 희망해야 할까? 아니면 인과 과정의 조건을 제시할 수 없는 무능의 경험과 이론의 일치가, 그런 조건의 부재를 토대로 확립된 조화라고 믿어야 할까? 나는 개인적으로 원자 세계의 결정성을 포기하는 편이다."

당시에 이것은 듣도 보도 못했던 엄청난 얘기였다. 보른은 300년 과학의 역사에 과감히 의문을 제기했다. 결정론은 고전물리학의 중심축이다. 원인과 결과를 곧바로 연결하는 직선로가 없다면, 인과 원리가 무슨 의미가 있겠는가? 모든 것이 그저 확률에 불과하다면, 합리적 물리학이 어떻게 가능하겠나?

구슬 2억 개가 충돌하면, 그것들은 거의 모든 방향으로 튕겨 나갈 수 있다. 원자 하나와 충돌한 전자 하나 역시 거의 모든 방향으로 튕겨 나갈 수 있다. 그러나 보른의 주장에 따르면, 여기에는 차이가 하나 있다. 구슬 2억 개의 움직임은 충돌 이전에 이미 결정되어 있다. 거의 모든 방향으로 튕겨 나갈 것을 예측할 수 있다. 그러나 원자 충돌에서는 다르다. 물리학 이론은 "입자들이 충돌 후 어떻게 움직일까?"에 답할 수 없다. "충돌 후 특정 움직임이 나타날 확률은 얼마인가?"에만 답할 수 있다. 충돌 후 전자가 어디로 날아갈지 예언하기란 불가능하다. 특정 각도 이내로 날아갈 확률만 계산할 수 있을 뿐이다. 보른이 자신의 논문에, 슈뢰딩거의 공식을 "새로운 물리학 내용으로 채워야 한다"고 쓸 때, 하려던 말이 바로 이것이다.

파동함수에는 물리적 현실이 없고, 파동함수는 가능성의 중간세계에만 존재하며, 원자와 충돌한 전자가 흩어질 수 있는 가능한 각도 같은 추상적 가능성만 설명한다. 이것이 "새로운 물리학 내용"이다. 파동함수의 값은 복소수이고, 그것의 제곱은 실수이며, 이 실수는 가능성의 공간 안에 머문다고, 보른은 주장한다.

이와 같은 보른의 파동함수 재해석은 새로운 길을 열었고, 이것은 '양자역학의 코페르니쿠스적 해석'이라 불리게 될 것이다. 얼마 후 보어는, 전자 같은 미세한 물체는 관찰되거나 측정되지 않는 한 어디에도 존재하지 않는다고 가정했다. 관찰되거나 측정되지 않을 때 그런 작은 물체는, 파동함수가 기술하는 가능성의 중간세계에만 유령처럼 존재한다. 관찰이나 측정의 순간에만 "파동함수가 붕괴하고", 전자의 수많은 "가능한 상태" 가운데 하나가 "실제 상태"로 되고 나머지 모든 상태의 확률은 0으로 떨어진다.

말하자면 보른은 슈뢰딩거의 파동함수를 확률 파동으로 재해석했다. 그에 따라 실제 파동이 추상적 파동이 되었다. "우리의 양자역학 관점에서 보면, 개별 상황에서 충돌의 결과를 인과적으로 확정하는 수치는 없다." 보른은 자신의 첫 번째 글에서 이렇게 썼다. 이처럼 그는 오랜 전통의 결정론을 포기했지만, 제한을 두었다. "입자의 움직임은 확률법칙을 따르지만, 확률 자체는 인과법칙과 조화를 이루며 확장한다."

첫 번째 글을 발표하고 두 번째 글을 준비할 때, 보른은 자신이 내건 혁명의 규모를 명확히 알았다. 그는 물리학을 '확률화' 했을 뿐 아니라, 현실도 재해석했다. 맥스웰과 볼츠만이 계산했던 확률은 무지의 확률이다. "내가 시험에 합격할 확률은 50퍼센트이다." 이 말은 내 점수가 우연에 달렸다는 뜻이 아니다. 아직 모를 뿐, 합격 여부는 이미 결정되었다. 더 많은 지식을 얻는다고 해서, 보른이 고안한 '양자확률'이 간단히 제거되는 것은 아니다. 양자확률은 원자의 현실에 속한다. 방사능 시험에서 원자 하나가 파괴될 것이 확실하더라도, 어떤 원자가 파괴될지 예언할 수 없는 원인은 지식의 부족 때문이 아니다. 그것은 방사능이 따르는 양자 법칙의 본질에서 비롯된다.

예전에는 현실이 먼저 있고, 그다음 물리학자들이 확률을 계산했다. 이제 확률이 먼저다. 현실은 그다음 생긴다. 이것은 작은 트릭처럼 보이지만 물리학의 거대한 도약이다.

그러나 아무도 그것에 관심을 두지 않았다. 보른의 해석은 큰 주목을 받지 못한 채, 양자물리학 안으로 조용히 스며들었다. 나중에 보른은 이렇게 평했다. "우리는 통계적 관점에 아주 익숙한 상태여서, 한 차원 더 깊이 들어가는 것이 그다지 의미 있어 보이지 않았다." 다른 양자물리학자들은 당연하다는 듯, 슈뢰딩거가 파동의 본질을 잘못 파악했고 파동은 당연히 확률이며 오래전부터 이미 알고 있던 사실이라고 말했다. 하이젠베르크는 자신이 확률을 다루고 있음을 처음부터 알고 있었다고 주장했다. 그러나 그는 어디에도 확률에 대해 기록해두지 않았다. 양자역학 교재들이 종종 보른을 언급하지 않고 확률 해석을 설명하는데, 보른은 평생 이것에 화를 냈다.

다른 한편에서는 슈뢰딩거와 아인슈타인이 화를 냈다. 슈뢰딩거는 자신의 방정식으로 보른이 만들어낸 것을 명확히 거부했다. 그는 (1926년 8월 25일 빌헬름 빈에게 보내는 편지에서) "그런 개별 현상이 절대적으로 우연이라는 해석, 즉 결정된 게 아니라는 해석"을 부정했다. 원자 과정을 시공간적으로 기술하는 것이 불가능하다는 보어의 설명도, 슈뢰딩거는 추가적 검토 없이 "즉석에서" 거부했다. 그의 근거는 이랬다. "물리학에는 원자 연구만 있는 게 아니고, 과학에는 물리학만 있는 게 아니며, 삶에는 과학만 있는 게 아니다. 원자를 연구하는 목적은, 이와 관련된 우리의 경험을 일반적 사고와 맞추기 위함이다. 외부 세계에 관한 한, 이 모든 일반적 사고는 시공간 안에서 움직인다."

보른이 옳다면, 양자 도약이 다시 돌아올 수밖에 없고 인과성이 위협받을 것이라고, 슈뢰딩거는 확신했다. 그는 1926년 11월에 보른에게 썼다. "섭동 문제에서 보여준 당신의 수학적 아름다움과 명확성에 대해 찬사를 보낼 필요는 없을 것 같습니다. 그러나 당신과 당신의 견해를 공유하는 다른 사람들이, 지난 12년 동안 (정지된 상태, 양자 도약 등) 우리의 사고의 일부가 된 개념들에서 벗어나려는 시도를 정당화하기 위해, 그런 개념들에 너무 깊이 사로잡혀 있다는 인상을 받았습니다."

이 지점에서 슈뢰딩거는 이교도가 된다. 그가 제공한 가장 중요한 방정식을 토대로 수립된 이론이 이제 더 이상 그의 이론이 아니다. 슈뢰딩거는 평생 파동역학 해석을 고수하고 원자 현상을 명확히 하려고 노력했다. "전자가 벼룩처럼 이리저리 뛰어다니는 것을 나는 상상할 수가 없다."

1926년 뮌헨

영역 다툼

1926년 독일. 나라가 점차 되살아나고 있다. 끝을 모르고 치솟던 물가 상승이 멈췄다. 항구들이 다시 무역 상품들로 붐볐다. 새로운 운하, 발전소, 항구들이 건설되고 있다. 채굴된 모든 석탄이 더는 배상금으로 빠져나가지 않고, 기차들이 운행 도중에 몇 시간씩 멈춰 서는 일 없이 다시 달린다. 부유한 독일인들은 파리에서 모피를 사고, 아로자에서 샴페인을 마시고, 승용차를 타고 바이에른 북부의 빙퇴석 언덕 위를 달린다. 베를린 역시 되살아나고 있다. 패전국의 칙칙하고 먼지 자욱한 수도가 활기찬 세계도시로 바뀌었다. 심지어 관광객들이 다시 여행을 올 정도다. 미국인들은 조상의 나라가 어떻게 변했는지 보고자 한다. 영국인들은 사회적 제약 없이 쾌락을 누리고자 한다. 낮에는 옛 프로이센의 자존심이 불끈거리고, 저녁에는 미래의 레지스탕스 민권운동가 조세핀 베이커Josephine Baker가 쿠르퓌르스텐담(독일 베를린 제1의 번화가―옮긴이)에서 춤을 춘다. 베를린의 나이트클럽들은 성적 취향에 상관없이 모든 형태의 매춘을 제공한다. 형법 제175조가 남성 간의 매춘을 범죄로 규정함에도 불구하고 말이다. 동성애자 남성의 암호는 "5월 17일생"이다(형법 제175조를 빗대어 '5월 17일(17. 5.)'이 되었다. 독일은 날짜를 표기할 때 월을 뒤에 적는다―옮긴이). 도덕의 이중 잣대가 그런 식으로 통용되었다.

독일 내 정치 상황은 아슬아슬하게 균형을 유지하고 있다. 히틀러의 쿠데타는 실패로 끝났다. 작센에서는 공산주의자들이 반란을 일으키고, 라인란트에서는 분리주의자들이 반란을 일으킨다. 정부는 군대의 충성도를 믿을 수 없다. 어떤 사람은 나라가 산산조각 날 것을 두려워하고, 어떤 사람은 그렇게 되기를 희망한다.

나라가 되살아난 데는 무엇보다 한 남자의 공이 크다. 구스타프 슈트레제만이 그 주인공이다. 두꺼운 목과 넉넉하게 재단된 양복으로 유명한 외무장관인 그는 인플레이션을 막기 위해 국채와 회사채로 뒷받침되는 새로운 통화, 렌텐마르크를 도입했다. 그는 정부의 동료들을 설득하여, 미국 금융전문가 찰스 도스Charles Dawes의 독일 재정 개편안을 받아들였다. 이 개편안의 목표는 독일 경제를 더는 파괴하지 않으면서 계속 전쟁배상금을 낼 수 있게 하는 것이다.

제1차 세계대전이 끝난 후 10년도 채 되지 않아, 독일은 세계에서 두 번째로 강한 산업국이 되는 길 위에 섰다. 1925년 12월 1일, 런던에서 조인된 로카르노조약이 독일 재건의 길을 열었고, 베르사유조약에서 금지했던 비행기와 비행선을 다시 만들 수 있도록 허용했다. 이제 체펠린의 시대가 시작되었다. 1926년 국제연맹은 독일을 회원국으로 받아들였다. 더 이상 독일의 과학자들은 추방자가 아니다. 다른 나라의 동료들이 다시 그들과 소통한다. 독일어는 세계에서 가장 중요한 과학 언어의 위상에 올랐다.

1926년 7월 23일 비 온 뒤 화창하게 갠 오후, 뮌헨에서 물리학의 미래가 논의된다. 취리히를 출발하여 슈투트가르트, 베를린, 예나, 밤베르크를 경유하여 뮌헨에 도착한 오스트리아 물리학자 슈뢰딩거가 루트비히막시밀리안대학교 강당에서 '파동역학의 기본 개념'에 대해 강연한다.

불과 몇 달 전까지만 해도, 슈뢰딩거는 과학계에서 아웃사이더였다. 취리히는 양자물리학의 큰 무대인 베를린, 괴팅겐, 뮌헨에서 멀리 떨어져 있었다. 그러나 1926년 봄과 여름에 파동역학이 산불처럼 물리학자들 사이에 퍼졌을 때, 슈뢰딩거의 인기가 하늘을 찔렀고 모두가 그를 개인적으로 직접 만나 그의 이론을 토론하고 싶어 했다.

아르놀트 조머펠트와 빌헬름 빈이 뮌헨으로 그를 초대하며 두 차례의 강연을 부탁했을 때, 슈뢰딩거는 주저하지 않고 제안을 수락했다. 첫 번째 강연은 1926년 7월 21일 조머펠트의 '수요 모임'에서 열렸다. 그 자리에서 슈뢰딩거는 늘 해오던 대로 강연을 했고 친절한 박수갈채를 받았다. '파동역학의 기본 개념'이라는 제목의 두 번째 강연은 이틀 후에 독일 물리학협회 뮌헨지구 모임에서 열렸다. 이 강연은 첫 번째 강연보다 덜 매끄럽게 진행되었는데, 다름 아닌 하이젠베르크 때문이었다.

강당은 웅성거림으로 찼다. 남자들과 몇몇 여자들이 좌석 사이를 비집고 다니며 주변을 둘러보고 서로 인사를 나누고 목례를 하고 손을 흔들고 악수를 나눴다. 햇살이 강당의 높은 창문을 뚫고 들어왔다.

맨 앞 1열에는 과학의 거장들이 자리를 잡았다. 빳빳하게 풀을 먹인 옷깃, 긴 치마, 말끔하게 빗어 넘긴 머리. 물리기술제국연구소 소장이자 뮌헨대학교 총장 대행인 빌헬름 빈, 옛 프로이센 장교의 엄격함을 뿜어내는 작고 꼿꼿한 모습의 이론물리학 연구소 소장 아르놀트 조머펠트가 맨 앞줄에 앉았다. 뒷줄에는 학생들이 앉았다. 4월에 구겐하임 장학생으로 유럽에 온 라이너스 폴링Linus Pauling이라는 젊은 미국 화학자가 거기 앉아 있다. 그는 하이젠베르크보다 10개월 형이지만 과학 경력에서 아직은 이렇다 할 명성을 쌓지 못했다.

하이젠베르크가 헝클어진 부스스한 금발과 소년 같은 앳된 얼굴, 그리고 초롱초롱한 눈빛으로 뒤늦게 강당에 들어섰다. 그는 이제 겨우 스물네 살이지만 벌써 양자역학의 선두 그룹에 있다. 그는 이론을 창시했다. 그는 이 이론을 간단히 '그 양자역학'이라 불렀고, 슈뢰딩거보다 몇 달 먼저 개발했다. 그러므로 어쩌면 지금 강연을 해야 할 사람은 슈뢰딩거가 아니라 하이젠베르크여야 마땅했을지도 모른다. 하이젠베르크는 자신의 영토를 방어하기 위해, 노르웨이 여행을 중단하고 유럽 대륙을 가로질러 이곳으로 서둘러 왔다. 그는 꽃가루 알레르기에서 벗어나기 위해, 트레킹을 위해, "스팀롤러(증기로 가는 삼륜자동차)를 타기 위해", 그의 말을 빌리면, 다른 양자물리학자들에게 제대로 보여주기 위해, 북유럽에 갔었다. 그는 몇 주 전에 미에사 호숫가에서 야영하며 백야 속에서 양자역학을 곰곰이 생각했고, 양자역학을 이용해 헬륨 원자의 기이한 긴 스펙트럼을 계산했고, 구드브란스달렌 골짜기에서 송네피오르까지 걸었고, 자신감을 가득 안고 뮌헨에 왔다. 스칸디나비아의 긴 햇살에 하이젠베르크의 얼굴이 갈색으로 그을렸다.

강연 참석자들 사이에 숨은 갈등이 있었다. 빈과 조머펠트는 물리학을 다시 옛날 질서로, 뉴턴과 맥스웰도 마음에 들어 할 상태로 돌려놓고자 했다. 세계를 계산할 수 있을 뿐 아니라 명확히 할 수 있는 물리학으로. 공식만 제공하지 않고 세계도 보여주는 물리학으로.

나이 든 물리학 거장들이 슈뢰딩거에게 거는 희망이 바로 그것이다. 빈과 조머펠트는 하이젠베르크로부터 위협받는 그들의 물리학을 구하기 위해 슈뢰딩거를 뮌헨에 초대했다. 하이젠베르크의 행렬역학은 괴물의 모습으로 물리학적 직관을 모욕했다. 그로 인해 위치와 운동조차 그 의미를 잃을 위험에 처했다. 하이젠베르크는 길고 외로운 투쟁을 벌이며 자신의 사고에서 모든 직관성을 추방함으로써 행렬역학을 추론해냈다. 그는 수많은 철학적 질문을 제기하는 공식 하나를 개발했다. 너무 어렵고 낯설어서 대다수 물리학자들이 그 공식을 이해하기 위해 수학의 새로운 분야를 공부해야 했다. 대다수 물리학자들은 수학을 버거워하는 고등학생으로 돌아간 기분이었고, 소수만이 하이젠베르크의 공식을 이해하는 데 성공했다.

슈뢰딩거는 하이젠베르크보다 몇 달 뒤에, 아로자에서 겨울 휴가를 보내는 동안 파동역학을 개발했다. 그는 원자의 내부 과정을 설명하는 단순한 방법을 발견했다. 그의 공식은 하이젠베르크의 공식과 똑같은 설명력을 가졌고, 연못의 파문처럼 명확하며, 물리학자들이 수백 년째 알았고 활용했던 공식들을 닮았다.

슈뢰딩거가 양자 세계의 어둠에 빛을 밝힌 것 같다. 물리학자들이 그동안 무엇을 다뤘는지 이제는 환히 볼 수 있을 것 같다. 세계의 최소 단위 원자는 보어나 하이젠베르크 등이 생각했던 그런 미스터리가 전혀 아니라고, 슈뢰딩거의 파동역학이 약속한다. 세계의 최소 단위는 그들이 이미 기초 강의에서 배웠던 것처럼, 오래전부터 잘 알려진 이해할 만한 법칙을 따른다.

슈뢰딩거와 하이젠베르크의 갈등은 수학에 있지 않다. 그들의 이론은 공식 면에서 동등하고, 서로 변환될 수 있다. 슈뢰딩거 자신이 이미 그것을 보여주었고, 파울리가 함부르크에서 보여주었고, 칼 에카르트Carl Eckart가 캘리포니아에서 보여주었다. 갈등은 공식이 아니라 해석에 있다. 슈뢰딩거는 원자를 진동하는 시스템으로 이해한다. 그렇다. 그는 그것을 '이해한다'. 그는 물리학적 과정을 명확한 그림으로 그린다. 하이젠베르크가 불가능하다고 여기는 바로 그것을 한다. 하이젠베르크는 이해하지 않고 계산한다. 행렬역학의 핵심은 이해와 작별하는 것이다. 그리고 터무니없게도 이제 슈뢰딩거가 이해할 수 있는 파동역학으로 그와 경쟁한다.

슈뢰딩거가 말했듯이, 이는 "물리학의 영혼"이 달린 문제이다. 물리학은 우리에게 세계를 더 가까이 보여줘야 한다. 하이젠베르크가 행렬로 하는 것처럼 세계를 더 낯설게 해선 안 된다. 슈뢰딩거는 부드럽게 안내하는 자신의 파동 덕분에 "이 모든 일에 더 가까이 갈 수 있게 된 것"에 기뻐한다. 그는 자신의 이론을 "물리학적"이라고 불렀고, 그렇게 함으로써 암묵적으로 하이젠베르크의 이론을 비물리학적이라고 불렀다. 하이젠베르크의 행렬이 설명하는, 한 상태에서 다음 상태로의 도약을 그는 받아들이지 않았다.

슈뢰딩거는 1926년 5월 《물리학 연보》에 발표한 〈하이젠베르크-보른-요르단의 양자역학과 나의 양자역학의 관계에 관하여 Über das Verhältnis der Heisenberg-Born-Jordanschen Quantenmechanik zu der meinen〉라는 논문에서 하이젠베르크의 이론에 대한 거부감을 드러냈다. 그는 아주 솔직하게 썼다. "명확성 결여와 대수학 때문에 하이젠베르크의 이론은 충격적이고 더 나아가 거부감마저 든다."

거부감은 양측 모두에게 있었다. 하이젠베르크가 파울리에게 이렇게 편지를 썼다. "슈뢰딩거가 자기 이론의 명확성에 대해 쓴 내용은 … 오물과 같습니다." 파울리는 슈뢰딩거의 해석을 "취리히의 미신"이라고 불렀고, 이 표현은 금세 확산되었다. 슈뢰딩거는 이것을 듣고 모욕감을 느꼈다. 파울리는 "친애하는 슈뢰딩거"에게 사과의 편지를 보내며, "그것은 인격 모독이 아니라, 연속체 물리학(장 물리학)의 용어만으로는 이해될 수 없는 측면을 양자 현상이 자연에서 보여준다고 믿는 객관적 확신의 표현으로 봐주기를" 청했다. "친애하는 슈뢰딩거 교수님, 부디 날 비난하진 마십시오. 당신의 이론은 아주 멋집니다만, 세계와 맞지 않습니다."

이것은 정말로 티끌만큼도 인격에 대한 공격이 아니다. 그러나 과학이 곧 인격인 사람이라면 이것이 무엇을 뜻하겠는가? 하이젠베르크와 슈뢰딩거 역시 서로 인격을 공격하지 않는다. 그러나 과학에서는 모든 것이 적대적이다. 두 사람은 오래전부터 상대의 이론을 접해왔다. 이제 7월 이날에 뮌헨의 화려한 루트비히 거리에 위치한 강당에서 그들이 처음으로 직접 대면한다.

스위스 천체물리학자 로베르트 엠덴Robert Emden이 학회의 형식적 절차를 밟았다. 그는 참석자들에게 인사하고 초대에 응해준 슈뢰딩거에게 감사를 전했다. 리넨 양복에 나비넥타이를 한 슈뢰딩거가 작고 좁은 연단에 올라섰다. 오랜 산악지대 체류로 인해 그의 얼굴이 갈색으로 그을려졌다. 덕분에 결핵이 완화되었다. 그는 평생 결핵을 앓았고 언젠가 이 병으로 죽게 될 것이다.

슈뢰딩거는 오스트리아 억양의 독일어로 자신의 이름이 붙은 방정식을 소리 높여 소개했다. 인간 정신이 고안한 가장 아름답고 특별한 방정식인 '슈뢰딩거 방정식'으로 그는 원자핵 힘장force field에서의 전자 운동을 너무나 우아하게 설명하여, 일부 동료들은 그것을 "초월적"이라고 불렀다.

마법과 같았다. 슈뢰딩거는 양자역학의 형식적 힘을 보존했을 뿐 아니라, 도약이나 불연속성 없이 고전물리학자들의 소망대로 한 상태에서 다른 상태로 부드럽게 명확하게 미끄러지듯 이동하는 세계를 설명했다.

그는 자신의 파동 방정식이 추상적 구조가 아니라고 확신한다. 파동 방정식은 구체적이고 실질적인 파동을 설명한다. 그런데 거기서 진동하는 그것은 무엇이란 말인가? 이 파동을 일으키는 물wasser은 무엇일까? 이 지점에서 슈뢰딩거는 주저한다. 어쩌면 공간에 퍼져 있는 전자의 전하가 아닐까? 그는 전자가 사실은 입자가 아니라 입자처럼 보이는 파동이라고 믿는다.

탁월한 연설자인 슈뢰딩거는 금세 강당 전체를 자기편으로 끌어들였다. 슈뢰딩거가 아로자에서 1925년 12월에 자신의 발견을 가장 먼저 알려주었던, 실험물리학자이자 대학교 총장이었던 빌헬름 빈은 슈뢰딩거로부터 자신이 원했던 이야기를 들었다. 슈뢰딩거가 "특히 고전적 이론과 가장 밀접하게 연결되는 반가운 방식으로" 원자 수수께끼를 풀었다고, 빈은 생각한다. "지금까지의 이론 상황이 견딜 수 없는 수준에 이르렀던 터라", 이제야 비로소 빈은 안도한다. 그는 이제 "양자이론이 다시 고전물리학과 만날 것이고, 젊은 물리학자들은 양자 불연속성의 늪에서 더는 허우적거리지 않으리라" 확신하며 안심한다. 전자들이 이 궤도에서 저 궤도로 도약하는 보른의 원자 모형, "원자 신비주의." 빈이 편안함을 느끼는 경험적 현실에서 멀리 떨어져 있는 괴물 공식, 하이젠베르크의 행렬역학. 빈은 둘 다 틀렸다고 생각하고 그것이 슈뢰딩거의 진동과 함께 사라지기를 희망한다.

미국에서 온 라이너스 폴링은 양자 세계를 명확하게 설명하는 슈뢰딩거의 방식에 깊은 감명을 받아 지금까지의 연구를 모두 버리고 슈뢰딩거를 따르기로 결심한다. 그는 밤새도록 파동역학에 빠져들었고 몇 달 뒤, 슈뢰딩거에게 배우기 위해 취리히로 갔다.

그러나 그날의 모든 청중이 슈뢰딩거를 받아들인 것은 아니다. "나는 슈뢰딩거를 믿지 않아요." 조머펠트가 며칠 뒤에 파울리에게 편지로 고백했다. 그는 슈뢰딩거의 파동역학을 "감탄할 만한 마이크로역학"이라 칭찬했지만 "근본적인 양자 수수께끼는 전혀 풀지 못했다"고 평했다. 조머펠트는 강당에서 이런 생각을 드러내지 않았다. 자신이 초대한 손님을 거칠게 다루고 싶지 않았기 때문이다.

하이젠베르크도 슈뢰딩거의 두 번째 강연이 끝나는 마지막 순간까지 자제할 수 있었다. 그러나 강연 뒤 이어진 토론 때 폭발하고 말았다. 양자역학은 그의 발명이었다. 그런데 지금 슈뢰딩거가 양자역학에서 세계를 구해낸 사람으로 저기 앞에 강단에 서 있다! 하이젠베르크는 이것을 그대로 놔둘 수가 없었다. 양자역학은 그의 이론이었다. 그리고 이곳은 그의 도시, 그의 영토였다. 그는 이곳에서 학교를 다녔고 대학 공부를 마쳤고 박사학위를 받았다.

하이젠베르크가 자리에서 벌떡 일어나 목소리를 높였다. 모든 눈이 일제히 그를 향했다. 그는 격양된 목소리로 슈뢰딩거에 맞섰다. 수많은 실험 증거들이 아니라고 말하는데, 어떻게 원자가 부드럽게 진동한다는 것인가? 수많은 실험 증거들이 원자 내부에서 갑작스런 충돌이 일어난다고 말하는데? 광전 효과, 프랑크 충돌, 콤프턴 산란은 어떻게 설명할 것인가? 슈뢰딩거의 이론은 그 어느 것도 해명하지 못하고, 플랑크의 복사법칙조차 그것과 맞지 않다고, 하이젠베르크가 외쳤다. 입자가 없으면, 불연속성이 없으면, 양자 도약이 없으면, 한마디로 슈뢰딩거가 제거하고자 하는 것들이 없으면, 아무것도 해명될 수 없다.

분노한 빈이 벌떡 일어나 하이젠베르크를 꾸짖었다. 슈뢰딩거가 행렬역학을 끝장냈고 양자 도약과 모든 난센스가 종말을 맞았으니, 하이젠베르크가 흥분하는 것도 이해가 되지만, 곧 "슈뢰딩거 교수님"이 남아 있는 모든 질문에 틀림없이 대답할 것이라고, 달랬다. 3년 전에 박사학위 구두시험에서 빈이 하이젠베르크를 떨어뜨리려 했던 일을, 두 사람 모두 잘 기억하고 있다. 당시 조머펠트의 설득으로 하이젠베르크는 겨우 박사학위를 받을 수 있었다. 빈은 이제라도 다시 하이젠베르크를 자격 미달자로 만들고 싶었다. "젊은이, 우선 물리학을 더 배워야겠어." 빈은 하이젠베르크를 멸시하는 표정으로 다시 앉으라고 손짓했다. 나중에 하이젠베르크는 이때를 회상하며 이렇게 말했다. "그는 나를 거의 강당 밖으로 던져버렸다."

빈이 발언권을 돌려주자마자, 슈뢰딩거가 조심스럽게 말을 이었다. 그는 파동역학에 대한 하이젠베르크의 이의 제기가 정당하다고 인정하고, 곧 해답을 찾을 것이라고 확언했다. 그러나 하이젠베르크는 물러서지 않았다. 그는 더 깊이 파고들었다. 파동을 관찰할 수 없다면, 어떻게 파동이 '실제'일 수 있을까? 의자, 나무, 타인을 다루도록 훈련된 인간 이성이 어떻게 아원자 세계에서도 계속 우리를 돕겠는가? 아원자 세계는 우리가 알 수 있는 그 무엇과도 비교가 안 된다. 하이젠베르크는 이것을 확신하고, 한 치의 의심도 없이 자신 있게 말했다. 물리적 세계 깊숙한 곳의 어두운 핵은 단순한 파동 방정식으로 규명할 수 없다. 절대로. 그게 아니라면, 이 수수께끼와 고군분투한 그의 모든 노력이 헛수고였을 것이다.

이 싸움은 하이젠베르크가 기대했던 유리한 홈경기가 결코 아니었다. 조머펠트는 초대자로서 예의를 지키기 위해 계속 침묵했다. 하이젠베르크가 슈뢰딩거를 강하게 반박하면 할수록 다른 청중들은 점점 더 의구심이 생겼다. '물질의 최소 단위를 규명하기 위해 왜 굳이 수세기 동안 보존해온 건강한 인간 이성과 잘 다듬어진 직관을 버려야 할까? 하이젠베르크는 시기심에 흥분한 것

이 틀림없어. 경쟁자가 역사에서 자기 자리를 없애려 위협한다면 흥분하는 것이 당연해.'

하이젠베르크는 패배감을 안고 조용히 부모님의 집으로 돌아 갔다. 그는 대결이 제대로 시작되기도 전에 경기장에서 쫓겨난 기분이 들었다. 그리고 "많은 물리학자가 슈뢰딩거의 해석을 해방으로" 여기게 될까 걱정되었다. 조머펠트조차 "슈뢰딩거 수학의 설득력을 무시하지 못하는 것 같아" 하이젠베르크는 더욱 괴로웠다. 슈뢰딩거에 대한 반감은 전혀 없었다. 그러나 그의 방식으로는 양자에 도달할 수 없다. 하이젠베르크가 파울리에게 이렇게 썼다. "슈뢰딩거는 인격적으로 매우 좋은 사람이지만, 그의 물리학은 매우 기이한 것 같습니다. 그의 주장을 듣고 있으면, 20년 전으로 돌아간 기분이 듭니다."

하이젠베르크는 다시 마음을 추스르는 데 며칠이 걸렸다. 그는 괴팅겐 동료 요르단에게 보내는 편지에 자신의 좌절감을 솔직하게 적었다. "며칠 전 나는 뮌헨에서 슈뢰딩거의 강연 두 개를 들었고, 그 후로 슈뢰딩거가 대표하는 양자역학의 물리학적 해석이 틀렸음을 확신합니다." 그러나 확신만으로는 부족할 것이다. 하이젠베르크도 그것을 알았다. 슈뢰딩거와 슈뢰딩거의 수학은 훨씬 더 우아하게 빛났다.

보어 역시 자신의 조교와 슈뢰딩거 사이의 스캔들에 대해 들었을 때, 걱정되었다. 그는 이 대립을 다시 한번 한자리에서 보기로 결심하고, "이곳 연구소에서 일하는 가까운 사람들끼리 원자

이론에 대한 열린 질문들을 더 깊이 토론하기 위해" 슈뢰딩거를 코펜하겐으로 초대했다. "교수님도 아시겠지만, 이곳 연구소에는 하이젠베르크도 있습니다." 슈뢰딩거는 감사히 초대에 응했다. 그는 보어와 "어렵고 뜨거운 질문들을 얘기할 수 있다는 것에" 설렜다. 그러나 코펜하겐으로 가기 전에 먼저 아내와 쥐트티롤로 여름휴가를 가야 한다. 아마도 푹 쉰 다음 보어에게 가는 것이 좋을 것이다. 뮌헨에서의 대결은 그저 시작에 불과하다.

1926년 코펜하겐
비처럼 쏟아진 예술 조각상

1926년 9월 케임브리지. 폴 디랙은 여행 중이다. 양자역학은 이제 유럽에서 가장 뜨거운 토론 주제이자 연구 주제이고, 디랙도 기꺼이 그 대열에 합류하여 원자의 기능 방식을 해명하고자 한다. 디랙은 코펜하겐의 닐스 보어, 괴팅겐의 막스 보른, 레이덴의 파울 에렌페스트와 같은 양자물리학의 거장들에게 배우기 위해 유럽 투어를 시작했다.

북해를 건너는 데 무려 열여섯 시간이 걸렸다. 가을 폭풍에 디랙은 항해 내내 멀미로 토하느라 바빴다. 그는 다시는 배를 타지 않으리라 결심했을까? 아니다. 디랙은 다르게 생각했다. 멀미라는 약점을 극복하기 위해 더 자주 거친 바다를 항해하리라 결심했다. 한 동료가 디랙에 대해 이렇게 말한 적이 있다. "디랙은 간디를 연상시키는 그런 사람이에요. 추위, 불편, 음식 같은 것에 신경 쓰지 않아요." 디랙은 담배도 술도 안 한다. 그가 제일 좋아하는 음료는 물이다. 죽 한 그릇이면 저녁 식사로 충분하다. "물리학자 가운데 디랙의 영혼이 가장 순수하다." 닐스 보어가 말했다.

이런 순수성은 과학에서는 강점이지만, 사회생활에서는 약점이다. 한번은 몇몇 물리학자들이 함께 차를 마시는데, 파울리가 각설탕을 차에 너무 많이 넣자 주변 동료들이 그것을 지적하며 놀렸다. 디랙만 조용히 진지하게 있었다. 동료들이 설탕에 대한 그의 입장을 물었다. 디랙은 곰곰이 생각하고 대답했다. "각설탕 하나면 파울리 교수님께 충분할 겁니다." 사람들은 다른 얘기로 넘어갔다. 그러나 2분 뒤에 디랙이 말했다. "각설탕 하나면 모든 사람에게 충분할 겁니다." 대화는 계속 흘러갔다. 디랙은 생각을 끝냈고 드디어 발표했다. "각설탕은 한 사람에게 하나면 충분하도록 만들어졌을 겁니다."

디랙이 보어와 지낸 지 4개월이 지났다. 그사이에 수많은 면담이 있었지만, 디랙은 거의 말을 하지 않았다. "디랙은 물리학 지식이 아주 많은 것 같은데, 도통 말을 하지 않는다." 보어는 그를 이렇게 평했다. 디랙은 코펜하겐에서 생각을 많이 했는데, 주로 혼자 사색했다. 보어가 말하기를, 디랙은 코펜하겐 연구소를 방문했던 모든 사람들 가운데 "가장 기이한 사람"이었다.

디랙 역시 보어에게 놀랐다. 디랙은 보어를 존경했고 보어의 사교성과 웅얼거리는 강의 방식에 놀랐다. "학생들은 정신이 반쯤 나간 상태로 들었다." 디랙은 그의 강의 방식을 불평했다. "보어의 주장은 대부분 정성적이었고 나는 그 뒤에 있는 팩트를 제대로 파악할 수 없었다. 내가 원했던 것은 방정식으로 표현할 수 있는 진술이었고 보어는 그런 진술을 거의 하지 않았다." 디랙이 추측하기로, 보어는 아마 "좋은 시인"이 될 것인데, "단어를 부정확하게 사용하는 것이 시에서는 유용하기 때문이다."

디랙은 보어에게 감탄하고 그를 존경했지만, 보어를 숭배하진 않았다. 보어가 익숙하게 받는 그런 숭배는 보내지 않았다. 바로 그런 태도 때문에 보어는 영국에서 온 이 키 큰 고독자를 존중했다. 보어는 자신의 철학적 영감을 말로 표현하기 위해 애쓴다. 디랙은 논리적 정확성으로 명확함을 추구한다. 그는 자신의 표현이 모든 세부 사항까지 확실해졌을 때 비로소 밖으로 드러낸다. 그의 강점은 자연의 본질을 우아한 수학으로 이해하는 데 있다. 보어는 그런 사람들에게 의존한다. 그리고 디랙은 보어 같은 사람이 필요하다. 디랙은 공식만으로는 부족하다는 것을 안다. 공식은 해석되어야 한다. 디랙은 해석을 보어, 하이젠베르크, 슈뢰딩거 같은 사람들에게 기꺼이 맡긴다.

디랙은 코펜하겐에서 단 세 가지 표현으로 대부분의 대화를 해결했다. "네", "아니요", "모릅니다." 그는 거의 이마누엘 칸트처럼 매우 규칙적으로 생활했다. 일주일에 5일은 이론을 작업하고, 토요일에는 기술 프로젝트를 작업했다. 일요일에는 트레킹을 했다. 매주 똑같은 리듬이 다시 반복되었다.

디랙은 자신의 작은 연구실에서 12주 이내에 완성한 획기적 논문 두 편으로 양자역학 세계를 바꿔놓았다.

그는 나중에 첫 번째 논문을 '보물'이라고 부를 것이다. 슈뢰딩거가 파동역학을 발표한 이후로, 양자이론 두 개는 너무 많으니 하나로 줄여야 한다는 암묵적 동의가 넓게 퍼졌다. 디랙은 자신의 '보물' 논문에서, 하이젠베르크와 슈뢰딩거의 양자역학 설명이 언뜻 보기에 완전히 다른 것 같지만, 사실은 동등하고 서로 변환이 가능함을 입증했다. 사실 이미 예전에 슈뢰딩거, 파울리, 에카르트 세 사람이 그것을 입증했었다. 그러나 디랙은 그들보다 한 걸음 더 나아간다. 그는 두 이론의 기초가 되는, 아무도 발견하지 못했던 수학적 구조를 발견했다. 디랙은 이 구조를 '변환이론'이라 불렀다. 이 이론은 물리학적 관점과 거리가 멀다. 하이젠베르크의 행렬보다 훨씬 더 멀리 떨어져 있다. 디랙은 수학적 추상에 강하다. 그는 슈뢰딩거가 매우 예술적으로 창조한 슈뢰딩거 방정식을 자신의 이론으로 수학적으로 입증하고, 시를 진리로 바꿀 수 있다.

몇 주 뒤에 그는 두 번째 논문에서, 100년 뒤에도 여전히 물리학의 기초로 통할 '양자장이론'이라는 새로운 장을 열었다.

디랙은 코펜하겐 생활을 마치고 보른, 하이젠베르크, 요르단이 있는 괴팅겐으로 갔다. 그는 보른의 박사과정생인 오펜하이머와 함께 어느 괴팅겐 가정의 별장에서 임차인의 임차인으로 거주했다. 오펜하이머는 재능 있는 미국인으로 자기 자랑에 능한 수다쟁이였다. 두 사람은 완전히 달랐음에도 좋은 친구가 되었다. 디랙은 아침에 일찍 일어났고, 오펜하이머는 아침에 일찍 잠자리에 들었다. 디랙은 공식을 좋아했고 오펜하이머는 시를 좋아했다. 그는 직접 시를 쓰기도 했다. "물리학을 연구하면서 어떻게 동시에 시를 쓸 수 있지? 도저히 이해가 안 돼." 디랙이 오펜하이머에게 말한다. "과학은 이전에 아무도 몰랐던 뭔가를 모두가 이해할 수 있는 말로 표현하고자 하고, 반대로 시는 이미 모두가 알고 있는 것을 아무도 이해할 수 없는 말로 표현하고자 하지." 이렇게나 달랐던 두 사람의 공통분모가 있었으니 그것은 물리학을 향한 사랑이었다. "내 생애 가장 흥분된 시간은 아마도 디랙이 내게 빛의 양자이론에 관한 자신의 논문을 보여주었을 때일 것이다." 오펜하이머는 나중에 이렇게 회상했다. 아무도 디랙의 양자장이론을 이해하지 못했지만, 오펜하이머는 그것을 "비범하게 아름답다"고 여겼다.

독일 물리학자들은 디랙을 버거워했다. 그는 특이한 사람으로 통했다. 괴팅겐 물리학자들은 모두가 우수한 수학자이지만, 디랙의 우아한 수학은 그들의 눈에도 비범했고, 몇몇 이론물리학자들이 버거워하는 공학 정신과 합쳐지면 더욱 비범하게 보였다. 그것은 독일의 물리학 연구 방식이 아니었다.

그러나 디랙의 논문을 이해하는 소수 몇몇 과학자들은 그를 깊이 존경했다. 특히 양자역학의 저작권자인 스물여섯 살의 하이젠베르크는 농담처럼 다음과 같이 말했다. "아무래도 나는 물리학을 그만둬야 할 것 같다. 디랙이라는 젊은 영국인이 왔는데, 너무 똑똑해서 경쟁해봐야 내가 질 것 같다."

폴 디랙의 위대한 창조의 시간은 이제 시작이다. 그는 앞으로 8년 동안 점점 더 우아해지는 발견을 연이어 해낼 것이다. 그의 동료 프리먼 다이슨Freeman Dyson은 그것을 "하늘에서 비처럼 쏟아진 예술 조각상"에 비유했다. "디랙은 순수한 생각만으로 자연법칙을 마법처럼 알아내는 능력이 있는 것 같다. 바로 이런 순수성이 그를 독특한 사람으로 만들었다." 다른 양자물리학자들은 디랙과 비교하면 초보자처럼 보인다. 그들은 자신의 이론에서 길을 잃고, 실수를 저지르고, 수정해야 했다. 그러나 디랙은 한 번에 성공했다.

1928년에 디랙은 자신의 이름을 따서 '디랙 방정식'이라 불리게 될 완전무결하게 아름다운 방정식 하나를 발명했다.

$$(i\partial\!\!\!/-m)\,\psi=0.$$

짧고, 완벽하다. 말이 없는 발명자와 아주 잘 어울리는 공식으로, 어쩌면 가장 아름다운 물리학 방정식일 것이다.

디랙이 이 공식을 종이에 적었을 때, 물리학은 두 기둥 위에 있었다. 아인슈타인의 특수상대성이론과 슈뢰딩거의 양자역학이 그것이다. 그러나 물리학자들은 혁신적인 이 두 기둥을 합칠 수 없었다. 슈뢰딩거 자신도 실패했다. 그러나 폴 디랙은 이 둘을 합치는 데 성공했다. 그는 자신의 방정식으로 아인슈타인과 슈뢰딩거의 이론을 화해시켰다.

세계를 설명하는 방정식을 단 하나 꼽는다면, 그것은 디랙 방정식일 것이다. 디랙은 이 방정식으로 전자를 설명했다. 전체 화학에 영향을 미치고 인간이 세계를 인식하는 방식을 결정하는 입자. 인간의 눈에 조사된 빛이 망막에 있는 전자를 자극한다. 이 과정을 디랙 방정식이 규명한다. 더 나아가 디랙 방정식은, 쿼크와 뮤온에 이르는, 그때까지 발견된 모든 물질의 구성 성분에도 적용된다.

디랙은 자신의 방정식으로, 파울리가 1년 전에 이론적 해명 없이 발표했던 '전자스핀'도 설명했다. 이때 그는 세상을 등진 몇몇 대수학자만이 알았던 수학의 후미진 구석에서 나온 추상적 구조를 이용했다. 그것은 나중에 '스피너spinor'라고 불린다.

디랙은 전자를 해명하기 위해 방정식을 풀었는데, 해가 하나가 아니라 두 개가 나왔다. 하나는 양의 에너지를 가졌고, 하나는 음의 에너지를 가진 대신 양전하를 띠었다. 음의 에너지라니, 그게 뭘까? 디랙은 계속 계산했지만 음수에서 벗어날 수 없었다. 양성자에 대한 설명을 우연히 발견한 것일까? 맞지 않다. 그것은 마치 전자에 지금까지 간과했던 반사상이 있는 것 같고, 지금까지 알려진 입자와 비슷하게 행동하되 앞에 붙은 부호만 반대인 "구멍들"이 세상에 있는 것 같다. 디랙은 빅뱅 직후 우주의 절반을 구성하는 재료인 반물질을 발견했다. 그는 수학적 논증으로 세상의 절반을 발견했다.

처음에는 아무도 그를 믿으려 하지 않았다. 엔리코 페르미Enrico Fermi는 '바스토나데Bastonade에 대하여'라는 한 세미나 수업에서 반물질의 부조리를 지적하며 디랙을 '규탄했다.' '바스토나데'는 맨발바닥을 막대로 때리는 태형을 뜻한다. 그러나 불과 몇 년 뒤에 벌써 디랙이 예언했던 특성을 정확히 가진 양전자가 실험으로 입증되었고, 하이젠베르크는 반물질의 발견을 "우리 세기에 물리학이 이룩한 모든 도약 가운데 가장 위대한 것"이라고 평했다.

디랙은 여기서 멈추지 않고 더 나아갔다. 위상학적 논증으로 그는 자기 홀극이 존재한다고 예언했다. 자기극은 쌍으로만 존재하는 것이 그때까지의 확고한 규칙이었다. 북극이 있으면 남극이 있다. 종이 한 장처럼, 뒷면이 없으면 앞면도 없다. 그러나 위상학에는 뫼비우스 띠처럼 가까이에서 보면 양면처럼 보이지만, 실제로는 한 면만 있는 추상적 종이 띠가 있다. 자기 홀극은 자기의 뫼비우스 띠다.

탁월한 수학자가 있다. 우수한 물리학자가 있다. 그리고 둘 다인 폴 디랙이 있다. 그는 세상을 등진 수학자이면서 동시에 세상을 바라보는 공학자이다. 그는 벡터의 제곱근에서부터 전체 반사 세계의 예언에 이르기까지 과감하게 선을 넘었다.

폴 디랙은 1932년에 과학계에서 가장 권위 있는 자리인 케임브리지대학교 수학과 루카스 석좌교수직에 올랐다. 한때 아이작 뉴턴이 앉았던 자리이다.

1926년 코펜하겐
위험한 놀이

1926년 10월 1일, 슈뢰딩거는 기차로 코펜하겐에 도착했다. 뮌헨에서 조머펠트, 베를린에서 아인슈타인을 만난 후라 그의 자신감이 하늘을 찔렀다. 양자물리학의 위대한 원로인 마흔 살의 보어가 기차역에서 슈뢰딩거를 기다리고 있다. 두 사람은 이날 처음 만났다. 어쩌면 너무 늦게 만난 것 같다. 몇 달 전만 해도 그들은 파동이론 방어전에서 아직 동맹 관계였다. 이제는 아니다. 보어가 전향했고, 슈뢰딩거는 파동과의 의리를 계속 지켰다. 보른이 파동 방정식을 재해석한 이후로, 슈뢰딩거는 양자역학의 옹호자에서 비판자가 되었다. 보어는 슈뢰딩거가 무엇을 비판하는지 직접 듣고 싶었다.

보어는 짧고 정중한 인사로 슈뢰딩거를 맞이하고, 기차역을 나오기도 전에 벌써 슈뢰딩거에 대한 끝날 줄 모르는 심문을 시작했다. 심문은 앞으로 총 8일 동안 이어질 것이다. 다만 10월 4일에 잠시 심문이 중단되는데, 이날 슈뢰딩거가 연구소의 '물리학 모임'에서 파동역학을 강연해야 하기 때문이다. 그다음에는 다시 보어가 슈뢰딩거를 독차지했다.

보어 부부는 세심하고 친절한 호스트였다. 보어는 슈뢰딩거와 가능한 한 많은 시간을 같이 보내기 위해, 슈뢰딩거에게 자택 게스트룸을 내주었다. 그러나 그것은 평화로운 동거라기보다는 과학 결투에 가까웠다. 슈뢰딩거는 자신의 "명확한 그림"을 옹호하고, 보어는 바로 그 명확함에 맞서 싸운다. 보어는 계속해서 슈뢰딩거의 관점을 근본부터 흔들고, 그의 사고 오류를 입증하려 애쓴다. 슈뢰딩거는 보어의 공격을 방어하고 반격한다. 아무도 포기하지 않는다. 슈뢰딩거가 말한다. "과학은 놀이입니다. 현실이라는 날카로운 칼을 가지고 노는 위험한 놀이."

보어의 조교로 이제 막 경력을 쌓기 시작한 하이젠베르크도 이 자리에 동석했다. 하이젠베르크는 슈뢰딩거보다 네 살이 어리지만 언제나 한 걸음 앞서 있었다. 그들의 이론에서 그랬고, 베를린에서 플랑크와 아인슈타인을 만났을 때도 그랬고, 코펜하겐에서 보어를 만나서도 그랬다. 슈뢰딩거는 토끼이고 하이젠베르크는 고슴도치이다(전래동화 〈고슴도치와 토끼〉를 빗댄 표현이다. 동화 속에서 토끼와 고슴도치가 달리기 내기를 한다. 고슴도치는 속임수를 써서 늘 토끼를 이긴다. 또 다른 고슴도치가 결승점 근처에 숨어 있다가 토끼가 도착하기 직전에 땅속에서 올라와 먼저 결승점을 통과하기 때문이다―옮긴이).

하이젠베르크는 두 사람의 분쟁에 끼지 않았다. 두 달 전에 뮌헨에서 슈뢰딩거와 맞붙었을 때 결과가 좋지 않았으므로, 그는 조용히 관찰하고 듣기만 했다. 그는 1900년에 나온 플랑크의 복사 공식을 양자 없이 도출할 수 있을 것이라는 슈뢰딩거의 가정을 듣는다. 그럴 전망이 없다는 보어의 대답도 듣는다. 양자는 남는다.

하이젠베르크는 보어가 낯설게 느껴졌다. 평소 늘 배려가 넘치고 다정다감했던 보어가 이제 "대화 상대에게 한 발짝도 다가갈 준비가 안 되었고, 약간의 모호함조차 허용하지 않는 가차 없는 광신자에 가까워" 보였다.

세계 물리학에서 가장 중요한 두 사람이 마주 보고 섰지만, 아무도 양보하지 않고 한 발짝도 물러서지 않는다. 두 사람이 서로에게 던진 가차 없는 문장들에서, 하이젠베르크는 깊은 확신을 감지했다.

슈뢰딩거는 전자가 특정 법칙을 따른다고 굳게 믿는다. 법칙을 따르지 않는 것은 물리학이 아니고, 물리학의 항복일 것이다. "보어 교수님, 양자 도약에 대한 모든 상상은 난센스로 이끌 수밖에 없다는 것을 아셔야 합니다. 양자 도약 주장에 따르면, 원자의 정지 상태에서 전자는 우선 빛의 방사 없이 한 궤도에서 주기적으로 순환합니다. 그러나 전자가 왜 빛을 방사하면 안 되는지 해명하지 않습니다. 맥스웰의 이론에 따르면, 전자는 빛을 방사해야 하는데도 말이죠. 그다음 전자가 이 궤도에서 다른 궤도로 도약하고 이때 빛을 방사한다고 합니다. 이 과정은 점차적으로 진행됩니까, 아니면 갑자기 벌어집니까? 만약 점차적으로 진행된다면, 전자 역시 점차적으로 궤도 주파수와 에너지를 바꿔야 합니다. 이때 스펙트럼선이 날카로운 주파수를 어떻게 유지하는지 이해가 되지 않습니다. 만약 이 과정이 갑자기 벌어진다면, 그러니까 도약한다면, 아인슈타인의 광양자 아이디어를 적용하여 빛의 정확한 진동수에 도달할 수 있지만, 그러면 도약할 때 전자가 어떻게 움직이는지를 물어야만 합니다. 어째서 전자는 이때 전자기 현상 이론이 요구하는 것처럼 지속하는 스펙트럼을 방사하지 않을까요? 그리고 도약할 때 어떤 법칙이 전자의 움직임을 결정할까요? 양자 도약에 대한 모든 상상은 그냥 난센스임이 분명합니다."

보어는 동의하는 척하면서도, 물러서지 않는다. "네, 모두 맞는 말씀이십니다. 하지만 그것이 양자 도약이 없다는 증명은 아닙니다. 단지 우리가 그것을 상상할 수 없다는 것, 다시 말해 일상에서 일어나는 일과 지금까지의 물리학 실험을 설명하는 명확한 개념들만으로는 양자 도약의 과정을 표현하기 어렵다는 것을 증명할 뿐입니다. 지금 다루고 있는 그 과정이 직접적 경험의 대상이 아니고, 우리가 그것을 직접 경험하지 않고, 그래서 우리의 개념 역시 그것에 맞지 않다고 생각하는 것은 전혀 이상하지 않습니다."

슈뢰딩거는 보어가 철학의 깊은 물속으로 자신을 끌어들이고

자 한다는 것을 감지하고 방어한다. "나는 교수님과 개념에 대해 철학 토론을 하고 싶진 않습니다. 그것은 철학자들의 일입니다. 나는 그저 원자에서 무슨 일이 벌어지는지 알고 싶습니다. 어떤 언어를 사용하는지에 대해서는 관심 없습니다. 우리가 지금까지 상상했던 것처럼 원자 안에 입자 형태의 전자가 있다면, 전자는 어떤 식으로든 움직여야 합니다. 이 움직임을 정확히 기술하는 것은 현재 내게 중요하지 않습니다. 그러나 언젠가는 결국, 정지된 상태에서 또는 한 상태에서 다른 상태로 넘어갈 때 전자가 어떻게 행동하는지 알아낼 수 있어야 합니다. 그러나 파동역학이나 양자역학의 수학 공식에서 보듯이, 이 질문에 대한 타당한 대답이 없습니다. 그러나 그림을 바꿀 준비가 되는 순간에, 그러니까 전자가 입자가 아니라 전자파동이나 물질파동으로 존재한다고 말할 준비가 되는 순간에, 모든 것이 달리 보입니다. 그러면 진동의 날카로운 주파수에 더는 놀라지 않습니다. 방송국 안테나를 통해 전파가 퍼지는 것처럼 빛의 방사가 간단히 이해되고, 풀수 없어 보였던 모순들이 사라집니다."

보어가 침착하게 반박한다. "아니요. 미안하지만 그것은 옳지 않습니다. 모순은 사라지지 않고 다만 다른 자리로 미뤄질 뿐입니다. 교수님은 원자를 통한 빛의 방사 또는 더 일반적으로 말해, 원자와 주변 복사장의 상호작용에 대해 말하면서, 물질파동은 존재하지만 양자 도약은 없다는 가정으로 어려움을 이길 수 있을 거라고 주장합니다. 그러나 원자와 복사장 사이의 열역학적 평형, 예를 들어 아인슈타인의 플랑크 복사법칙 도출을 생각해보세요. 이 법칙의 도출에서는 원자의 에너지가 이산값을 취하고 때때로 불연속적으로 변하는 것이 결정적입니다. 고유진동 주파수의 이산값은 전혀 도움이 되지 않습니다. 정말로 진지하게 양자이론의 모든 토대에 의문을 제기하려는 건 아니죠?"

슈뢰딩거는 바로 그것을 하고자 했다. "당연히, 이와 관련하여 모든 것이 이미 이해되었을 거라 주장하는 건 아닙니다. 그러나 교수님 역시 양자역학에 흡족한 물리학적 해석을 갖고 있지 않습니다. 열 이론을 물질파동 이론에 적용하는 것이 결국 플랑크 공식을 잘 해명하리라 희망하면 왜 안 되는지 이해할 수가 없군요. 그러면 지금까지의 해명과 다르게 보일 텐데 말입니다."

보어가 여유롭게 반박한다. "아니요, 희망해선 안 됩니다. 플랑크 공식이 무엇을 의미하는지, 이미 25년 전부터 알고 있으니까요. 그리고 우리는 섬광스크린이나 안개상자에서 불연속성, 급작스러운 원자 현상을 매우 직접적으로 봅니다. 섬광이 갑자기 스크린에 나타나거나 전자 하나가 갑자기 안개상자를 통과해 움직이는 것을 우리는 봅니다. 이런 급작스러운 사건을 그냥 무시하고 마치 그것이 존재하지 않는 척할 수는 없습니다."

슈뢰딩거는 초조한 몸짓으로 두 손을 든다. "이 빌어먹을 양자도약에 머물러야 한다면, 나는 양자이론에 신경 쓰지 않았던 것을 후회할 수밖에 없군요."

보어는 자신이 이긴 것을 알고, 화해의 어조로 그것을 슈뢰딩거에게 확인시킨다. "하지만 우리는 교수님이 그렇게 한 것에 매우 감사하고 있어요. 교수님의 파동역학은 수학적 명확성과 단순성으로 지금까지의 양자역학 형태에 비해 엄청난 발전을 보였기 때문입니다."

온종일 이른 아침부터 늦은 밤까지 이런 식으로 논의가 계속되었다. 이것은 보어에게 익숙한 방식이지만, 슈뢰딩거로서는 숨 막히도록 끝없는 심문을 받는 기분이었다. 며칠 후 슈뢰딩거는 무너지고 말았다. 아무튼 그의 체력 조건은 더 이상 최상이 아니었다. 슈뢰딩거는 독감에 걸려 침대에 누워 있어야 했다. 보어의 아내가 슈뢰딩거에게 차와 케이크를 주었고, 보어는 침대 맡에 앉아서 심문을 이어갔다. "하지만 교수님은 알아야 합니다…." 슈뢰딩거가 빛나는 눈으로 보어를 빤히 보았다. 누구도 상대를 설득할 수 없었다. 누구도 자신이 옳다는 확신을 버리지 않았다.

이들은 실험이나 수학적 논증으로 규명할 수 있는 팩트를 다루고 있지 않았다. 팩트는 자명했다. 그들이 다투는 것은 팩트의 해석이었다. 두 물리학자는 자신의 해석에 뿌리 깊은 확신을 가졌고, 그 누구도 한 발짝조차 물러서지 않았다. 그 누구도 상대의 약점을 그냥 넘기지 않았다. 그러나 그 누구도 양자역학의 결정적 해석을 갖고 있지 않았다.

그러므로 합의점은 보이지 않았다. 관점이 달라도 너무 달랐다. 슈뢰딩거는 양자물리학이 고전물리학을 이음선 없이 깔끔하게 잇는다고 본다. 보어는 고전적 현실과의 결별이 불가피하다고 본다. 옛 상상, 연속적 움직임, 중단 없는 순환궤도로 후퇴하는 일은 없다. 슈뢰딩거가 동의하든 안 하든, 양자 도약은 사라지지 않을 것이다. 슈뢰딩거는 점점 더 화가 나고 초조해졌고, 보어의 누그러지지 않는 조용한 반격에 적당한 답을 찾지 못했다.

슈뢰딩거는 녹초가 되어 취리히로 가는 기차에 올랐고, 마침내 보어의 질문 공격에서 벗어나자 안도했다. 보어는 그를 녹초로 만들었지만 설득하진 못했다. 보어는 슈뢰딩거의 "명확한 그림"을 깨뜨리지 못했지만, 어쩌면 몇몇 세부 사항을 다시 생각할 수밖에 없도록 만들었을지 모른다. 슈뢰딩거는 "몇몇 곳에서 미로를 만났고 그곳을 떠나야 하는 건 분명하다"고 인정했다.

슈뢰딩거는 빌헬름 빈에게 긴 편지로 자신이 경험한 코펜하겐에서의 모험을 전했다. 먼저 좋았던 부분부터. "한 번도 만난 적이 없는 보어를 그의 집에서 깊이 사귈 수 있었고, 각자 마음에 품고 있던 것에 대해 몇 시간씩 대화를 나눌 수 있어서, 정말 좋았습니다." 슈뢰딩거는 보어의 손님 접대를 "매우 친절하다"고 평했다. "그런 엄청난 외적 내적 성공을 위해 고군분투하고, 세계적으로 명성이 높은 연구소에서 거의 신적인 존재로 숭배를 받으면서도 사제 지망생처럼 얌전하고 수줍어하는 그런 사람은 아마 다시 있기 어려울 겁니다." 그다음 슈뢰딩거는 보어의 "원자에 대한 현재의 입장"을 전한다. 그가 보기에 보어의 입장은 "정말로 아주 이상"했다. "보어는 일반적인 단어의 뜻 그대로, 이해가 불가능하다고 정말로 완전히 확신합니다. 대화는 거의 항상 철학적으로 변하고, 그가 방어하는 관점이 정말로 무엇인지, 그가 가진 관점을 정말로 공격해야 하는지, 더는 알 수 없게 됩니다." 슈뢰딩거는 자신의 관점 역시 아직 완전히 무르익지 않았음을 인정한다. 그러나 "명확한 입자도 안 되고, 명확한 파동도 안 된다"는 보어의 주장에는 반대한다. 슈뢰딩거는 자신의 관점을 이렇게 요약했다. "외부의 자연 과정을 이해할 수 있다는 것은 내게 공리입니다. 경험들은 서로 모순될 수 없습니다. 만약 모순처럼 보인다면, 어떤 정신적 연결도 유지될 수 없습니다. 지금까지 가장 잘 유지될 수 있었던 상상, 즉 공간과 시간, 인접한 시공간의 상호작용에 대한 매우 일반적인 상상, 일반상대성이론도 실제로 크게 바꿀 수 없는 모든 것에서, 이런 유지될 수 없는 것을 찾는 것은 너무 성급한 것 같습니다."

슈뢰딩거는 제한을 둔다. "이때 보어가 말하는 것을 곧이곧대로 믿기는 쉽지 않습니다. 한편으로, 그가 종종 얼마 동안 거의 꿈꾸듯 환상에 젖고 정말로 아주 모호하게 말하기 때문이고, 다른 한편으로 그는 배려심이 아주 깊은 사람이기 때문입니다." 보어는 정중하게 토론 상대의 업적을 인정하고 그다음 가차 없이 말한다. "파동놀이가 행렬 계산을 위한 편리한 보조 수단에 불과하다면, 보어는 그것을 도난당한 셈 치겠다고 합니다." 과학적인 논쟁에도 불구하고 두 사람은 서로를 좋아하게 되었다. 슈뢰딩거는 빈에게 보내는 편지를 이렇게 마쳤다. "이 모든 분쟁에도 불구하고, 보어와의 관계, 그리고 특히 감동적으로 사랑스럽고 친절하고 자상하게 내게 주의를 기울였던 하이젠베르크와의 관계는 전혀 망가지지 않았습니다. 그들의 친절은 진심이었습니다." 공간적으로 떨어진 거리와 몇 주의 회복기 덕분에, 슈뢰딩거의 머릿속에서 힘들었던 심문의 기억이 흐릿해졌다.

공동의 적이 생기면서 코펜하겐에서는 결속력이 높아졌다. 하이젠베르크는 자기 자신과 보어, 그리고 뜻을 같이하는 사람들을 일컬어 "우리 코펜하겐 사람"이라고 불렀다. 보어와 하이젠베르크는 슈뢰딩거와의 설전 후, 양자물리학의 현실성을 부정하는 그들의 캠페인이 "올바른 길임을 더욱 확고히 확신하게 되었다." 원자에서 일어나는 일은 위치와 운동에 관한 기존 개념으로는 기술할 수 없다. 그러나 그들은 그들 앞에 기다리고 있는 전투도 예감했다.

1927년 코펜하겐
불확실해진 세계

1926년 가을 코펜하겐. 슈뢰딩거의 방문으로 하이젠베르크가 누렸던 기쁨은 모두 사라졌다. 이제 보어의 질문 폭격이 그에게 떨어진다. 그는 숨을 곳이 없다. 보어와 하이젠베르크 사이에는 계단 하나뿐이다. 보어는 시도 때도 없이 하이젠베르크에게 와서 파이프담배를 입에 물고 현기증 나는 독백을 시작한다.

보어와 하이젠베르크는 '코펜하겐 사람들'의 양자역학 공동 해석을 위해 분투하고 있다. 두 사람은 공동의 적과 싸우고, 서로가 적이 되어 싸운다. 공식은 이미 나왔다. 확고하고 수학적으로 결정적인 공식이다. 그러나 위치와 속도 같은 옛날 개념이 통하지 않으면, 그것이 무슨 의미란 말인가? 보어와 하이젠베르크는 생각하는 것만큼 둘의 의견이 일치하지 않음을 곧 깨달았다.

하이젠베르크는 해석 문제를 건드리지 않는 것이 최선이라고 여긴다. 이론은 저절로 입증될 테니까. 그렇다고 보어에게 해석을 맡겨두고 싶지도 않다. 그가 창조한 그의 이론이므로, 해석 권한도 그가 갖는 것이 마땅했다.

한편 보어는 하이젠베르크를 날카롭고 창의적이지만 철학적 깊이가 없는 미숙한 사상가로 여겼다. 이론이 나왔고, 이제 지혜가 필요하다. 그것에는 보어만 한 적임자가 없다.

두 남자는 매일 여러 시간을 같이 보냈다. 보어는 무자비하게 독백에 가까운 질문을 퍼붓고, 그러는 동안 점점 더 흥분한 하이젠베르크는 멘토의 말을 끊기 위해 애썼다. 수많은 저녁에 둘은 연구소 옆 팰레드 공원을 산책하며 언쟁을 이어갔다. 공원 나무들이 내다보이는 보어 연구소의 멋지게 꾸며진 다락방에서도 하이젠베르크는 편히 쉬지 못했다. 때때로 늦은 저녁에도 보어가 손에 셰리포도주 한 병을 들고 그의 방문 앞에 왔다. 사고실험을 세밀하게 논의하기 위해, 전에 얘기되었던 것을 명확히 하거나 보충하기 위해. 보어는 개인의 자유 시간 따위는 모른다. 그는 할 얘기가 있으면 즉시 해야만 한다.

슈뢰딩거에 반대하는 일이면, 두 사람의 의견은 일치했다. 슈뢰딩거는 양자 시스템을 부드럽게 흐르는 파동으로 묘사한다. 그는 입자의 도약을 착시로 여긴다. 슈뢰딩거가 오래전에 끝난 고전물리학의 향수가 어린 희망 섞인 소망에 현혹되어 오류를 범했다고, 두 사람은 믿는다. 그러나 옛길을 걸을 수 없게 된 지금, 하이젠베르크는 급진적으로 방향을 바꿔 근본부터 다시 생각하고자 한다. 양자 현상을 이해하기 위해 물리학자들이 완전히 새로운 언어를 배워야 한다고, 그는 생각한다.

보어는 물리적 세계를 새롭게 창조하자는 하이젠베르크의 요구를 과도한 허세라고 여긴다. 위치, 속도, 에너지 같은 고전역학의 검증된 수치를 그냥 폐기할 수는 없다. 우리는 행렬과 확률의 세계에 살지 않는다. 우리는 사람, 의자, 호수가 있는 현실 세계, 사물들이 각자의 확고한 위치를 가진 세계, 파동은 파동이고 입자는 입자인 세계에 산다. 그리고 이 세계에서 모든 개념이 계속해서 우리를 잘 안내한다. 따라서 어딘가에는 반드시 연결이 있어야 한다. 어떤 식으로든 양자 세계의 도약이 고전 세계의 연속성과 연결될 수 있어야 한다.

어딘가에, 어떤 식으로든? 보어가 스칸디나비아 특유의 우울함에 사로잡힌 것일까? 하이젠베르크가 체념하듯 속으로 생각한다. 보어는 양자역학을 고전물리학으로 이해할 수 없다고 믿으면서 동시에 그것을 고전 개념 위에 세우려는 것처럼 보인다. 어떻게 그것을 모순 없이 성공한단 말인가? 그러나 보어는 지금 바로 그 모순을 즐기고 있는 것 같다.

도대체 뭐가 문제일까? 하이젠베르크는 이해가 안 되었다. 양자역학은 작동한다. 콤마 뒤에 얼마나 많은 자릿수까지 실험으로 점검하든, 양자역학의 예언은 언제나 적중한다. 그리고 보어는 어두운 자리를 발견해내고, 논리적 불확실성을 지적하는 데 늘 성공한다. 하이젠베르크가 나중에 이때를 회상하며 이렇게 적었다. "때때로 나는 보어 교수님이 나를 살얼음판으로 데려가려고 애쓴다는 인상을 받았다. 기억하기로, 나는 그것 때문에 때때로 약간 화가 났다." 만약 보어가 그런 식으로 쉽게 그를 살얼음판으로 데려갈 수 있다면, 어쩌면 그들은 정말로 불안정한 영토 위에 있는 것이리라.

보어는 파동과 입자를 모두 정당화함으로써 안정을 찾고자 했다. 그렇다. 그것은 모순되지만 서로 보완하기도 하고, 함께 해야 원자 현상의 온전한 그림이 된다.

하이젠베르크는 이런 막무가내 해석에 저항했다. 그가 보기에, 보어가 파동에 대해 얘기하는 것은 슈뢰딩거에게 너무 많이 양보하는 것이다. 하이젠베르크의 양자역학에서는 파동을 다루지 않는다. 하이젠베르크는 디랙이 말한 것처럼 "수학에게 듣고자 한다." 하이젠베르크는 자신의 이론이 철학적 추가 없이 저절로 해석된다고 믿었다. 이론의 몇몇 수치들에 대해 행렬역학이 이미 해석을 제공한다. 예를 들어 에너지, 전기모멘트, 운동량의 평균값 등이 그렇다. 하이젠베르크는 나머지도 토론의 여지없이 "말끔한 논리적 귀결로" 올바른 해석이 공식에서 나오기를 희망했다.

막스 보른이 1926년 여름에 확률 해석을 발표했을 때, 하이젠베르크는 기쁘지 않았다. 보른은 슈뢰딩거의 파동역학을 이용해 원자 충돌을 조사했고, 전자가 특정 위치에 있을 확률의 한 척도가 전자의 파동함수일 것이라고 추측했다. '해석'과 '추측', 하이젠베르크는 그것이 맘에 들지 않았다. 여기에 해석의 여지가 과연 있을까?

여러 달이 지났지만, 두 사람 사이의 의견 대립은 여전했다. 1926년 12월, 긴 겨울밤에 보어와 하이젠베르크를 잠들지 못하게 막는 특별한 수수께끼가 하나 있다. 안개상자-흔적 수수께끼가 그것이다.

안개상자는 아직 수작업으로 실험을 진행했던 원자물리학 초기 시대에 고안된 장치이다. 보어는 1911년에 러더퍼드로부터 안개상자에 대해 들었다. 러더퍼드가 스코틀랜드 물리학자이자 기상학자인 찰스 톰슨 리스 윌슨Charles Thomson Rees Wilson에 열광하면서 안개상자 얘기를 했었다. 안개상자는 작은 창이 달린 밀폐된 상자로, 수증기로 포화된 공기가 채워져 있다. 윌슨은 빛이 구름을 통과할 때의 현상, 이른바 '코로나' 또는 '글로리'라 불리는 현상을 실험실에서 재현하기 위해 인공 구름을 만들고자 했다. 그는 상자 안의 공기를 팽창시킨 후 그것을 냉각하여 수증기가 먼지 입자에서 작은 물방울로 응결하게 했다. 윌슨은 상자에서 모든 먼지를 제거해보았다. 그런데도 상자 안에서 구름이 만들어졌다. 어떻게 된 일일까? 윌슨은 한 가지 해명밖에 떠오르지 않았다. 수증기가 공기 중의 이온에서 응결된다! 상자 안을 통과하는 빛은 전자를 공기 분자에서 떼어내고, 그러니까 이온화하고, 이런 방식으로 비행기가 하늘에 비행운을 남기듯이 물방울의 흔적을 남기는 것으로 밝혀졌다. 윌슨은 평소 눈으로 볼 수 없는 빛

입자의 경로, 즉 방사성 물질이 방출하는 방사선 궤도를 관찰할 수 있는 도구를 물리학자들에게 제공했다. 안개상자는 나중에 개발될 집 크기만 한 입자가속 탐지기의 조상이다.

1920년에는 측정 기술이 개별 전자를 인식하는 것에서 아직 멀리 떨어져 있었다. 그러나 그것의 흔적이 안개상자에 남아 눈으로 볼 수 있다. 그리고 그것은 고전물리학자들이 기대했었을 것처럼, 정말로 작은 비행기의 비행운처럼 생겼다.

그러나 1920년대 양자물리학자들은 그것을 기대하지 않았다. 하이젠베르크와 슈뢰딩거는 아니다. 하이젠베르크는 자신의 행렬역학으로 원자 내부의 고전적 입자 궤도를 폐기하고자 한다. 슈뢰딩거의 파동역학에서는 전자들이 시간이 지남에 따라 공간 전체에 번진다. 그러나 안개상자 안에서 전자들은 날카로운 경로로 움직이는 것처럼 보인다. 이것이 어떻게 서로 맞을까?

원자 실험에서 확인되는 것처럼 자연이 정말로 그렇게 터무니없이 행동할 수 있을까? 하이젠베르크는 속으로 고민한다. 하이젠베르크가 대답을 주저하는 동안, 보어가 반기며 그렇다고 대답한다. 양자역학의 해석에서 핵심 역할을 하는 관찰과 측정이, 규칙적 패턴이나 인과관계를 자연에서 찾으려는 모든 시도를 파괴한다.

하이젠베르크는 이 모든 것을 받아들일 수 없었다. 계속해서 철학 안개 속을 헤매는 보어와의 토론이 그를 지치게 했다. 그들은 종종 절망 속에 토론을 마쳤다. "과학은 대화에서 발생한다"

고 하이젠베르크는 즐겨 말했지만, 역시 그렇지 않다!

보어와 하이젠베르크는 1927년 1월 몇 주를 결실 없는 긴 결투로 시간을 보냈다. 하이젠베르크가 나중에 썼듯이, "사고 방향이 달라 때때로 갈등이 생기는 상태, 기진맥진한 상태"에 이를 때까지. 상대방이 그냥 이해하기를 거부하는 것에 완전히 좌절하여, 그들은 서로 계속 동문서답만 하고 있다고 서로에게 자주 불평했다.

인내심이 바닥 난 보어는 2월에 노르웨이 구드브란스달렌으로 4주간 스키 휴가를 떠났다. 하이젠베르크가 같이 가기로 계획된 여행이었지만, 두 사람 모두 그 약속을 모르는 척했다. 그들은 서로 떨어져서 조용히 쉴 필요가 있었다.

보어 없이 보내는 4주간의 휴식. 하이젠베르크는 해방감을 느꼈다. 그는 보어와 대화를 할 필요 없이, 방해받지 않고 공원을 산책할 수 있었다. 그는 숙면을 취할 수 있었고, "가망 없는 어려운 문제들을 혼자 깊이 생각할 수 있는 것이" 기뻤다.

그러나 머릿속에서 그는 계속해서 보어가 이의 제기를 하는 소리를 들었다. 그래, 인정. 어쩌면 보어가 맞았을지도 몰라. 고전적 의미는 아닐지라도, 위치와 속도는 계속해서 의미가 있을지 모른다. 입자가 동시에 파동이라면 그것들은 어떤 의미가 있을까? 어떻게 하면 그 의미를, 보어의 뜬구름 같은 모호한 말이 아니라 수학적 공식으로 표현할 수 있을까?

어느 저녁에 하이젠베르크는 다락방에 앉아 아무런 방해도 받지 않고 행렬과 입자 궤도에 대해 깊이 생각했다. 한편에는 모두가 볼 수 있는 안개상자-흔적이 있다. 다른 한편에는 고전적 입자 궤도에 자리를 허락하지 않는 양자역학이 있다. 이론에 뭔가 오류가 있는 것일까? 아니다. 하이젠베르크는 굽히지 않는다. 이론은 "너무 확실해서 변화를 허용할 수 없다." 이론과 현실 사이의 간격은 극복할 수 없어 보인다.

하이젠베르크는 이날 저녁에 순순히 물러서지 않았다. 이론과 현실 사이의 연결점을 반드시 찾을 수 있을 것 같았기 때문이다. 자정 무렵에 아인슈타인의 말이 떠올랐다. 예전 여름에 그들이 함께 베를린을 산책한 이후, 아인슈타인이 하이젠베르크의 이론에 반대하며 안개상자-흔적을 얘기했었다. 당시 아인슈타인이 이렇게 말했다. "자신이 실제로 관찰한 것을 기억하는 것은 가치가 있을 수 있습니다. 하지만 원칙의 관점에서 볼 때, 관찰 가능한 수치만을 토대로 하려는 이론은 매우 잘못된 것입니다. 현실에서는 정확히 그 반대이기 때문입니다. 우리가 무엇을 관찰할 수 있을지를 이론이 먼저 결정합니다." 당시 아인슈타인 곁에서 하이젠베르크는 이론과 관찰 중에서 무엇이 먼저일까 궁금했었다. 당시 하이젠베르크는 당연히 관찰이 먼저라고 생각했었다. 실험 연구에서 농담처럼 자주 언급하듯이, 무엇이든 일단 눈으로 볼 수 있어야 그것을 깊이 생각할 수 있지 않겠는가?

그러나 밤새 입자 궤도에 대해 깊이 생각하는 지금, 무엇을 관찰할 수 있을지를 이론이 먼저 결정한다는 아인슈타인의 말이 갑자기 새롭게 다가왔다. "오랫동안 잠겨 있던 문을 열 열쇠를 바로 이 지점에서 찾게 될 것이 갑자기 명확해졌다." 하이젠베르크가 나중에 이때를 회상하며 말했다.

하이젠베르크는 흥분에 휩싸였다. 지금의 흥분은 생산적이다. 그는 책상에서 벌떡 일어나 계단을 뛰어 내려가 펠레드 공원으로 나갔다. 맑은 밤공기를 마시며, 플라타너스, 보리수, 은행나무가 늘어선 길을 걸으며, 하이젠베르크는 처음부터 다시 찬찬히 생각했다. 전자가 안개상자를 관통해서 지나면 정확히 무엇이 보이지? 움직이는 모습을 볼 수 없다. 연속된 비행경로를 보지 못한다. 그것은 단지 머릿속에서 구성된 것일 뿐이다. 우리는 일련의 개별 물방울을 본다. 전자가 개별 물방울의 응결을 촉발했다. 각 물방울은 전자보다 훨씬 크다. 물방울 역시 전자가 지나간 언저리에 위치한다. 그러므로 실제로 관찰한 것은 연속된 비행 궤도가 아니라, "부정확하게 결정된 전자 위치의 불연속적 결과"이다. 한 위치에서 다음 위치로 어떻게 이동했는지를 우리는 알지 못한다. 원자에서 한 에너지 준위에서 다른 에너지 준위로 도약할 때 전자가 어떻게 행동하는지 모르는 것과 같다.

아인슈타인의 말을 수용하면 무엇을 얻게 될까? 무엇을 관찰할 수 있을지를 이론이 먼저 정한다면? 펠레드 공원의 어둠에서 하이젠베르크는 핵심 질문에 도달한다. "양자역학에서, 전자가 대략 다소 불확실하게 기존의 한 위치에 있고, 이때 대략 다소 불확실하게 기존 속도를 갖는 상황을 표현할 수 있을까? 그리고 실험의 어려움을 겪지 않을 만큼 이런 불확정성을 없앨 수 있을까?"

하이젠베르크는 서둘러 연구소로 돌아와 계단을 뛰어올라 책상에 앉아 종이와 연필을 들고 방정식을 적고, 답한다. 할 수 있다! 양자역학은 우리가 무엇을 측정하고 알 수 있는지 명확히 경계를 둔다. 그러나 이 경계를 어디에 어떻게 둘까?

양자역학은 한 입자의 위치와 속도를 동시에 정확히 확정하는 것을 금지한다. 위치를 정확히 측정할 수 있거나 속도를 정확히 측정할 수는 있지만, 둘을 동시에 정확히 측정할 수는 없다. 그러므로 이 수치를 정확히 알고자 하는 사람은 자연과 타협하여 수치 하나는 포기해야 한다. 위치를 보는 눈과 속도를 보는 눈이 있고, 둘 중 하나로만 원자를 볼 수 있다. 양쪽 눈을 동시에 뜨면, 시야가 흐려진다.

그렇게 하이젠베르크는 그동안 양자역학의 핵심으로 통했던 위치와 운동의 불확정성에 직면한다. "불확정성 원리." 풀어서 설명하면, 위치와 운동량에 대한 불확정성의 곱셈값은 플랑크 상수보다 작을 수 없다. 하이젠베르크가 옳다면, 원자 영역의 어떤 실험도 불확정성 원리의 경계를 극복할 수 없다. 당연히 이것을 명확히 '입증'할 수 없지만, 그는 확신한다. "실험과 관찰 과정이 양자역학의 법칙을 충족할 수밖에 없기 때문이다."

하이젠베르크는 자신과 보어가 여러 달을 씨름했던 수수께끼를 마침내 풀었다. 그는 양자역학의 수학과 안개상자의 관찰 사이에 다리를 놓았다. 그리고 하필이면 그를 가장 크게 비판했던 아인슈타인이 결정적인 방향을 손가락으로 가리켜주었다. "무엇을 관찰할 수 있을지를, 이론이 결정한다."

그 후로 하이젠베르크는 이 다리가 튼튼한지 검사했다. 그는 머릿속 실험실에서 불확정성 원리를 테스트하고, 연달아 실험하고, 불확정성 원리에 허점은 없는지 주의를 기울였다. 이동하는 전자를 관찰할 수 있는 강력한 현미경으로 전자의 위치와 속도를 동시에 관찰한다? 그러나 그런 현미경은 충분한 분해능을 위해 고에너지 감마선을 써야 하는데, 그러면 감마선이 전자를 궤도에서 이탈시킬 것이다. 현미경의 분해능 공식 때문에 4년 전 하이젠베르크는 하마터면 박사학위 취득에 실패할 뻔했었다. 그러나 이제 그는 이것으로 자신의 가장 중요한 발견을 뒷받침한다.

보어가 노르웨이에서 스키를 타는 동안, 하이젠베르크는 이 모든 것을 끝냈다. 그는 14쪽에 달하는 긴 편지를 파울리에게 보내 자신의 발견을 자세히 설명했다. 그는 보어의 분노를 걱정하며 파울리에게 지지를 요청했다. 그리고 보어에게는 짧게 "진전이 있다"고만 알렸다.

"양자역학의 날이 밝아오고 있군요." 파울리가 답했다. 하이젠베르크는 용기를 얻어 반란을 단행하기로 한다. 그는 파울리에게 보냈던 편지를 논문으로 발전시켜, 보어가 돌아오기 전에 출판되도록《물리학 잡지》에 보냈다.

보어는 노르웨이에서 돌아와 하이젠베르크의 논문을 읽었고,

다시 한번 더 찬찬히 읽었다. 처음에는 감탄하고, 그다음에는 근심했다. 논문에 대해 얘기하려고 두 사람이 만났을 때, 긴장한 하이젠베르크에게 보어가 먼저 말을 꺼냈다. 뭔가 맞지 않는 부분이 있을 것이라고, 감마선 현미경 사고실험에서 실수가 있었을 것이라고, 보어가 주장한다. 하이젠베르크는 감마선을 입자의 흐름으로 본다. "틀렸어! 그건 파동이야." 보어가 말한다. "입자예요!" 하이젠베르크가 맞선다. "파동이야!" 보어는 물러서지 않는다. 지겹도록 해오던 오래된 옥신각신이 다시 이어진다.

보어는 그사이 양자역학의 역설을 극복하기 위해 자기만의 고유한 아이디어를 발전시켰다. 그는 그것을 '상보성 원리'라고 불렀다. 같은 현상을 두 가지 다른 관찰 방식으로 이해할 수 있는 상황이 존재한다고, 그는 주장한다. 파동과 입자가 그 사례이다. 둘은 서로 배타적이지만 또한 서로를 보완하기 때문에 둘이 함께여야 한 현상을 온전히 설명할 수 있다. 둘은 '상호보완적'이다.

보어는 자신의 아이디어가 더 우수하고, 하이젠베르크의 불확정성 원리는 특별한 경우에만 맞다고 생각했다. 하이젠베르크는 더는 입씨름을 하고 싶지 않아 며칠 동안 보어와의 토론을 피했다. 보어는 하이젠베르크가 자신의 오류를 스스로 깨닫기를 희망했다. 그러나 하이젠베르크는 확고했다. 논문을 취소하라고, 보어가 다그쳤다. 하이젠베르크는 울음을 터뜨렸다. 아들이 아버지를 잃는 것은 아픈 일이다.

보어 역시 끝을 감지했고, 둘은 대략 같은 의견임에 합의했다.

'개정판 부록에서' 보어의 반대 의견을 언급하기로 한 것에, 보어는 만족하기로 했다. 보어는 하이젠베르크의 부탁으로 1927년 4월에 불확정성 원리에 관한 논문을 '칭찬의 말과 함께' 아인슈타인에게 보냈다. 아인슈타인은 답하지 않았다. 괴팅겐의 보른에게는 화나는 일이겠지만, 나중에 '코펜하겐 해석'이라 불리게 될 양자역학의 해석이 그렇게 세상에 나왔다. 행렬, 확률, 불확정성, 파동, 입자, 상보성. 모든 것이 그 안에 담겨 있다.

하이젠베르크는 자신의 논문으로, 아인슈타인과 슈뢰딩거가 물리학의 토대라고 여겼던 인과성을 흔들었다. "'현재를 정확히 알면, 미래를 계산할 수 있다'는 인과법칙의 명확한 진술에서 틀린 것은 결론이 아니라 전제조건이다." 우리는 현재를 알 수 없다. 우리는 전자의 위치와 속도를 동시에 정확히 알 수 없으므로, 전자의 미래 위치와 속도의 가능성 확률만을 계산할 수 있다. "양자역학을 통해 인과법칙의 무효성이 명확히 입증된다." 논문의 마지막 문장이 말한다. 아인슈타인은 상대성이론을 통한 시공간 혁명에서 감히 그렇게 멀리까지 가지 못했었다. 한때 뉴턴이 상상했던 시계태엽 우주는 이제 더는 존재하지 않는다. "모든 변화는 원인과 결과의 법칙에 따라 일어난다"는 이마누엘 칸트의 문장도 더는 통하지 않는다.

하이젠베르크가 말한다. "인식된 통계적 세계 뒤에 인과법칙이 통하는 '실재' 세계가 있기를 바라는 희망은 이루어질 수 없고 무의미하다. 물리학은 인식들의 연관성만을 공식으로 기술해야 한다."

변혁의 시간이다. 하이젠베르크는 코펜하겐에서 충분히 배웠다. 그는 이미 예전에 제안을 받았던 라이프치히대학교 교수직을 수락하여 독일에서 가장 젊은 정교수가 되었다. 그의 나이 스물다섯의 일이다. 그러나 그는 코펜하겐을 떠난 후, 후회가 밀려왔다. 그래서 1927년 6월에 보어에게 편지로, 자신의 "배은망덕"을 사죄하고, 부끄럽게 여긴다고 고백했다. "나는 지금도 거의 매일 이 모든 일을 곱씹어봅니다. 그리고 그렇게 진행된 것이 부끄러울 따름입니다." 그해에 하이젠베르크는 보어와 화해하기 위해 다시 한번 코펜하겐으로 갔다.

다른 물리학자들은 불확정성 원리의 의미를 가늠하는 데 한참이 걸렸다. 인과성은 이미 1년 전에 보른에 의해 폐기되었다고, 일부 이론가들은 말하고, 일부 실험가들은 불확정성 원리를, 정교한 장비로 양자 현상의 더 선명한 그림을 얻으려는 도전으로 받아들였다. 그러나 그들은 잘못 이해했다. 세계는 그저 불확실하게 보이기만 하는 것이 아니다. 세계는 실제로 불확실하다! "세계와 우리의 언어가 맞지 않음을 알아야 한다." 하이젠베르크가 말한다.

1927년 코모

리허설

1927년 여름, 스위스 국경에 인접한 이탈리아 최북단의 코모 호수. 신학자 로마노 과르디니Romano Guardini는 이곳에서 여름휴가를 보내는 중이다. 그는 자연과학의 급속한 발전을 우려하며, 당대를 "지식과 기술력의 증가를 이득으로만 여기는 시대"라고 기술했다. "그러나 이런 신념의 확실성이 흔들렸고, 이제 중요한 것은 지식을 통해 힘을 키우는 것이 아니라, 그 힘을 길들이는 것이며, 그러지 않으면 지구적 재앙이 올 것"이라고, 과르디니는 경고했다.

같은 해 여름, 물리학자들이 길들지 않는 지식에 대한 갈증을 갖고 코모에 모이고, 그들 가운데 몇몇은 얼마 후 원자폭탄을 개발할 것이다. 베르너 하이젠베르크, 그리고 이탈리아 물리학의 위대한 인재 엔리코 페르미가 그들의 일부이다. 둘 다 스물다섯 살이라는 젊은 나이다. 또한 여전히 양자역학 해석과 씨름하고 있는 닐스 보어가 도착하고, 볼프강 파울리도 왔다. 막스 보른, 헨드릭 로렌츠, 아르놀트 조머펠트, 루이 드브로이, 막스 플랑크, 아서 콤프턴 그리고, 존 폰 노이만John von Neumann이 속속 코모에 모였다. 스위스, 스웨덴, 미국, 스페인, 러시아, 네덜란드, 이탈리아, 영국, 인도, 독일, 프랑스, 덴마크, 캐나다, 오스트리아 등 14개국의 물리학자들이 코모에서 만날 것이라고, 〈물리학 신문 Physikalische Zeitung〉이 보도한다.

이들이 코모에 모인 이유는 코모에서 태어났고 배터리를 발명했으며 '볼트'라는 단위에 이름을 준 알레산드로 볼타Alessandro Volta의 사망 100주기를 기념하기 위해서다. 이 행사는 파시즘 지도자 베니토 무솔리니Benito Mussolini가 자연과학자를 국가 영웅으로 추켜세우는 '볼타 100주년 박람회'를 지원하기 위해 기획한 프로그램이다.

아인슈타인은 이 자리에 불참했는데, 그는 파시즘에 빠진 이탈리아에 한 발짝도 들여놓지 않겠다며 거절했다. 슈뢰딩거 역시 참석을 거절했다. 그는 몇 주 전에 플랑크의 후임으로서 베를린에 적응하느라 바빴다. 보어는 한 달을 더 기다려야 비로소 브뤼셀에서 두 사람을 만날 수 있을 것이다.

하이젠베르크가 불확정성 원리에 관한 획기적 논문을 발표한 뒤로 6개월이 지났다. 보어 역시 논문을 쓴다. 아니, 쓰도록 시킨다. 하이젠베르크가 그와의 토론에 지쳐 코펜하겐에서 라이프치히로 도망친 후, 새로 채용된 조교 오스카 클라인Oskar Klein이 보어의 독백을 매일 견뎌야 한다. 보어는 큰 소리로 불확정성 원리에 대해 생각하고, 천천히, 그리고 힘겹게 적절한 낱말을 찾아 문장을 완성하려 애쓴다. 낮에 보어에게 들은 것을 클라인이 저녁에 정리하여 기록한다. 다음 날 보어가 클라인의 원고를 버리고 처음부터 다시 시작한다. 보어가 가족과 함께 코펜하겐 북쪽 해안 별장으로 여름휴가를 갈 때도 클라인이 동행한다. 고생의 연속이다. 평소 침착하고 명랑한 보어의 아내조차 인내심이 바닥났고 심지어 때때로 울음을 터뜨릴 정도다. 하이젠베르크처럼 남편의 과학적 입장에 반대해서가 아니라, 남편의 무관심 때문에 그렇다. 원래는 가족 휴가였지만, 그녀는 남편 없이 혼자 다섯 아이를 챙겨야 했다.

1927년 9월 16일, 목재로 마감한 웅장한 카르두치 연구소 강당에서 보어가 강연한다. 그는 원고를 수정하고 또 수정했지만 여전히 미완 상태로 코모에 가져왔다. 그는 마지막 순간까지도 원고를 고치고 다듬었다. 삭제 줄이 그어지고 삽입구가 추가되고 여백에 주석과 화살표가 가득한 원고를 들고 연단에 올라, 잠깐 청중을 바라보고, 마음을 가다듬고, 덴마크 발음이 섞인 영어로 시작한다. 목소리가 너무 작아서, 대다수 청중이 자기도 모르게 몸을 앞쪽으로 기울였다. 뒷줄에서는 그가 말하는 모든 문장을 알아듣기가 불가능하다. 보어는 먼저 자신의 상보성 원리의 개념을 소개하고, 그다음 하이젠베르크의 불확정성 원리를 언급하고, 끝으로 양자역학 해석에서 측정이 어떤 구실을 하는지 설명한다. 이 주제들은 모두 각각 하나씩 독립된 강연을 했어도 모자랐을 주제들이다. 그만큼 과학 지식이 풍부한 청중에게도 모두 버거운 주제이다. 그리고 이 세 주제가 어떤 연관이 있는지 불분명했다. 보어는 그것들을 기묘하게 연결하고, 슈뢰딩거의 파동함수와 보른의 확률이론을 짜 맞추었다. 그는 '양자역학에 대한 새로운 물리학적 이해'라는 엄청난 일을 시도했다. 청중은 혼란과 감동을 동시에 느꼈다. 아이디어와 형식이 최고로 우아하게 배열된 '코펜하겐 해석'은 이날 물리학자들의 어휘로 확고히 자리를 잡았다.

보어의 강연은, 양자역학 해석을 두고 하이젠베르크와 몇 달을 분투했던 공동 투쟁의 정수였다. 그는 모든 측정이 측정된 시스템에 영향을 미친다고 확신했다. 명료하다. 그는 더 나아가 양자역학에서 측정이 비로소 측정 결과를 정의한다고 믿었다. 측정의 결과는 무엇을 측정하느냐에 달려 있다. 역시 명료하다. 그러나 이제 하이젠베르크가, 한 측정이 다른 측정에 방해가 됨을 증명했다. 비록 한 측정이 측정된 시스템에 대한 지식을 넓히지만, 다른 측면에서 지식을 축소한다. 입자의 위치를 알면 입자의 운동량을 알 수 없다. 더 나아가 입자에는 운동량이 없다. 운동량을 측정하여 위치를 잃게 될 때까지는 없다. 보어는 스스로 고통받고 남들을 괴롭히는 문장들로 말했다.

이것을 이해하기 쉽게 하기 위해, 그는 자신의 상보성 원리를 도입했다. 양자 시스템은 대립으로만 이해가 가능하다. 파동과 입자. 위치와 운동량. 둘은 서로 대립하지만, 그럼에도 서로 보완한다. 복잡하다. 보어는 다음과 같은 문장들로 청중들을 괴롭혔다. "양자이론의 본질에 따르면, 우리는 고전이론의 특성인 시공간 표현과 인과성 요구의 합일을, 경험 내용을 기술하는 상호보완적이면서 상호배타적인 특징으로 이해하는 데 만족해야 합니다. 이런 특징은 관찰 및 정의 가능성의 이상화를 상징합니다."

하이젠베르크의 불확정성 원리, 보른의 확률, 슈뢰딩거의 파동, 양립할 수 없어 보이는 모든 것을 상보성이 양립시킨다. 슈뢰딩거의 파동은 슈뢰딩거가 생각하는 그런 고전적 파동이 결코 아닌데, 측정하지 않을 때만 예측 가능하게 진동하기 때문이다. 그러나 무엇보다 파동은 보어 자신의 양자적 사고의 기초인 대응원리에 맞아야 한다. 양자 시스템의 특징에 대한 실질적 설명은 결국 고전물리학의 언어로 표현될 수 있어야 한다. 우리는 확률 구름을 관찰하지 않는다. 우리는 불확실한 것을 측정하지 않는다. 실험은 구체적인 측정값을 도출한다.

보어는 정확히 무엇을 말하려는 것일까? 아무도 완전히 이해하지 못했고, 어쩌면 보어 자신조차도 이해하지 못했을 수 있다. 어떤 청중은 그냥 당혹스러워했다. 어떤 청중은 그들이 이미 알고 있는 것을 보어가 설명했으나 너무 어렵게 말해서 이해하지 못했으리라 추측했다.

강연이 끝나고 보른이 동의를 표현하기 위해 자리에서 막 일어서려던 참이었다. 이론은 타당했고, 그것으로 계산하고 예언할 수 있을 테니 그것으로 흡족했다. 그러나 바로 그때 하이젠베르크가 먼저 입을 뗐다. 양자역학의 발명자인 그가 몇 달 전에 자신의 멘토 보어와 벌였던 결투에 대해 아는 사람은 소수 몇 명뿐이다. 그들은 이제 화해를 한 것 같다. 하이젠베르크는 싸울 마음이 전혀 없어 보인다. 그에게 남은 것은 보어에 대한 칭찬과 감사뿐이다.

아무도 반박하지 않았다. 아인슈타인과 슈뢰딩거가 불참했으니, 반박할 만한 사람이 없었다. 그렇게 보어의 양자역학 해석이 관철되기 시작했다. 아무런 저항 없이.

보어는 영국 학술지 《네이처Nature》에 보내기 위해 강연 내용을 논문으로 정리해야 했다. 그것은 다시 몇 달이 걸리는 힘든 출산이었다. 그는 썼다가 버리고, 또 수정했다. 파울리가 그 작업을 도왔다. 《네이처》 편집자들이 논문 발송을 요청하고 간청했다. 보어는 마감이 늦어지는 것을 사과했다. 그러나 그는 문법을 근거로 자신의 문장들을 고집했다. "우리는 바로 지금, 아인슈타인이 감각에서 차용한 우리의 지각 방식을 점점 깊어지는 자연법칙 지식에 적응시키는 길 위에 있다." 논문은 그대로 인쇄되었다. 편집자들이 보어의 원고에 주석을 달아, "이해하기 쉬운 명확한 언어로 교정할 수 없었으므로, 보어의 개념이 양자역학의 최종 단어가 되지 않기를 바란다"고 적었다.

코모는 앞으로 벌어질 대논쟁의 리허설이었다. 물리학자들은 코모를 떠난 지 겨우 몇 주 뒤에 다시 브뤼셀에 모여, 제5회 솔베이회의에서 '전자와 광자'에 대해 토론했다. 이번에는 아인슈타인과 슈뢰딩거도 참석했다.

1927년 브뤼셀

대논쟁

네덜란드 물리학자 헨드릭 로렌츠는 섬세한 사람으로, 모두가 그의 친절하고 정중한 매너를 칭찬한다. 그는 독일어, 영어, 프랑스어를 유창하게 한다. 아인슈타인이 그를 "지성과 섬세한 재치의 기적", "살아 있는 예술작품"이라 부르기도 했다. 1926년 4월 2일에 로렌츠는 어려운 임무를 띠고 벨기에 국왕 알베르 1세를 직접 알현했다. 독일 물리학자를 벨기에로 초청하려면 왕의 허락이 필요했다.

'기사 왕'으로 알려진 알베르 1세는 독일인을 좋아하지 않는다. 1914년에 독일군이 중립국인 벨기에를 침공하면서 제1차 세계대전이 시작되었고, 알베르 1세는 플랑드르군 사령관으로서 독일군에 맞선 마지막 전투를 이끌었고, 1918년 11월 11일 휴전 시점까지 벨기에 서부를 지켜냈다. 그는 독일인이 벨기에 영토에 다시 발을 들이도록 허용할 의향이 전혀 없다.

그러나 로렌츠는 특유의 재치와 승부욕으로, 이듬해 가을에 브뤼셀에서 열리는 제5회 솔베이회의에 독일 물리학자를 초청하도록, 왕의 허락을 얻어냈다. 이 학회의 주관자인 로렌츠는 알베르 1세를 설득했다. 전쟁이 끝난 지 7년이 흐른 지금이야말로 독일인에게 화해의 제스처를 보여 이해 개선을 도모할 때이다. 과학이 전령 역할을 할 수 있을 것이다. 독일 과학자들이 물리학에서 이룩한 모든 업적으로 볼 때 장기적으로 독일 과학자를 배제하기는 어려울 것이다. 알베르 1세를 알현한 바로 그날, 로렌츠는 아인슈타인에게 돌파 성공을 편지로 알렸다.

인식의 대전환이었다. 실제로 독일 과학자들이 전쟁 후 어쩔 수 없이 많은 국가에서 소외되었기 때문이다. 그들은 고립되었고, 국제과학협회의 미움을 받았다. 1921년 4월 제3차 솔베이회의에 아인슈타인이 유일한 독일인으로 초대되었다. 사실, 엄격히 말해 그는 독일인이 아니었다. 그러나 아인슈타인은 독일 과학자를 배제하는 것에 항의하는 차원에서 회의에 참석하지 않기로 했다. 그 대신에 그는 예루살렘에 히브리대학교를 설립하기 위한 기금 마련을 위해 미국 전역을 도는 강연 여행을 떠났다. 2년 뒤에 그는 독일 과학자에 대한 지속된 보이콧을 이유로 제4차 솔베이회의 초대 역시 다시 거절하며 로렌츠에게 이렇게 썼다. "내 생각에, 정치를 과학에 연결시키는 것은 옳지 않습니다. 또한, 선택권 없이 속하게 된 국가에 대한 책임을 개인에게 물어선 안 됩

솔베이회의, 1927년 브뤼셀.

맨 뒷줄, 왼쪽에서 오른쪽 순으로:
오귀스트 피카르, 에밀 앙리오, 파울 에렌페스트, 에두아르 헤르젠, 테오필 드 동데르, 에르빈 슈뢰딩거, 줄스-에밀 버샤펠트, 볼프강 파울리, 베르너 하이젠베르크, 랄프 하워드 파울러, 레옹 브릴루앵.

두 번째 줄, 왼쪽에서 오른쪽 순으로:
피터 디바이, 마르틴 크누센, 윌리엄 로런스 브래그, 헨드릭 크라머스, 폴 디랙, 아서 콤프턴, 루이 드브로이, 막스 보른, 닐스 보어.

맨 앞줄, 왼쪽에서 오른쪽 순으로:
어빙 랭뮤어, 막스 플랑크, 마리 퀴리, 헨드릭 로렌츠, 알베르트 아인슈타인, 폴 랑주뱅, 샤를-외젠 게이, 찰스 톰슨 리스 윌슨, 오언 윌런스 리처드슨.

니다."

화해가 더 나은 길이라고 로렌츠가 왕을 설득했고, 이제 독일인은 벨기에로 여행을 와도 된다. 사실 로렌츠 자신도 설득에 성공하리라 확신하지 못했었다. 그는 1925년 이후로 앙리 베르그송Henri Bergson의 후임으로 국제연맹 기구인 국제지적협력위원회 의장이었고, 독일 과학자들의 국제회의 참석이 다시 허용될 전망이 아직은 어둡다고 여겼었다.

그러나 분위기가 달라졌다. 1925년 10월, 독일, 프랑스, 벨기에 외교관이 몇 달에 걸쳐 준비한 끝에, 마조레 호수의 우아한 궁전에서 로카르노조약이 조인되었다. 상호 국경을 보장하고 분쟁 발생 시 따를 중재 절차에 합의했다. 이 조약으로, 1926년 10월에 독일을 국제연맹 회원국으로 받아주는 길이 평평하게 닦였다. 독일은 서서히 제1차 세계대전에서 회복되었다. 전후의 암울함은 새로운 아이디어, 예술 형식, 기술 개발의 열정으로 바뀌었다. 사람들은 비행기에 감탄하고 자동차를 운전하고 전화를 걸고 영화관에 갔다.

수년 동안의 국가주의 이후, 새로운 국제 정신이 세계를 휩쓸고 있었다. 1927년 5월 찰스 린드버그Charles Lindbergh라는 한 젊은 미국인에게 세계의 이목이 집중되었다. 그는 플라스틱을 덧댄 가문비나무와 강철관으로 만들어진 자신의 비행기 'Spirit of St. Louis(세인트루이스의 정신)'에 벤진 1,700리터를 넣고 뉴욕에서 파리까지 비행했다. 이때 그가 챙긴 짐은 하이젠베르크가 헬골란트 여행 때 챙겼던 것보다 적었다. 샌드위치 다섯 개가 전부였다. "파리에 무사히 도착하면 이것만으로 충분합니다." 린드버그가 말했다. "만약 파리에 도착하지 못하면, 그래도 역시 이것만으로 충분합니다." 린드버그는 하이젠베르크보다 2개월 어리다.

이런 달라진 분위기 속에서 알베르 1세는 벨기에를 다시 독일 과학자들에게 개방하도록 허락했다. 로렌츠는 아인슈타인의 지원을 받아 제5회 솔베이회의를 계획하기 시작했다. 이번 회의의 공식 제목은 '전자와 광자'이지만, 비공식적으로 양자역학이 주요 주제였다. 하이젠베르크가 불확정성 원리를 발표한 지 6개월도 채 되지 않았고, 이제 앞으로 어떻게 진행될지 논의되어야 한다. 이것은 물리학 역사상 가장 유명한 회의가 될 것이며, 100년이 지나서도 여전히 물리학자들은 이 회의에 관해 얘기할 것이다. 그리고 당시 브뤼셀에서 시작된 당대의 가장 중요한 두 물리학자, 보어와 아인슈타인의 결투에 관해 얘기할 것이다. 훗날 영국 과학자이자 작가인 찰스 퍼시 스노Charles Percy Snow는 제5회 솔베이회의를 이렇게 평했다. "이보다 더 심오한 지적 토론은 없었다."

제5회 솔베이회의는 1927년 10월 24일부터 29일까지, 세제 원료인 탄산나트륨 생산으로 돈을 버는 화학 기업 '솔베이Solvay'의 본사가 있는 브뤼셀에서 개최되었다. 1863년, 동생 알프레드Alfred와 함께 솔베이를 창립한 에르네스트 솔베이Ernest Solvay는 이른바 '솔베이 공정'을 개발했다. 사회 및 교육 프로젝트를 후원했던 그는 1911년 솔베이회의를 시작했다. 솔베이회의는 선별 모임으로, 참가 등록을 하는 것이 아니라 주최 측의 초대를 받아야 참가할 수 있다. 제5회 솔베이회의에 최다 인원이 참가했다. 참가자 29명 가운데 17명이 노벨상 수상자이다. 이 회의에 참가한 여성은 노벨상을 두 번이나 받았던 마리 퀴리가 유일하다. 이번 솔베이회의에는 마리 퀴리가 한때 스캔들을 일으켰던 옛 애인 폴 랑주뱅 역시 참가했다.

양자물리학과 관련된 거의 모든 물리학자가 솔베이회의에 참석하기 위해 브뤼셀로 왔다. 막스 플랑크, 알베르트 아인슈타인, 파울 에렌페스트, 막스 보른, 닐스 보어, 에르빈 슈뢰딩거, 루이 드브로이, 헨드릭 크라머스, 볼프강 파울리, 베르너 하이젠베르크, 폴 디랙. 이들이 모두 한자리에 모인 것은 이번이 유일하다. 단, 아르놀트 조머펠트만이 빠졌는데, 그는 전쟁 때 벨기에 점령에 찬성했다는 이유로 솔베이회의에 초대받지 못했다.

보어와 아인슈타인은 둘 다 이번이 솔베이회의 첫 참가이다. 1921년에는 아팠고, 1924년에는 독일인 배제 결정에 암묵적으로 동의하는 것처럼 비칠까 봐 우려되어 초대를 거절했었다.

양자물리학의 거장들이 1927년 10월 24일, 먹구름이 잔뜩 낀 월요일 아침 10시에 회의에 참석하기 위해 브뤼셀 레오폴트 공원의 생리학연구소에 모였을 때, 기대감은 하늘을 찔렀다.

이윽고 로렌츠가 참가자들에게 환영 인사를 하고, 러더퍼드의 후임으로 맨체스터대학교 물리학 교수직을 맡은 윌리엄 로런스 브래그William Lawrence Bragg에게 발언 기회를 넘겼다. 서른일곱 살의 브래그는 부끄러움이 많은 예민한 사람으로, 호주 출신이고 스물다섯 살에 이미 아버지와 함께 X선을 이용한 결정 구조 분석으로 노벨상을 받았다. 그는 호주 방언이 많이 섞인 영어로, X선을 이용한 결정 구조 분석의 최신 데이터가 어떻게 원자 구조를 조명하는지 발표했다. 조용히, 정확하게 그리고 약간 지루하게. 밋밋한 주제에 대한 작은 토론이 이어졌다. 하이젠베르크, 디랙, 보른, 드브로이가 질문을 하고 의견을 냈다. 독일어, 영어, 프랑스어에 능통한 로렌츠가 외국어에 서툰 사람들을 위해 통역을 자임했다. 그다음 모두가 함께 점심을 먹으러 갔다.

오후에는 서른다섯 살의 미국인 콤프턴이, 전자와 X선으로 실행한 실험에 대해 보고했다. 콤프턴은 실험물리학자이지만 실험실에만 박혀 있는 그런 사람이 아니다. 그는 자유의지 같은 철학적 질문에 관심이 있고, 속도를 제한하기 위한 더 부드러운 형식의 새로운 과속방지턱을 설계했다. 그는 몇 주 전에 노벨상을 받았지만 겸손하게도 X선이 전자에 의해 산란될 때 주파수가 감소하는 현상을, 당시 널리 사용되던 '콤프턴 효과'라고 부르지 말아달라고 요청했다.

브래그와 콤프턴의 발표에는 공통된 메시지가 하나 있다. 맥스웰이 19세기에 발표했고 그 이후로 확고하게 각인된 전자기이론은 이제 흔들리기 시작했다. 맥스웰의 전자기이론으로는 브래그와 콤프턴이 관찰한 현상을 설명하지 못한다. 맥스웰의 전자기이론이 실패한 것을, 아인슈타인의 광양자가 해낸다. 광양자 개념을 활용하면 이론과 실험을 조화시킬 수 있다. 그러나 당대 과학계를 선도하는 물리학자 가운데 회의 첫날 끝까지 한마디도 하지 않은 사람은 아인슈타인뿐이었다. 그가 발언할 순간이 아직 오지 않았다.

아인슈타인은 양자역학 강연을 제안받았지만, 약간의 망설임 끝에 거절했다. 그는 "그럴 능력이 안 된다"고 로렌츠에게 썼다. "양자물리학의 폭풍적인 발전에서 뒤처진 기분이 들고, 실질적인 기여를 할 수 없을 것 같습니다. 나는 이제 희망을 버렸습니다." 그러나 이것은 아인슈타인의 진심이 아니었다. 그는 양자역학 발전에 완전히 관여하고 싶다. 그는 조용히 경청하며 자신의 기회를 기다렸다.

아인슈타인의 맞은편에 양자물리학의 두 번째 거성인 닐스 보어가 있다. 그 역시 1927년 브뤼셀에서 아무것도 발표하지 않았고, 그 역시 최근 양자역학 이론 발전에 기여하지 않았다. 그러나 그에게는 돌봐야 할 피후견인이 있다. 그들, 즉 하이젠베르크, 파울리, 디랙이 양자역학 이론을 작업한다.

그러나 브뤼셀에서는 단순히 이론을 다루지 않는다. 이론의 해석을 다룬다. 그들이 설명하는 세계에서 이론은 무엇을 의미하는가? 원인과 결과를 어떻게 보는가? 아무도 보지 않을 때에도 달이 거기에 있을까? 이런 질문들은 지금까지 철학자들의 일이었다. 이제는 물리학자들이 자신의 이론을 이해하기 위해 이런 철학적 질문에 답해야 한다. 보어는 답을 안다고 확신했다.

이제 그는 아인슈타인을 자기편에 세울 생각에 마음이 설렌다. 양자물리학의 이런 최신 발전에 아인슈타인은 과연 어떤 반응을 보일까? 보어에게 아인슈타인의 평가는 매우 중요했다. 아인슈타인은 여전히 물리학의 교황이기 때문이다.

회의가 진행되면서 참가자들 사이의 갈등 전선이 명확해졌다. 옛날 양자물리학 vs. 새로운 양자물리학. 아인슈타인, 슈뢰딩거, 플랑크, 로렌츠 같은 나이 많은 물리학자들은 이미 확립된 고전 물리학 질서를 방어한다. 파동이 부드럽게 흐르고 입자들이 연속 궤도 위에서 움직인다. 그들은 '현실주의자'이고, 실재하는 세계를 있는 그대로 묘사하고자 한다.

하이젠베르크, 파울리, 디랙으로 대표되는 젊은 '도구주의자'들은 양자역학의 발전을 열망한다. 이들은 원자와 방사선에 대한 풀리지 않은 질문들에 양자역학을 적용한다. 이들은 철학이나 의미론 또는 쓸데없이 꼬치꼬치 따지는 데는 인내심이 없다.

보어는 이들 진영에 소속되기를 거부한다. 그는 이 젊은 반항자들의 스승이지만, 아인슈타인의 이의 제기를 그냥 무시할 수가 없다. 오랜 친구에 대한 존중 때문에, 그리고 그 자신이 철학적 사유자이기 때문이다.

화요일 일정은 브뤼셀자유대학교에서 환영 행사와 함께 여유롭게 시작되었다. 그러나 점심시간 이후로 상황이 심각해졌다. 루이 드브로이 왕자가 '양자의 새로운 역학'에 대해 발표했다. 그는 어떻게 자신이 모든 물질이 파동으로 구성되었다는 과감한 아이디어를 갖게 되었는지, 그리고 어떻게 에르빈 슈뢰딩거가 이 아이디어를 파동역학으로 확장했는지를 프랑스어로 보고했다. 그는 지금까지 이 주제를 계속 숙고해왔고, 양자역학에 합당한 이 아이디어의 추가적 발전을 소개했다. 그는 슈뢰딩거 방정식을 영리하게 응용하여 수학을 바꾸지 않고도 양자역학의 새로운 그림을 설계했다. 그는 파동과 입자가 대립하고 불완전하며 상호 보완한다는 보어의 '상보성' 주장을 일축하고, 대신에 파동과 입자가 평화롭게 공존하는 양자 세계를 말했다.

드브로이는 지금까지 아무도 시도한 적이 없는 것을 시도했다. 파동역학자들과 코펜하겐 진영 사이에 다리를 놓는 일이다. 드브로이는 보른의 확률 해석에 동의하며, 이제 모든 것이 어떻게 서로 잘 맞는지 모두가 확인하게 될 것이라고 조심스럽게 예견했다. 드브로이는 입자가 파동에 의해 '조종된다'는 이론의 개요를 설명하고, 이것을 '파일럿'이라고 불렀다. 그는 이 이론으로 파동을 유지하면서 동시에 입자를 원래 위치에 돌려놓았다. 설령 그 위치가 양자역학에서는 볼 수 없는 '숨겨진 변수'일지라도 말이다. 전자는 코펜하겐 사람들이 주장하는 것처럼 파동 또는 입자로 행동하지 않는다. 결코 아니다. 둘 다이다. 전자는 파동이면서 동시에 입자이다. 입자는 파도를 타는 서퍼처럼 파동 위를 미끄러진다. 드브로이는 자신의 이론을 '파일럿 파동이론Théorie de l'onde pilote'이라고 불렀다. 드브로이의 입자는 완전히 결정론적으로 행동하지만 그럼에도 하이젠베르크의 불확정성 원리를 충족한다. 입자의 이동 경로가 눈에 보이지 않게 숨겨져 있기 때문이다. 어떤 측정도 입자의 움직임을 하이젠베르크가 주장한 것처럼 온전히 측정할 수 없다. 마치 마술과 같다. 오래된 물리학의 두 기둥인 인과성과 결정론은 유지될 수 있고, 동시에 양자역학은 실험과 놀라운 일치를 보여줄 수 있다.

그러나 젊은 반항자 진영은 화해할 의향이 없었다. 입자를 믿지 않는 슈뢰딩거는 아예 귀담아듣지 않았다. 파울리는 드브로이의 접근 방식을 "매우 흥미롭지만 틀렸다"고 평하고, 드브로이가 말하는 '파도를 타는 입자'는 지금까지의 입자충돌 양자이론에 모순된다고 주장했다. 파울리의 이런 공격이 비록 편향된 유추에 기반을 두고 있었지만, 드브로이는 혼란에 빠져 비틀거렸다. 드브로이는 옳은 주장을 하고도 틀린 사람처럼 거기 서 있었고, 틀린 주장을 한 파울리는 승리를 확신하며 다시 자리에 앉았다.

크라머스가 더 강력히 반대했다. 그는 빛 입자가 반사 거울에 부딪칠 때 약간의 반동이 있는데 브로이의 이론이 이 반동을 설명하지 못한다고 주장했다. 이제 더 불안해진 드브로이는 아무런 반박도 하지 못했다.

나중에 드브로이는 이렇게 회상했다. "대부분 젊고 타협할 줄 몰랐던 비결정론 학파는 내 이론을 냉담하게 거부했다." 비결정론 지지자들이 공식을 물었지만, 드브로이는 칠판에 아무 공식도 적을 수 없었다. 그는 단지 아이디어만 가졌을 뿐이다. 그는 아인슈타인이 편을 들어주기를 희망했다. 어쩌면 아인슈타인이 이 비결정론자들을 올바른 편으로 끌어올 수 있지 않을까? 그러나 아인슈타인은 계속해서 침묵했다. 드브로이는 사기가 꺾였다. 그는 화해 대신 모두를 적으로 돌렸다.

1927년 10월 26일 수요일. 이제 젊은 반항자들이 발언할 차례다. 오전에 보른과 하이젠베르크가 연단에 올랐다. 그들은 행렬을 기반한 양자역학 공식, 우연한 양자 도약이 중대한 역할을 하는 공식을 공동 발표했다. 그들은 슈뢰딩거를 비꼬는 측면공격으로 시작했다. "양자역학은 원자물리학과 고전물리학의 중대한 차이가 불연속성이라는 직관을 토대로 합니다." 그다음 그들은 단 몇 미터 앞에 앉은 거성들에게 일부러 깊이 허리를 숙여 인사했다. 그리고 양자역학은 "플랑크, 아인슈타인, 보어가 세운 양자이론의 직접적 연속이라고" 강조했다.

하이젠베르크와 보른은 행렬역학, 디랙-요르단의 변환이론, 보른의 확률 해석을 소개한 후, 불확정성 원리와 '플랑크 상수 h의 실제 의미'를 설명했다. 그들은 "파동과 극미립자의 이중성을 통해 자연법칙에 생긴 불확정성의 보편적 척도"가 바로 플랑크 상수 'h'라고 주장했다. 이들에 따르면 물질의 파동-입자 이중성과 방사선이 존재하지 않으면, 플랑크 상수도 없고, 양자역학도 없을 것이다. 그들의 결론은 아인슈타인과 슈뢰딩거를 향한 도발이었다. "우리는 양자역학을, 물리학적 수학적 가정을 더는 수정할 필요가 없는 완전한 이론으로 간주합니다." 요컨대, 양자물리학은 완전히 성숙했고 완료되었으므로 더 이상의 땜질, 흔들기, 해석은 불필요했다.

양자역학은 '완료되었다'. 이것이 보어, 보른, 하이젠베르크, 파울리가 브뤼셀에 가져온 메시지였다. 그들은 양자역학의 최종 공식을 제시할 수 있다고 확신했다. 양자물리학은 몇 년 전까지만 해도 여전히 다음 실험으로 계속 반박되는 새로운 임시 모형으로 구성된 어려운 구조였다. 이제 행렬역학, 슈뢰딩거 방정식 등, 모든 기본 구성 요소가 결합되었다. 하이젠베르크는 최근에 양자역학의 핵심인 '불확정성 원리'를 발견했다.

젊은 독일인들이 청중들에게 강한 인상을 남겼고, 설령 몇몇이, 특히 아인슈타인이 여전히 수긍하지 않았더라도, 분위기는 그들에게 유리하게 기우는 것 같았다. 아인슈타인은 양자역학을 인상 깊은 지적 성취로 여겼지만, 세상의 최소 단위인 원자의 진짜 이론으로 받아들이지는 않았다. 그러나 그는 이어진 토론에서도 계속 미소를 머금은 채 침묵했다. 아무도 보른과 하이젠베르크를 반박하지 않았다. 디랙, 로렌츠, 보어가 소소한 것들을 지적했을 뿐이다.

아인슈타인의 미소 뒤에는 무엇이 감춰져 있을까? 아마도 흔들리지 않는 평정심이리라. 어쩌면 믿기 어려운 놀라움일지도 모른다. 에렌페스트는 그것이 알고 싶어 쪽지를 적어 아인슈타인에게 보냈다. "웃지 말게! 연옥에는 아마 '양자이론 교수'를 위한 특별 부서가 있고, 그들은 그곳에서 하루 10시간씩 고전물리학 강의를 듣게 될 걸세." 아인슈타인이 답했다. "그저 저들의 순진함에 웃음이 났을 뿐이라네. 하지만 몇 년 뒤에 누가 웃을지 모를 일이지."

그러나 아인슈타인은 기다리는 것에 만족하지 않았다. 그는 게릴라 전술을 썼다. 공개 토론을 피하고, 식사 시간을 노렸다. 그는 조식을 먹는 호텔 식당에 양자역학의 논박을 가져온다. 커피와 크루아상 앞에서 토론이 시작된다. 파울리와 하이젠베르크는 한 귀로 듣고 한 귀로 흘려버린다. "그럼요, 그렇죠, 네 네, 그렇고 말고요." 그러나 보어는 귀담아듣고 깊이 생각하고 점심시간에 하이젠베르크와 파울리와 토론한 후, 반박에 대한 반박을 공동 저녁 식탁에 가지고 온다. 다음 날 아침이 되면 게임이 다시 처음부터 시작된다.

"아인슈타인과 보어의 대화를 옆에서 듣는데, 정말이지 너무 행복했습니다." 두 사람 모두와 절친한 에렌페스트가 회의 직후 한 편지에 썼다. "마치 체스 경기를 보는 것 같았습니다. 아인슈타인이 계속해서 새로운 예시를 제시했어요. 불확정성 원리를 깨기 위한 제2의 영구기관을 연상시킬 정도였죠. 보어는 아인슈타인의 예시를 깨기 위한 도구를 계속해서 철학적 먹구름 속에서 찾았어요. 아인슈타인은 마술 상자 속 요괴 같았어요. 매일 아침 쌩쌩한 모습으로 튀어나왔죠. 아, 너무나 재밌었어요. 하지만 나는 확고히 보어에 찬성하고 아인슈타인에 반대합니다. 아인슈타인은 자신에게 맞서는 절대적 동시성 옹호자와 완전히 똑같은 태도로 보어에 맞서고 있어요." 에렌페스트는 며칠 뒤에 이런 의견을 아인슈타인에게 직접 말했다. "자네 자신을 한번 보게! 지금 자네는 상대성이론에 반대하는 자네 적들과 똑같은 태도로 새로운 양자이론에 반대하고 있잖은가!" 하이젠베르크가 파울리에게 눈짓으로 신호를 보냈다. 마침내 누군가 용기를 냈다! 그것은 아인슈타인에게 패배를 의미했다. 절친한 친구 에렌페스트가 상대편으로 전향했다.

보어는 매일 새벽 1시에 에렌페스트의 방으로 가서 몇몇 모호한 말을 늘어놓고 담배 연기로 방을 가득 채우며 3시까지 머물다 다시 돌아갔다. 모호한 말도 파이프담배의 고약한 냄새도 좋아하지 않는 에렌페스트는 이런 새벽 방문도 맘에 들지 않았다. 그는 "다른 사람이 절대 요약할 수 없는, 보어의 모호한 주술 용어들"을 불평했다.

수요일 오후에 슈뢰딩거는 반격할 기회를 얻었지만, 반격 없이 그저 자신의 파동역학을 잠깐 방어하는 것으로 끝냈다. 그가 영어로 말했다. "같은 이름 아래 현재 두 가지 이론이 진행되고 있습니다. 두 이론은 밀접하게 연관되어 있지만 동일하지는 않습니다." 한 이론이어야 마땅하지만 애석하게도 둘로 갈라졌다. 한 이론은 3차원 공간에 음파 또는 고전적 광파와 비슷하게 퍼져 있는 쉽게 상상할 수 있는 파동을 설명한다. 다른 이론은 더 높은 차원의 추상적 공간에 있는 파동을 설명한다. 3차원 이론은 몇몇 특별한 경우에만 맞다. 수소 원자의 개별 전자는 3차원에 머물 수 있지만, 헬륨 원자의 두 전자는 벌써 6차원이 필요하다. 이것 때문에 자신의 이론을 마냥 기뻐할 수만은 없다고, 슈뢰딩거 스스로 인정했다. 그러나 그렇게 심각한 문제는 아니다. 이른바 짜임새 공간Configuration space이라는 높은 차원의 공간은 수학적 보조 수단에 불과하기 때문이다. 전자가 하나이든 여럿이든, 궤도를 돌든 충돌하든, 이론이 설명하는 것은, 우리가 알고 있는 것처럼, 공간과 시간에서 발생한다. "그러나 실제로 두 개념의 완전한 통합은 아직 이루어지지 않았습니다." 슈뢰딩거는 인정할 수밖에 없었다.

두 개념을 통합할 수 있으리라는 슈뢰딩거의 소망을 공유하는 권위 있는 이론가가 없었다. 대다수 물리학자가 하이젠베르크의 행렬역학보다 그의 파동역학을 계산에 이용하기를 선호하더라도, 파동을 전하구름과 질량분포의 현실적 설명이라 보는 사람은 거의 없었다. 그들은 슈뢰딩거가 거부하는 보른의 확률 해석을 수용했다. 슈뢰딩거는 '양자 도약' 아이디어에 반대 의사를 명확히 했다.

슈뢰딩거는 발표자로 초대를 받았을 때부터 브뤼셀에서 행렬역학과 자신의 방정식이 충돌할 것을 명확히 알고 있었다. 그래서 발표 후 공격이 시작되었을 때 그는 전혀 당황하지 않았다. 그러나 공격이 그렇게까지 맹렬할 줄은 미처 예상하지 못했다. 첫번째 공격은 보어가 시작했다. 발표 후반부에 언급한 '어려움'이, 앞서 언급한 결과가 틀렸다는 뜻이냐고, 보어가 묻는다. 슈뢰딩거는 자신 있게 대답한다. 그다음 보른이 다른 계산을 의심하며 질문한다. 벌써 인내심을 약간 잃은 슈뢰딩거가 힘주어 말한다. "계산은 완전히 정확하고 타당하며, 보른 교수님의 질문은 근거 없는 이의 제기입니다."

몇몇 다른 사람들이 발언하고, 그다음 하이젠베르크 차례가 되었다. "슈뢰딩거 교수님은 발표를 마치면서, 우리의 지식이 더 깊어지면, 다차원 이론의 결과를 3차원으로 설명하고 이해할 수 있을 거라 주장하십니다. 나는 교수님의 계산에서 무엇이 이런 주장을 뒷받침하는지 전혀 모르겠습니다." 슈뢰딩거가 대답한다. "3차원 설명의 희망은 결코 유토피아가 아닙니다." 몇 분 뒤에 토론이 끝났다. 슈뢰딩거는 남은 기간 내내 모욕감에 침묵했다.

목요일에는 일정이 없었다. 로렌츠, 아인슈타인, 보어, 보른, 파울리, 하이젠베르크, 드브로이는 과학아카데미에서 열리는 파동 광학 공동 창시자인 오귀스탱 프레넬Augustin Fresnel의 사망 100주기 행사에 참석하기 위해 기차를 타고 파리로 갔다. 하이젠베르크는 10월 27일 목요일 저녁에 부모님께 보내는 편지에 "내일 진짜 전투가 벌어질 것"이라고 적었다.

하이젠베르크는 브뤼셀 생활을 즐겼다. 담배, 술, 메트로폴 호텔, "정말로 유명한" 오페라, 그리고 무엇보다 국제 과학자 모임의 일원이 된 것이 기뻤다. 모두가 그의 이론, 그의 불확정성 원리에 관해 얘기했다.

금요일에는 토론이 더 격해졌다. 공식 강연들이 끝나고 이제

"제안된 아이디어에 대한 전체 토론"을 할 차례다. 사방에서 발언 기회를 얻기 위한 영어, 프랑스어, 독일어 목소리가 로렌츠에게로 쏟아졌다. 에렌페스트가 벌떡 일어나 칠판으로 나가 창세기의 바벨탑 구절을 적었다. "야훼께서 온 세상의 말을 뒤섞어 놓으셨기 때문이니라." 그는 동료들의 웃음소리를 들으며 다시 자리로 돌아갔다.

로렌츠는 토론의 방향을 잡기 위해, 질문 주제를 인과성과 결정론, 확률로 제한하려 애썼다. 양자 사건에 원인이 있는가? 마리 퀴리가 이미 25년 전에 씨름했던 질문이다. 그것을 로렌츠가 이렇게 물었다. "결정론을 믿음의 토대로 만들면 그것을 유지할 수 있지 않을까요? 비결정론을 원리로 삼을 수밖에 없을까요?" 로렌츠는 스스로 답을 내놓는 대신, "양자물리학에서 우리가 직면한 인식론 문제"에 대해 한마디 해달라고 보어에게 부탁했다. 이제 결정적 순간이 왔음을, 강당의 모두가 감지했다. 보어는 코펜하겐 해석으로 아인슈타인을 설득하고자 할 것이다.

보어가 연단에 올랐다. 그는 청중을 향해 말하지만, 사실은 아인슈타인에게 말하는 것이다. 그는 코모에서 했던 강연을 떠올렸다. 아인슈타인을 염두에 둔 강연이었지만, 정작 그는 참석하지 않아 듣지 못했었다. 보어는 파동-입자 이중성이 세계의 본질에 속하고, 이런 이중성은 자신이 고안한 상보성 개념으로만 이해될 수 있으며, 이런 상보성이야말로 고전물리학 개념에 극복할 수 없는 한계를 두는 불확정성 원리의 기초라고, 자신의 확신을 말했다. "그러나 양자실험의 결과들을 명확히 설명하려면, 실험 설계와 관찰을 고전물리학의 어휘를 통해 적합하게 다듬어진 언어로 표현해야 합니다."

아인슈타인은 보어의 설명을 귀 기울여 들었다. 8개월 전 1927년 2월, 보어가 상보성에 대해 깊이 생각할 때, 아인슈타인은 베를린에서 '빛의 기원에 대한 이론적 실험적 질문'에 관해 강연했다. 빛의 본질은 파동이론 또는 양자이론 둘 중 하나를 요구하지 않고, 사실은 두 이론의 합을 요구한다고, 당시에 그가 말했었다. 그는 1905년에 광양자를 발명했을 때 이미 이 합을 요구했었고 그 후로 헛되이 그것을 희망했다. 그리고 이제 그는 보어가 그 둘을 분리하는 것을 들었다. 실험 설계에 따라 파동이거나 입자이거나 둘 중 하나이다. 둘 다는 아니다. 합은 없다.

파동과 입자의 대결이 아니다. 그 이상이다. 이제 물리학이 무엇이냐는 문제를 다룬다. 과학자들은 언제나 스스로를 자연의 객관적 관찰자로 여겼다. 물론, 실험을 통해 자연에 개입한다. 그러나 관찰은 개입하는 것이 아니다. 관찰자와 관찰 대상 사이에 명확한 분리가 있다. 고전이론에는 관찰자가 관찰 대상에 미치는 영향이 등장하지 않는다. 그리고 아인슈타인은 계속해서 그렇게 여기고자 한다.

그러나 보어가 그것을 무너뜨렸다. 원자 세계에서는 관찰자와 관찰 대상이 상호작용한다고 주장한다. 코펜하겐 해석에 따르면, 원자 세계에서는 '양자계명'이 적용된다. 보어는 이것을 새로운 물리학의 '본질'이라고 부른다. 원자 현상 연구에서, 특정 대상과 측정 도구 사이의 상호작용으로 인해 "현상도 관찰 수단도 일반적 의미의 독립된 물리적 현실이 아니"라고, 보어는 말한다.

보어가 상상하는 현실은, 관찰하지 않는 한 존재하지 않는다. 아무도 측정하지 않으면, 전자에는 위치도 속도도 없다. 측정하지 않을 때의 전자 위치나 속도를 묻는 것은 어처구니없는 일이다. 관찰되지 않는 한, 그것은 존재하지 않는다. 관찰이나 측정할 때 비로소 그것은 현실이 된다. 보어에 따르면, 물리학의 과제가 자연을 있는 그대로 설명하는 것이라고 믿는 것은 틀렸다. 물리학의 과제는, 자연에 대해 우리가 무엇을 말할 수 있는지 알아내는 것이다.

아인슈타인의 생각은 달랐다. 우리가 과학이라고 부르는 것은, 오직 한 가지 목표를 추구한다. "무엇이 존재하는지 결정하기." 물리학은 모든 관점에서 독립적으로 객관적으로 현실을 이해하고자 한다. 이것이 아인슈타인과 코펜하겐 사람들의 차이이다. 하이젠베르크가 말한다. "원자 또는 원소 입자 자체는 실제가 아닙니다. 그것들은 사물 또는 사실의 세계가 아니라, 잠재성 또는 가능성의 세계를 형성합니다." 관찰을 통해 비로소 그 가능성이 현실이 된다고, 보어와 하이젠베르크가 말한다. 그것은 자연과학이 아니라고, 과학은 자연을 발명하지 않고 연구한다고, 아인슈타인이 말한다. 이 논쟁은 물리학의 영혼을 다룬다.

보어의 발표가 끝났을 때, 아인슈타인은 여전히 침묵했다. 다른 참가자 세 명이 발언한 뒤에 비로소 아인슈타인이 로렌츠에게 신호를 보냈다. 그의 순간이 왔다. 강당이 조용해졌다. 아인슈타인이 자리에서 일어나 청중들의 시선을 받으며 칠판으로 걸어갔다. 끝부분이 앞쪽으로 깔끔하게 접힌 스탠드칼라와 긴 넥타이 차림이, 마치 19세기에서 온 사람처럼 보였다.

아인슈타인이 조심스럽게 발표를 시작했다. "나는 양자역학의 본질에 대해 충분히 깊이 숙고하지 않았음을 새삼 깨달았습니다. 이 자리에서 나는 몇 가지 일반적인 언급만 하고자 합니다." 이 말은 완전히 거짓말이었다. 그는 나중에 한 친구에게 "일반상대성이론보다 양자 문제를 100배나 많이 숙고했다"고 털어놓았다. 어떤 사람들은 아인슈타인이 양자역학을 이해하지 못했다고 생각하는데, 잘못 알았다. 그는 양자역학을 그 누구보다 더 잘 이해했다. 그는 그것이 불완전하다고 여겼기에 단지 동의하지 않았을 뿐이다.

보어는 아인슈타인을 향해 강연했지만, 아인슈타인은 그것에 전혀 답하지 않았다. 그는 자신을 양자역학에 동의하게 만들려는 보어의 시도를 무시하고, 파동-입자 수수께끼에 대한 보어의 분석에도, 상보성 아이디어에도, 보어의 철학적 설명에도 단 한마디 보태지 않았다.

아인슈타인은 곧바로 보어의 가장 약한 지점, 즉 관찰 가능한 현상을 양자역학이 해명할 수 있다는 주장을 겨냥했다. 이 기괴한 이론이 어째서 연구 가능성에 한계를 긋는가? 아인슈타인은 자신이 가장 좋아하는 사고실험을 통해, 양자역학이 보어가 이해하는 것처럼 완전하고 모순 없는 이론이 아님을 보여주기 시작했다.

"가림막을 향해 날아가는 전자를 상상해봅시다." 아인슈타인이 잠시 말을 멈추고 칠판으로 몸을 돌려 분필을 잡아 전자의 경로를 그리고 그 경로를 가로지르는 선을 그어 가림막을 나타낸 후 분필을 다시 들어올린다. 가림막에는 구멍이 하나 있고, 전자가 이 구멍을 통과해 흩어진다고 설명한 뒤, 청중을 향해 몸을 반쯤 돌린다. 이윽고 구멍을 통과하여 스크린을 향해 날아가는 전자의 슈뢰딩거-파동을 나타내는 반원을 가림막 반대편에 그린다. 전자가 날아와 이 스크린에 충돌한다. "여기서 전자를 관찰하면," 아인슈타인은 말하고 스크린의 윗부분에 점 하나를 가리킨 후 말을 맺는다. "전자가 이곳에 충돌한 것입니다." 아인슈타인이 아랫부분에 점 하나를 찍는다. 그러나 코펜하겐 해석에 따르면, "이 입자가 특정 위치에 있을 확률을 표현하는 슈뢰딩거-파동은" 스크린에서 단 한 점이 아니라 아주 넓게 충돌한다. "선호하는 방향이 따로 있지 않습니다." 아인슈타인이 이어서 말한다. 전자를 스크린의 한 점에서 관찰하는 순간, 파동은 나머지 모든 위치에서 갑자기 0으로 떨어진다. 악명 높은 '파동함수의 붕괴'이다. 아인슈타인은 그렇게 진행될 수 없다고 말한다. 그러면 "원거리 작용 역학을 금지하는 상대성이론에 모순될 것"이다. 한 점에서 일어나는 현상이 다른 점에서 일어나는 현상에 동시에 영향을 미칠 수 없다. 원인과 결과 사이에는 최소한 빛의 속도만큼의 지연이 있어야 한다. 그러므로 보어의 양자역학 해석은 현상에 대한 일관된 그림을 제공하지 못한다고, 아인슈타인이 결론을 내린다.

아인슈타인은 다른 그림을 제안한다. 각 전자는 입자로 머물며, 사진 건판으로 향하는 수많은 경로 중에서 특정한 하나의 경로를 사용한다. 물론, 공 형태로 뭉쳐진 파동도 있지만, 그것은 개별 전자가 아니라 '전자구름'에 해당한다. 양자역학은 개별 양자의 과정이 아니라 그런 과정들의 '앙상블'을 기술한다. 아인슈타인은 코펜하겐 해석을 "순전히 통계적인 해석"이라고 반박한다.

그는 분필을 내려놓고 손뼉을 쳐서 손에 남은 분필 가루를 털어냈다. "내 생각에, 슈뢰딩거 파동을 이용하여 과정을 설명할 뿐 아니라, 흩어지는 입자의 위치도 규명하는 방식이라야 이런 이의 제기를 피할 수 있을 것입니다. 그런 면에서 드브로이가 옳은 방향에 있는 것 같습니다." 요컨대, 양자역학은 틀리지 않았을지 모르나, 완전하지는 않다. 양자 과정의 현실은 더 깊은 곳에 있다. "드브로이가 올바른 길에 있습니다. 하이젠베르크와 파울리는 틀린 길에 있습니다." 아인슈타인이 강조했다.

보어, 하이젠베르크, 파울리, 보른이 서로를 쳐다보았다. 양자역학에 대한 논박이라고 해야 할까? 그렇다. 맞다. 파동함수가 갑자기 붕괴하지만, 그것은 하나의 추상적 확률 파동일 뿐 진짜 파동이 아니고, 그것은 우리가 살고 있는 3차원 공간에서 흩어지지 않는다.

보어가 말한다. "나는 아인슈타인 교수님의 주장을 정확히 이해하지 못한 것 같아, 매우 곤란한 기분이 듭니다. 그것은 분명 내 잘못일 겁니다." 그다음 그가 놀라운 문장을 말한다. "나는 양자역학이 무엇인지 모릅니다. 우리의 실험을 적합하게 기술할 수 있는 몇몇 수학적 방법을 다루고 있다고, 나는 생각합니다."

보어는 아인슈타인의 주장을 무시하고, 완고하게 자신의 입장을 되풀이했다. 그는 다시 파동-입자 이중성과 상보성에 대해 말하기 시작했다. 보어는 관찰에 대해 말하고 아인슈타인은 현실에 대해 말한다. 양자물리학의 두 거성은 그들의 첫 공개 토론에서 완전히 동문서답을 했다. "아이디어의 혼란이 극에 달했다." 랑주뱅이 평했다.

아인슈타인은 자신의 주장을 펼친 후, 다시 침묵으로 일관했다. 토론은 서서히 끝나가고 참석자들은 생리학 연구소를 떠났다. 그러나 진짜 토론은 이제부터이다. 보어와 아인슈타인 두 사람은 메트로폴 호텔의 아르데코홀에서 다시 만났다. 어느 날 저녁에 "두 대적자가 거기 앉아 결투에 심취해 있는" 것을 드브로이가 목격했지만, 애석하게도 무슨 대화가 오갔는지 알 수 없었다. 드브로이는 독일어를 모르기 때문이다.

아인슈타인이 주장한다. 기본 물리학 이론은 통계일 수 없다. 물론, 열역학과 통계역학 같은 통계 이론이 있지만, 그것들은 기본 이론이 아니다. 통계는 기술하는 과정의 구멍만을 메울 뿐이다. 양자이론에서도 그렇다. 그의 유명한 문장이 다시 등장한다. "신은 주사위를 던지지 않아요." 보어가 대꾸한다. "우리는 신에게 세상을 어떻게 다스려야 하는지 지시할 수 없어요."

그러나 보어는 파동함수의 붕괴를 이용한 아인슈타인의 반박, 곧 '측정 문제'로 불릴 이 반박을 무력화하는 데 실패했다. 관찰되지 않은 전자가 파동처럼 공간을 흐르고 측정의 순간에 갑자기 (펑!) 한 위치에 밀집하는 것이 어떻게 가능할까? 보어는 이 질문에 답할 수 없었다. 양자역학은 답을 주지 않았다.

아인슈타인은 가림막의 구멍에서 스크린까지 가는 전자의 비행을 추적하려 시도했다. 어쩌면 구멍이 두 개가 있는 또 다른 가림막을 그 사이에 추가하면 불확정성 원리를 피할 수 있을까? 보어가 그것에 대해 몇 시간을 깊이 생각했다. 가림막의 구멍 위치가 정확히 어디인지 아인슈타인이 고려했을까? 구멍을 통과할 때 전자가 튕겨 나가는 현상은 어쩐단 말인가? 보어와 아인슈타인은 머릿속으로 계속해서 전자를 가림막으로 날려보냈다. 보어는 한 문장을 제대로 끝맺지 못했다. 아인슈타인은 계속해서 희망을 찾았다. 그리고 전자의 위치를 밝혀내기 위한 전체 장비가, 위치를 다시 지우는 불확정성 원리의 적용을 받는다는 것을, 보어가 입증했다.

아인슈타인은 불안해졌다. 재빨리 반격할 수가 없었다. 다음 날 아침 그는 더 정교해진 새로운 사고실험을 가지고 왔다. 구멍이 여럿인 새로운 가림막을 더하고, 측정 도구를 더 추가했다. 점점 더 복잡해지고 점점 더 초조해졌다. 분위기는 점차 보어에게 유리한 쪽으로 기울었다. 이제 보어가 양자물리학의 교황이고 아인슈타인이 신성모독자다.

나중에 하이젠베르크는 이 회의를 보어와 파울리, 그리고 자기 자신의 승리로 회상하며, '코펜하겐의 정신'이 양자물리학을 정복한 순간으로 평가할 것이다. 원자 세계에서 위치와 운동량의 의미, 아인슈타인이 몇 년 전에 새롭게 정의한 개념들을, 이제 보어, 하이젠베르크, 파울리가 정의한다. 하이젠베르크는 이렇게 썼다. "나는 과학의 결과에 모든 면에서 만족한다. 보어와 나의 관점이 대체로 받아들여졌다. 적어도 심각한 반대는 없다. 슈뢰딩거와 아인슈타인도 더는 반대하지 않는다." 하이젠베르크는 보어와 자신의 관점이 같지 않았음은 언급하지 않았다. 그들은 봄에 있었던 갈등을 덮었을 뿐, 없애지는 않았다. 하이젠베르크는 계속해서 원자 세계의 척도는 고전적 척도와 전혀 다르다고 믿었다. 보어는 계속해서 단 하나의 세계만 있다고 고집했다.

아인슈타인이 양자역학을 반박하지 못한 채, 제5회 솔베이회의는 끝났다. 그러나 그는 흔들림 없이 자신의 반대 입장을 고수했다. 그것이 그의 사고의 토대이므로 그냥 그럴 수밖에 없었다. 그는 객관적인 물리적 세계, 확고한 법칙에 따라 공간과 시간이 계속 발달하는 세계, 우리 인간의 구속을 받지 않지만 인간을 통해 연구될 수 있는 세계를 믿었다. 양자역학은 이런 기본 토대를 흔든다. 아인슈타인은 그것을 현실 모독으로 보았다.

물리학이 원자 차원으로 발전하면, 물리학의 수학 기호는 의미가 바뀐다고, 보어와 하이젠베르크는 주장한다. 그것은 아인슈타인이 구상한 물리적 세계에 대한 공격이다. 아인슈타인은 공간과 시간을 상대성이론으로 새롭게 발명했고, 연속성, 인과성, 객관성의 세계를 구축했다. 이제 그는 이 세계가 다시 무너지는 광경을 보고만 있어야 할까? 절대 그럴 수 없다. 아인슈타인은 브뤼셀에서 베를린으로 돌아가는 길에 드브로이와 함께 파리를 경유했다. 그는 왕자에게 작별 인사로 격려했다. "그대는 올바른 길 위에 있으니, 연구를 계속하세요." 그러나 브뤼셀에서 경험한 동료들의 지원 부족에 의기소침해진 브로이는 이 말을 더는 믿지 않았다.

아인슈타인은 지치고 답답한 심정이지만 생각을 바꾸지 않은 채 베를린으로 돌아갔다. 솔베이회의 후 일주일이 지난 1927년 11월 9일, 그는 조머펠트에게 편지를 썼다. "양자역학에는 양자 없는 빛의 이론에 포함된 진리만큼이나 생각할 거리가 거의 없다고 생각해요. 양자역학은 비록 통계 법칙의 올바른 이론일 수 있지만, 개별 기본 과정을 이해하는 데는 부족합니다."

브뤼셀에서 보어가 우위를 점한 것은 그의 설득력뿐 아니라 그가 지지자들을 끌어모았기 때문이다. 그는 러더퍼드의 맨체스터 실험실에서 좋은 협업 환경이 얼마나 중요한지를 배웠고, 그래서 자신의 코펜하겐 연구소에 그런 환경을 조성했다. 양자물리학에서 뭔가를 하고자 하는 사람은 그에게로 갔다. 젊은 러시아 물리학자 조지 가모프George Gamow가 말한 것처럼, "모든 길은 블라이담스바이 17번지로 통한다." 반면, 아인슈타인이 설립한 베를린의 카이저빌헬름 물리학연구소는 그저 하나의 장소에 불과했다. 아인슈타인은 그것이 좋았다. 그는 혼자 일하는 것을 좋아했다.

보어는 전 세대를 아우르는 이론가 집단을 구축했다. 그의 제자들이 유럽 전역에서 이론물리학 교수 자리를 차지했다. 솔베이 회의 직후 하이젠베르크는 라이프치히 이론물리학 연구소의 소장과 교수가 되었다. 파울리는 취리히연방공과대학교에서 교수직을 맡았고, 요르단은 함부르크에서 파울리의 뒤를 이었다. 크라머스는 1926년부터 네덜란드 위트레흐트대학교의 이론물리학 교수이다. 그들은 서로 자기 밑의 학생과 조교를 교환했다. 그렇게 보어의 양자물리학 관점이 제자들을 통해 세계로 퍼졌다.

단, 보어의 제자들 가운데 단연 뛰어난 수학 천재 디랙만은 예외였다. 그는 보어와 아인슈타인의 토론을 덜 감동적으로 회상한다. 나중에 그가 말한 것처럼, 그는 토론을 들었지만 참여하지는 않았다. "나는 올바른 방정식을 찾는 것에 더 관심이 있었다." 디랙이 보기에 양자역학은 확실히 아직 미완성이었다. 아인슈타인이 브뤼셀에서 방어적 태도를 보였을 수는 있지만, 장기적 관점에서 그가 옳았을 가능성이 충분하다고, 디랙은 생각했다.

1930년 베를린

독일은 꽃을 피우고, 아인슈타인은 아프다

1920년대 말 베를린. 독일은 전쟁의 혼돈에서 벗어나고 있다. 20년 전 오빌 라이트가 비행했던 템펠호프 대지에 세계에서 가장 큰 공항이 건설되었고, 유럽 전역에서 온 비행기가 매일 50대씩 이 공항에 착륙한다. 육로로 여행하는 관광객도 이 공항을 보러 온다. 약간의 입장료만 내면 누구든지 원하는 만큼 공항에 머물 수 있다. 관광객과 현지인들이 무리를 지어 카페에서 먹고 마시고, 엔진 소리를 듣고, 빛나는 비행기가 하늘 높이 치솟거나 구름을 뚫고 갑자기 나타나 유유히 하늘을 미끄러지는 모습을 구경한다. 비행은 매혹적인 대모험이다. 1928년 단일엔진 비행기 '페어차일드 FC-2W'를 타고 세계일주 여행을 하던 존 헨리 미어스 John Henry Mears와 찰스 콜리어Charles Collyer가 템펠호프에 들렀다. 그들은 농부에게 길을 묻기 위해 베를린 근처에 착륙해야 했다. 그들은 베를린에 몇 시간을 머물며 아들론 호텔에서 쉬고, 달걀, 햄, 흑맥주를 아침으로 먹은 뒤 다시 뉴욕을 향해 비행했다. 23일 15시간 21분 3초 전에 출발했던 그곳으로. 이는 세계기록이다.

경직된 국가주의 제국이 적어도 몇 년 동안은 활기차고 발전된 공화국이 되었다. 의회에 여성 의원이 서른여섯 명으로, 독일은 다른 어떤 나라보다 여성 의원이 더 많았다. 독일에서 여성은 적어도 원칙적으로 모든 직업을 원하는 대로 영위할 수 있었다. 그들은 엔지니어, 중장비설계사, 도축업자로 일했다. 독일은 유서 깊은 건물, 포장도로, 맥줏집, 격의 없는 풍습이 함께하는 계급 없는 평등한 전원생활을 꿈꾸는 외국인들을 매료시켰다. 조세핀 베이커가 베를린 나이트클럽에서 바나나 스커트 차림의 반나체로 춤을 춘다. 막스 라인하르트Max Reinhardt는 극장 스타로 떠오른다. 그의 대표작은 베르톨트 브레히트Bertolt Brecht가 대본을 쓰고 쿠르트 바일Kurt Weill이 작곡한 〈서푼짜리 오페라Dreigroschenoper〉이다. 바우하우스Bauhaus는 건축 트렌드를 결정한다. 예술과 문화와 더불어 과학이 독일 전역에서 만개한다.

청소년 운동은 점점 더 확산한다. 갈색으로 그을린 젊은이들이 수영장과 해변에 모여들어 신체를 자랑한다. 하이젠베르크를 포함한 철새들이 전국을 누빈다. 그러나 가까이에서 보면, 청소년 운동은 멀리서 볼 때만큼 그렇게 순수하지 않다. 조직 대다수가 정치 정당의 부속단체이다. 이쪽에는 갈색 셔츠가 있다. 저쪽에는 붉은 깃발이 있다.

그사이 마흔아홉 살에 접어든 아인슈타인은 건강이 썩 좋지 않다. 그는 이제 신체적 한계를 느낀다. 1928년 4월에 스위스를 짧게 방문했을 때, 그는 여행 가방을 끌고 가파른 경사면을 오르다가 쓰러졌다. 처음에는 심근경색을 걱정했고, 그다음 심장이 병적으로 커졌다는 진단이 나왔다. 아인슈타인은 "거의 죽었다 산 기분"으로 베를린에 돌아왔고, 엘자가 전권을 가지고 아인슈타인을 살피며 친구와 동료들의 방문을 제한했다.

아인슈타인이 서서히 회복되는 동안, 보어의 논문이 3개 국어로 동시에 출간되었다. 〈양자이론과 원자물리학의 최신 발전Das Quantenpostulat und die neuere Entwicklung der Atomistik〉 논문이다. 이 논문은 코모에서 했던 강연의 개정판이다. 양자역학 해석과 상보성의 해석을 영원히 유효하게 소개하려는 보어의 소망에 따라, 무한히 수정된 끝에 탄생한 최종본이다. 보어는 불확정성 원리를 통한 제한을 여전히 수용하지 않는 슈뢰딩거에게 이 논문을 보냈다. 이에 대해 슈뢰딩거가 1928년 5월 5일에 답했다. "위치와 운동량이라는 용어가 양자 시스템에서 모호할 수밖에 없다면, 그런 제한이 적용되지 않는 새 용어를 사용해야 합니다. 새로운 용어를 발견하기가 틀림없이 매우 어려울 것인데, 요구되는 재설계의 기반이 인지의 가장 깊은 층인 시공간과 인과성이기 때문입니다." 보어는 정중한 감사로 답장했지만, "'새로운' 용어의 개발 필요성에는 동의할 수 없음"을 명확히 했다. 불확정성 원리는 고전 용어 사용의 우연한 한계가 아니라, 관찰 과정 분석에서 드러난 상보성의 필연적 결과임을 강조했다. 슈뢰딩거가 보어와의 서신 교환에 대해 아인슈타인에게 알렸다. 아인슈타인 역시 같은 생각이다. "코펜하겐 사람들이 그런 '불안정한 의미'밖에 주장할 수 없다면, 'p와 q 용어를 폐기해야 한다'는 슈뢰딩거의 주장은 아주 정당해요." 아인슈타인은 코펜하겐 해석을 받아들이지 않기 위해 자신이 새롭게 발명한 물리학 전통 기본 개념들을 기꺼이 버릴 수도 있었다. "하이젠베르크-보어의 진정제 철학은, 아니 종교라고 하는 게 더 맞겠군. 아무튼 그것은 너무나 정교하게 고안되어서 신자들을 폭신한 베개에 눕히고, 신자들은 그 베개에서 쉽게 깨어나지 못해요. 그러니 그냥 누워 있게 둡시다."

쓰러진 지 4개월이 지났는데도 아인슈타인은 여전히 다리에 힘이 없다. 그러나 다시 움직일 수는 있게 되었으니 더 이상은 침대에 누워 있지 않아도 된다. 그는 건강을 회복하기 위해 발트해의 한적한 시골 마을 샤르보이츠에 집 하나를 빌렸다. 그곳에서 가장 좋아하는 철학자 스피노자를 읽고, "도시에서 근근이 살아가는 바보 같은 삶"에서 벗어난 평온을 기뻐했다. 다시 연구실에 나갈 만큼 충분히 건강해졌다고 느끼기까지 거의 1년이 걸렸다. 그의 개인 비서 헬렌 두카스Helen Dukas에 따르면, 아인슈타인은 연구실에서 오전 내내 일을 하고, 점심을 먹으러 집으로 가서 오후 3시까지 쉰 다음 다시 일을 했다. "때때로 밤새도록."

1929년 부활절 방학에 파울리가 아인슈타인을 방문하러 베를린에 왔다. 아인슈타인은 여전히, 모든 관찰자와 무관하게 자연법칙의 확고한 시나리오를 따르는 현실에 대한 자신의 신념을 버리지 않았다. 파울리는 아인슈타인의 이런 태도를 "반사적 반응"이라고 평했다. 아인슈타인은 이런 완고함 때문에 점차 몇몇 오랜 친구들과 멀어졌다. 보른이 이를 두고 이렇게 썼다. "우리들 대다수는 이것을 비극으로 본다. 자신의 길을 외로이 걸어가는 그에게도, 지도자이자 개척자를 그리워하는 우리에게도 비극이다."

1928년 6월 28일에 아인슈타인은 독일 물리학협회의 막스플랑크메달을 막스 플랑크로부터 직접 받았을 때, 이렇게 설명했다. "양자역학으로 요약되는 젊은 물리학자들의 업적에 진심으로 감탄합니다. 통계 법칙에 대한 제한이 일시적일 거라 믿습니다." 이때는 이미 아인슈타인이 인생의 마지막 지적 여정을 시작한 때였다. 전자기와 중력을 합친 장이론을 외롭게 찾는 이 여정에서 그는 관찰자의 영향을 받지 않는 현실과 인과성을 구해내길 희망했다. 누가 반사적 반응을 보이는 것일까? 보어인가, 아인슈타인인가? 두 사람이 제6회 솔베이회의에서 다시 만났을 때, 건강을 회복한 아인슈타인은 양자역학을 향한 다음 공격을 위해 무장하였다.

1930년 브뤼셀

2라운드, 완패

1930년 브뤼셀. 10월 20일 월요일에 제6회 솔베이회의가 시작된다. 6일간 지속된 이번 회의 주제는 '물질의 자기적 특성'이다. 절차는 3년 전과 똑같다. 그사이 사망한 로렌츠를 대신하여 랑주뱅이 조직위원장과 회의 진행자 역할을 넘겨받았다.

참석자는 1927년 못지않게 화려하다. 노벨상을 이미 받았거나 앞으로 받게 될 수상자가 자그마치 열두 명이다. 참석자 중에는 폴 디랙, 베르너 하이젠베르크, 헨드릭 크라머스 등 제5회 솔베이회의 참석자들도 있다. 그리고 당연히 닐스 보어와 알베르트 아인슈타인도 자리했다. 이번에는 아르놀트 조머펠트도 참석했다. 양자역학 해석과 현실의 본질에 관한 보어와 아인슈타인의 결투 2라운드를 위한 장이 드디어 열렸다.

보어와 아인슈타인은 세계 챔피언 대회에 참가하는 두 체스

선수처럼 만반의 준비를 갖춰 브뤼셀에 왔다. 지난 3년 동안 보어는, 아인슈타인이 제5회 솔베이회의에서 양자역학을 반박하기 위해 사용했던 사고실험을 하고 또 해보았다. 당시에도 아인슈타인의 주장에서 허점들을 발견했지만, 보어는 그것에 만족하지 않았다. 그는 양자역학 해석을 점검하기 위해, 가림막, 슬릿, 잠금장치, 시계를 점점 더 정교하게 배열하여 사고실험을 진행했지만 허점은 없었다.

그때처럼 다시 아인슈타인이 양자역학을 공격하고, 보어가 방어한다. 보어는 모든 것에 준비가 되어 있다고 생각했다. 그러나 공식 모임 뒤에 아인슈타인이 갑자기 빛으로 가득 찬 상자를 제시했다. 상상의 상자. 아인슈타인이 악마적인 사고실험을 고안해왔다. 아인슈타인이 보어에게 말한다. "상자를 상상해보세요. 상자 안에는 빛 입자 몇 개와 시계가 들어 있어요. 상자의 한 벽에는 자동개폐 장치가 달린 구멍이 있는데, 이 장치는 시계와 연결되어 있어요. 상자의 무게를 재세요. 특정 시점에 구멍이 열렸다가 입자 하나만 상자에서 빠져나갈 정도로 아주 빠르게 다시 닫히도록 시계를 설정하세요. 이제 우리는 그 입자가 상자에서 빠져나오는 정확한 시점을 압니다." 보어가 가만히 귀담아듣는다. 여기까지는 모든 것이 명료하고 논란의 여지가 없다. 불확정성 원리는 위치와 운동량 또는 에너지와 시간 같은 상호보완적인 수치에만 적용된다. 모든 수치는 그 자체로 임의대로 정교하게 측정될 수 있다. 그다음 아인슈타인이 자신의 비장의 무기를 쓴다.

"상자의 무게를 다시 재세요." 이 순간에 보어는 어려움에 봉착했음을 깨달았다.

아인슈타인은 이 비장의 무기를 위해 베른 특허청에서 일할 때 발견한 위대한 공식을 이용했다. $E = mc^2$. 질량이 에너지이고 에너지가 질량이다. 상자의 무게 차이가 곧 빠져나간 입자의 에너지량이다. 1930년대의 도구로는 그런 작은 차이를 측정할 수 없을 테지만, 그것은 부차적인 기술 문제이고, 지금 중요한 것은 원리이다. 그러니까 입자가 빠져나간 시각을 알고 입자의 에너지량도 안다. 둘을 동시에 안다. 불확정성 원리에 대한 반박이다. 양자역학은 여기에 반박할 수 있을까?

보어는 당황한다. 탈출구가 보이지 않는다. 답이 없다. 파울리와 하이젠베르크가 양자역학의 노장을 진정시키기 위해 애쓰지만 헛되다. "그럴 리가 없어요. 다 괜찮아질 겁니다." 마음은 고맙지만 크게 도움이 안 된다. 보어는 저녁 내내 지지자들과 토론했다. 아인슈타인의 말이 맞아서는 안 된다고, 그것은 물리학의 종말일 것이라고, 그가 경고했다. 적어도 보어가 아는 물리학은 종말을 맞을 터였다.

이날 저녁 아인슈타인은 늠름하게 허리를 곧추세우고, 여유롭게 담배를 입에 물고, 옅은 미소로 승리를 만끽하며 조용히 메트로폴 호텔로 돌아갔다. 그의 뒤에서는 화가 난 보어가 팔에 코트를 걸친 채 큰 동작으로 열을 내며 토론했다. "그는 흠씬 두들겨 맞은 개처럼 보였다." 보어의 벨기에 친구이자 동료인 레옹 로젠펠트Léon Rosenfeld의 회상이다.

아인슈타인에게 이것은 결코 물리학의 종말이 아니다. 오히려 물리학의 구원이다. 모든 관찰자로부터 독립적으로 존재하는 현실을 구해냈다. 아인슈타인은 물리학을 그렇게 이해했다.

이날 밤 보어는 잠들지 못했다. 모두가 자는 동안, 그는 오류를 찾아내기 위해 아인슈타인의 빛 상자를 세세히 생각하고 분해했다. 그는 아인슈타인보다 더 상세하게 이 상자를 깊이 생각했다. 보어는 상상으로 이 빛 상자를 눈금자가 있는 깃털 저울에 올렸다. 시계를 떠올렸다. 탈출 구멍의 개폐장치를 설계하고, 너트 하나 나사 하나도 빠트리지 않았다. 정신의 위대함은 때때로 작은 것 하나도 놓치지 않는 눈에서 드러난다.

밤을 샌 보어가 다음 날 아침에 당당하게, 흠씬 두들겨 맞은 개와는 거리가 아주 먼 모습으로 호텔 식당에 나타났다. 그는 자신이 밤새 찾아낸 것을 즉시 내놓았다. 아인슈타인이 간과한 것이 있다! 무게를 잴 때 상자는 지구의 중력장에서 아주 작은 거리를 움직인다. 그것이 상자의 질량에 작은 불확정성을 만들고, 결과적으로 빠져나간 입자의 에너지에도 불확정성을 만든다. 또한, 시계가 어떤 속도로 가느냐는 중력장에서 시계의 위치에 달려 있다. 그것을 아인슈타인 스스로 몇 년 전에 증명했었다. 그러므로 시간 역시 불분명하다. 결론적으로, 불확정성 원리와 일치하는 불확정성이 정확히 생긴다.

커피가 식어간다. 이 얼마나 놀라운 전환인가! 보어가 불확정성 원리를 멋지게 재확인하는 방식으로 아인슈타인의 반박을 뒤집었다. 이때 하필이면 아인슈타인의 상대성이론을 기발하게 응용했다.

이제 어찌할 바를 모르고 말문이 막힌 쪽은 아인슈타인이다. 3년 전처럼 보어가 아인슈타인의 공격을 무너뜨렸다. 물론, 양자역학이 살아남기 위해 상대성이론이 필요하다면, 양자역학이 어떻게 완성된 이론일 수 있느냐고, 계속 반박할 수 있었겠지만, 아인슈타인은 더는 주장하지 않았다. 이제 패배를 인정해야 할 순간이다. 일단은. 이것이 보어와 아인슈타인의 마지막 공개 토론이다. 그러나 이것이 양자역학에 대한 아인슈타인의 마지막 공격은 아니다. 그는 전략을 바꿔 더는 불확정성 원리를 제거하려고 시도하지 않았다. 그는 다른 약점, "유령 같은 원거리 작용"을 겨냥할 것이다.

1930년 11월에 아인슈타인은 종종 초대받았던 레이덴대학교에서 자신의 빛 상자에 대해 강연했다. 강연 뒤에 한 청중이 양자역학과 모순되는 지점이 전혀 보이지 않는다고 말하자, 아인슈타인이 답했다. "압니다." 모순은 없다. 그럼에도 맞지 않다.

아인슈타인은 완고한 사람이지만, 쩨쩨한 사람은 아니었다. 양자역학에 대한 거부감에도 불구하고 그는 1931년 9월에 다시 하이젠베르크와 슈뢰딩거를 노벨상 후보자로 추천했다. 후보자 추천서에 그는 이렇게 썼다. "이 지식에는 궁극적 진리가 어느 정도 들어 있다고 나는 확신합니다." '어느 정도 들어 있다'이다. 완전히는 아니다. 양자역학은 보어가 여기는 것처럼 최종 진리가 아니라고, 아인슈타인의 '마음의 소리'가 계속해서 속삭였다.

제6회 솔베이회의 뒤에 아인슈타인은 며칠 동안 런던을 여행했다. 10월 28일에 그는 ORT-OZE 영국 합동위원회가 사보이 호텔에서 개최한 가난한 동유럽 유대인을 위한 자선만찬회에 주빈으로 참석했다. 위원장인 바롱 로스차일드Baron Rothschild가 호스트이고, 조지 버나드 쇼George Bernard Shaw가 행사 진행자였다. 이 행사에는 약 1,000명이 참석했다. 아인슈타인은, 우아하게 옷을 차려입고 보석과 훈장을 치렁치렁 달고 나온 부자와 유명인들과 함께 있는 것이 불편했지만, 좋은 뜻의 모임이므로 "한심한 코미디"에 동참하여 어쩔 수 없이 연미복에 하얀 넥타이를 하고, '유대인 성인'의 손을 잡아보기 위해 그 앞에 줄을 선 사람들과 악수를 했다.

일흔네 살의 버나드 쇼가 자리에서 일어나 "아인슈타인 교수의 건강을 위하여"라며 건배사를 외쳤다. "제국을 세운 나폴레옹 같은 남자들이 있습니다. 그러나 그보다 더 뛰어난 남자들이 있습니다. 그들은 우주를 세웁니다. 그리고 그 과정에서 피 한 방울 묻히지 않습니다. 나는 그들을 열 손가락으로 꼽을 수 있습니다. 피타고라스, 프톨레마이오스, 아리스토텔레스, 코페르니쿠스, 케플러, 갈릴레이, 뉴턴, 아인슈타인." 청중들이 박수갈채를 보냈다. "그리고 아직 손가락이 두 개나 남습니다." 그가 말을 이었다. 청중들의 웃음소리가 이어진다. 그러나 아인슈타인 얼굴에는 쓸쓸한 미소가 번졌다. "프톨레마이오스가 세운 우주는 1,400년 넘게 지속되었습니다. 뉴턴은 300년짜리 우주를 세웠습니다. 그러나 아인슈타인은 앞으로 얼마나 지속될지 말할 수 없는 우주를 세웠습니다." 강당에는 아인슈타인이 지금 자신의 우주를 지탱하기 위해 고군분투한다는 사실을 아는 사람이 많지 않았다.

버나드 쇼 다음으로 아인슈타인이 일어나, "신화 같은 그 이름의 주인공이 누군지 모르나, 내 인생을 아주 힘들게 한 그 동명이인에게 해주신 잊지 못할 말씀에 감사"하다고 인사하고, 과학에 관해서는 한마디도 하지 않았다. 그는 다음과 같이 발언을 마무리했다. "끝으로, 여러분 모두에게 하고 싶은 말이 있습니다. 우리의 존재와 운명은 외부 요인이 아니라, 수천 년 동안 우리를 덮친 사나운 폭풍우에도 우리를 살아남게 해준 우리의 도덕적 전통을 충실히 따르는 것에 달렸습니다." 6주 전, 1930년 9월 14일 국회의원 선거에서 640만 명의 독일인이 나치당NSDAP에 투표했다. 수많은 평범한 시민들에게는 충격적이게도, 이는 1928년 5월 선거 때보다 8배가 많은 수치였다. 이로써 나치당은 자신이 극우 변두리 세력 그 이상임을 입증했다. 나치당은 107석을 차지하여 의회에서 두 번째로 강한 정당이 되었다. 사민당SPD이 주도했던 연합정부는 깨졌고, 하인리히 브뤼닝Heinrich Brüning 총리는 소수정당 정부로 전락해 비상령으로 통치해야 했다. 10월 13일 새 의회의 첫 회의에 나치당 의원들이 갈색 정당 유니폼을 입고 왔다. 같은 날 유대인들은 베를린 거리에서 욕을 먹고 구타를 당했다. 베르트하임 백화점의 쇼윈도가 깨졌다. 극우 세력의 쿠데타가 임박했다는 소문이 돌았다. 바이마르공화국이 무너질 위기에 처했다.

아인슈타인은 히틀러 지지와 반유대주의가 경제 불황과 실업에서 기인한 두려움, 절망, 불안이 더 깊어진 징후에 불과하다고 보았다. 1928년 선거와 1930년 선거 사이에 월스트리트의 대붕괴가 있었다.

이 붕괴가 유럽 전체를 강타했지만, 특히 독일이 심한 타격을 받았다. 제1차 세계대전 후 경제 회복에 투입된 대부분의 재정은 미국의 단기 신용대출을 통해 조달되었다. 혼돈과 손실 증가로 미국 은행들이 이 대출의 즉각 상환을 요구했다. 외국 자본이 독일로 유입되는 일은 거의 없었고, 그 결과 실업자 수가 1929년 9월 130만 명에서 1930년 10월 300만 명으로 증가했다. 아인슈타인은 나치당의 부상과 유대인 박해를 "현재의 경제 위기와 초보 공화국의 성장통에 의한 단기적 문제"로 보았다. 짧게 지나갈 일로 보았던 것이다. 그러나 그는 이 성장통이 생명을 위협하고, 공화국에 면역력 대신 멸망을 안겨주는 모습을 지켜봐야 했다. 독일이 이룩한 첫 번째 민주주의에서 이제 남은 것은 허울뿐이다. "국가의 권력은 국민으로부터 나온다." 헌법 제1조의 내용이다. 그러나 사실, 국가는 법령에 의해 다스려진다. 민주적으로 선출된 의회는 힘이 없다.

정치의식이 있는 사람들 사이에 근심이 커졌다. 1930년 12월에 프로이트는 아르놀트 츠바이크Arnold Zweig에게 이렇게 썼다.

"우리는 나쁜 시기를 향해 가고 있습니다. 늙은이의 무덤으로 견뎌야 할 테지만, 일곱 손주에게 미안한 마음이 드는 건 어쩔 수가 없습니다." 이후로 프로이트는 점점 더 자주 극우 경향과 유대인 박해에 대해 일기장에 기록했다.

국민 대다수는 이런 변화를 어떻게 받아들여야 할지 몰랐다. 나치당은 싫지만, 볼셰비키 세력은 더 나쁘지 않을까?

독일 물리학자들은 나치의 부상에 저마다 다르게 반응했다. 어떤 이는 나치에 단호히 반대했다. 어떤 이는 도망쳤다. 어떤 이는 동참할 길을 모색했다. 어떤 이는 열심히 동참했다. 레나르트와 슈타르크, 노벨상을 수상한 두 사람은 반유대주의에서 돌파구를 찾았다. 그들은 너무 모호하고 수학적이고 무엇보다 '유대스러운' 상대성이론과 양자역학에 반대하는 '독일 물리학'을 발전시킬 때가 왔다고 여겼다.

아인슈타인은 나치가 지배하는 독일에 자신의 자리가 없다는 사실을 아직 제대로 인식하지 못했다. 1930년 12월 초에 그는 미국에서 가장 중요하고 우수한 연구 장소인 서던캘리포니아의 캘텍공과대학교에서 두 달을 보내기 위해 독일을 떠났다. 볼츠만, 로렌츠, 슈뢰딩거가 이미 그곳에서 강연한 바 있었다. 아인슈타인이 승선한 배가 뉴욕에 도착했을 때, 수많은 기자들이 그를 기다리고 있었고, 결국 15분 정도 기자회견을 가지게 되었다. "아돌프 히틀러를 어떻게 생각하십니까?" 한 기자가 외쳤다. "그는 독일의 굶주림으로 먹고 삽니다." 아인슈타인이 대답했다. "경제 상황이 좋아지는 즉시, 그는 의미를 잃을 것입니다."

아인슈타인은 1년 뒤 1931년 12월에 다시 캘텍을 방문했다. 경제 상황과 정치 상황은 계속 더 암울해졌다. 그는 대서양을 건너며 일기장에 기록했다. "오늘 나는 베를린 생활을 완전히 버리기로 결심했다. 그러니 이제 남은 생애는 철새의 삶이다!"

아인슈타인은 캘리포니아에서 우연히 교육학자 에이브러햄 플렉스너Abraham Flexner를 만났다. 그 역시 이주 독일인의 아들이다. 마침 플렉스너는 뉴저지 프린스턴에 '고등연구소The Institute for Advanced Study'라는 새로운 연구 센터를 세우는 중이었다. 루이스 밤베르거Louis Bamberger와 캐롤라인 밤베르거Caroline Bamberger 남매의 500만 달러 기부금으로 무장한 플렉스너는 강의 의무 없이 연구에만 전념할 수 있는 '학자단'을 만들고자 했다. 세계에서 가장 유명한 과학자를 직접 만나는 이 기회를 플렉스너는 놓치지 않았다. 그는 아인슈타인을 설득하기 시작했고, 마침내 1933년에 아인슈타인은 프린스턴 고등연구소의 첫 번째 교수가 된다. 그는 그곳에서 여생을 보내게 될 것이다.

아인슈타인은 1년에 5개월을 프린스턴에서 보내고, 나머지 시간은 베를린에서 보내기로 타협했다. 그는 〈뉴욕타임스〉와의 인터뷰에서 이렇게 강조했다. "나는 독일을 완전히 떠나지 않을 것입니다. 나의 주요 거주지는 여전히 베를린입니다." 아인슈타인은 이미 약속한 세 번의 캘텍 체류 이후, 1933년부터 총 5년간 프린스턴 고등연구소와 계약했다. 아인슈타인이 계약을 받아들였다. 패서디나에 머무는 중이었던 1933년 1월 30일에 히틀러가 총리로 임명되었기 때문이다.

1932년 12월 10일에 아인슈타인 가족은 브레머하펜에서 서른 개의 여행 가방과 함께 오클랜드 증기선에 올랐다.

아인슈타인은 우선 안전한 캘리포니아에서 조용히 지냈다. 그는 때가 되면 즉시 독일로 돌아갈 사람처럼 행동했고, 프로이센 과학아카데미에 편지를 보내 연봉을 알아보았다. 그러나 속으로는 이미 다르게 결정했다. 그는 2월 27일에 베를린에 사는 마르가레테 레바흐Margarete Lebach에게 이런 편지를 썼다. "히틀러가 있는 한 나는 독일 땅을 밟지 않을 것이오. 프로이센 과학아카데미 강의는 이미 취소했소." 같은 날 밤에 베를린에서는 의사당이 화염에 휩싸였다. 좌파 정치가, 지식인, 언론인을 향한 나치의 첫 번째 테러 파도가 시작되었다.

1933년 3월 10일, 패서디나를 떠나기 하루 전날에 아인슈타인은 성명을 발표하고 인터뷰를 통해 독일에서 벌어진 사건에 대한 자신의 견해를 밝혔다. "내가 할 수 있는 한, 나는 정치적 자유, 관용, 그리고 모든 사람이 법 앞에 평등한 국가에만 머물 것입니다. 정치적 신념을 말과 글로 표현하는 자유가 정치적 자유이고, 개인의 모든 신념을 존중하는 것이 관용입니다. 현재 독일에서는 이 조건이 충족되지 못합니다. 그곳에서는 국제사회에 특별한 기여를 한 사람들이 박해를 받습니다. 그중에는 몇몇 주요 예술가들도 포함되어 있습니다." 아인슈타인을 인터뷰한 여기자는, 캘텍 캠퍼스를 걸어가는 아인슈타인의 흔들리는 발걸음을 보았다. 3월 11일에 아인슈타인과 그의 아내는 패서디나를 떠났고, 이 여정이 어디로 향할지는 불확실했다.

아인슈타인의 말은 전 세계를 흔들었다. 많은 곳에서 사람들은 히틀러를 어떻게 생각해야 할지 잘 몰랐다. 독일 밖에 있는 어떤 사람들은 속으로 생각했다. '히틀러가 유대인을 박해한 게 사실일지 모르나, 아무튼 그는 독일에 새로운 자신감을 불어넣었고, 자유로운 유럽을 볼셰비키 세력으로부터 보호하잖아! 아인슈타인이 주장하는 것만큼 정말로 그 대가가 그렇게 클까?' 독일 신문들은 '총통'에 대한 충성심을 고백할 기회로 보고, 아인슈타인의 성명에 대해 보란 듯이 크게 분노했다. "아인슈타인에 관한 기쁜 소식—그는 절대 돌아오지 않는다!" 베를린 지역 신문 〈베를리너 로칼안차이거Berliner Lokal-Anzeiger〉의 기사 제목이 이랬고, 〈푈키셰 베오바흐터Völkische Beobachter〉는 아인슈타인을 비판하는 혐오 전단지를 배포했다.

신중한 태도로 정치적 혼란을 잘 통과하려 애썼던 플랑크는 아인슈타인의 반나치 입장에 당혹스러웠다. 1933년 3월 19일에 플랑크가 아인슈타인에게 편지를 썼다. "이 혼란하고 어려운 시기에 선생의 공개적이고 사적인 정치적 성명 발표에 관한 온갖 소문에 깊은 우려를 표합니다. 나는 그것의 의미를 평가할 능력이 없습니다. 그러나 한 가지만은 아주 명확히 압니다. 선생을 존경하고 높이 보는 모든 사람이 이런 소문들 때문에 선생과 같은 입장을 취하기가 매우 힘들어졌습니다." 이는 나치에 반대하는 사람을 만류할 때 즐겨 사용되는 조언의 한 변형이다. 너 때문에 위험에 처하게 될 사람들을 좀 생각해! 플랑크는 원인과 결과를 뒤집어 아인슈타인에게 책임을 미뤘다. "이곳에서 이미 너무나 힘든 상황에 처한 선생의 부족민들과 신도들이 선생의 성명으로 인해 더 힘들어졌고 더 억압을 받습니다."

1933년 3월 28일에 아인슈타인은 벨겐란트 증기선에서 취리히에 있는 아들 에두아르트에게 편지를 썼다. "나는 당분간 독일에 가지 않을 거야. 아마도 영원히 가지 않을 거야." 프로이센 과학아카데미에도 편지를 보냈다. "현재 독일을 지배하는 상황 때문에 교수직을 내려놓기로 했습니다." 아인슈타인을 해고해야 하는 순간이 올까 봐 또는 그간 뒤로 물러나 조용히 눈치만 보던 비겁한 태도를 버리고 명확히 입장을 밝혀야만 하는 순간이 올까 봐 두려워했던 플랑크는 아인슈타인이 보낸 이 편지에 안도했다.

아인슈타인은 벨기에 안트베르펜에서 내리자마자 운전사 딸린 자동차를 타고 브뤼셀로 가서 독일 대사관에 독일 여권을 반납하고 독일 국적을 포기한다고 선언했다. 그는 1933년 여름을 벨기에와 옥스퍼드에서 보냈다. 그는 독일 땅을 다시는 밟지 않을 것이다.

4월 1일에 나치당이 '유대인 보이콧'을 선언했다. 나치 돌격대가 유대인 상점 앞에 진을 쳤고, 유대인 대학생, 조교, 강사는 등교를 저지당하고 도서관 카드를 압수당했다. 행정사무관 에른스트 하이만Ernst Heymann이 과학아카데미 이름으로 성명을 발표하면서 아인슈타인을 "잔혹한 혐오"로 비난하고, 아카데미를 대신하여 이렇게 주장했다. "이런 이유로 우리는 아인슈타인의 사임을 애석해 할 필요가 없습니다." 과학아카데미의 다른 회원들 가운데 이 성명에 반대한 사람은 아인슈타인의 오랜 친구 막스 폰 라우에뿐이었다. 과학아카데미는 나치에 의해 어용 단체가 될 필요 없이, 스스로 어용 단체가 되기를 자처했다.

1933년 4월 6일 벨기에의 북해 해안에서 아인슈타인은 플랑크에게 보내는 편지에, 옛 동료들의 태도에 대해 어떻게 생각하는지 썼다. "나는 그들이 외부 압력에 의해 과학아카데미를 위해 그런 비방을 선언했다고 믿습니다. 그러나 그렇더라도 과학아카데미는 명성을 얻지 못할 것이고, 더 훌륭한 사람들은 이미 그것을 부끄러워할 것입니다."

아인슈타인은 어디로 가야 할지 몰랐다. 전 세계의 대학으로부터 교수직을 제안받았지만 어디로 가야 한단 말인가? 엘자와 그는 6개월 동안 벨기에 북해 해안의 한 빌라에서 보냈다. 독일의 아인슈타인 암살 계획 소문이 벨기에까지 퍼졌다. 나치 돌격대가 포츠담에 있는 아인슈타인의 집을 수색하고 칼을 꽂아두고 갔다고, 〈뉴욕타임스〉가 보도했다. 벨기에 정부는 아인슈타인의 숙소에 경비병 두 명을 배치했다.

벨기에가 더는 안전하지 않다는 생각에 아인슈타인은 1933년 9월에 거처를 영국으로 옮겼다. 그는 노퍽 해안의 작은 집에서 조용한 한 달을 보냈다.

아인슈타인은 난민을 위한 자선 행사의 연설 요청을 수락했다. 이 행사는 러더퍼드가 여는 행사로, 1933년 10월 3일에 왕립 알버트 홀에서 개최되었다. 슈바빙 지역 사투리 억양이 섞인 영어로 떠듬떠듬 원고에 적힌 대로 읽었지만, 그의 연설은 청중을 감탄시키기에 충분했다. 홀을 가득 채운 1만 명 청중이 그를 향해 환호했다. 연설 내내 독일의 상황과 독일이 세계로 퍼트린 위험에 대해 얘기했음에도, 아인슈타인은 주최 측의 부탁대로 '독일'이라는 말을 한마디도 입에 올리지 않았다.

나흘 뒤 1933년 10월 7일에 아인슈타인은 미국으로 출발했다. 그는 사우샘프턴에서 웨스트모어랜드를 타고 출발했고, 그의 아내 엘자와 비서 헬렌 두카스 역시 안트베르펜에서 그곳으로 왔다. 앞으로 5개월은 프린스턴 고등연구소에서 보낼 예정이다. 그러나 다시는 유럽으로 돌아오지 않을 것이다.

검역소에서 아인슈타인은 고등연구소 설립자이자 소장인 플렉스너의 편지 한 통을 건네받았다. 플렉스너는 그에게 "침묵, 신중함, 대중 앞에 나서지 않기"를 요구했다. 안전을 위해 어쩔 수 없었다. "의심의 여지없이 이 나라에도 조직적이고 무책임한 나치 갱단이 있습니다." 플렉스너가 편지에 썼다. 아인슈타인의 천재적 지능이 아니더라도, 플렉스너에게 아직은 고등연구소의 좋은 평판과 기부자들의 선의가 중요하다는 사실을 통찰할 수 있다. 이후 몇 주 동안 플렉스너는 아인슈타인의 우편물을 미리 검사하고 아인슈타인을 대신하여 그에게 제안되는 초대와 일정을 취소했다. 그중에는 심지어 백악관의 초대도 있었다. 아인슈타인은 플렉스너의 통제에 불만이 쌓였다. 그가 독일을 떠난 이유가 바로 그런 통제 때문이 아니던가. 그는 친구들에게 보내는 편지의 발신자 주소를 "프린스턴 강제수용소"라고 적었다.

그는 고등연구소 이사회에서 플렉스너에 대해 불평하고, 자신이 당했던 통제를 열거한 다음, "정직한 사람이라면 결코 마음에 들지 않을 일거수일투족 간섭이 아니라, 방해받지 않고 인간적으로 일할 수 있는 안전을 제공해달라"고 청했다. "만약 그것이 불가피하다면, 나와 연구소의 관계를 존엄한 방식으로 끝낼 방안에 대해 여러분과 의논하고 싶습니다"고도 전했다. 협박은 효과가 있었다. 자유로운 아인슈타인보다 슬픔에 빠진 아인슈타인이 연구소에는 더 해로울 것이기 때문이다. 플렉스너는 아인슈타인을 혼자 내버려두기로 약속했다. 아인슈타인은 자유를 돌려받았지만 고등연구소에 미치는 영향력은 모두 잃었다. 궁전 광대가 누리는 자유와 같았다.

1931년 취리히
파울리의 꿈

1931년 여름 취리히. 파울리는 정원을 지나 호숫가의 호화로운 저택으로 향한다. 주변 풍경과 파울리의 내면이 기이하게 대조를 이룬다. 높이 솟은 탑, 박공지붕, 커다란 창문의 대저택, 과일나무, 깔끔하게 다듬어진 관목, 취리히 호수의 돛단배. 그림책에 나오는 풍경처럼 목가적이다. 파울리의 내면은 어둡고 소란스럽다. 탁월한 재능을 타고난 물리학자 파울리는 고단한 삶에 마음이 무겁다. 그래서 그는 여기 왔고, 그래서 오늘 실낱같은 희망을 품고 호숫가 저택으로 간다. 한때 프로이트의 제자였으나 지금은 프로이트의 최대 반대자인 유명한 정신과의사 카를 구스타프 융Carl Gustav Jung이 여기에 산다. 그와 만나는 것이 취리히에서의 파울리의 첫 일정이다.

파울리는 물리학 역사에서 가장 뛰어난 재능을 가진 사람에

속했다. 보른이 자신의 제자를 "아인슈타인에 견줄 만한 천재"라고 불렀고, "순수하게 과학적으로만 보면 아인슈타인보다 더 위대할 것"이라고 평했다. 인간적으로는 파울리가 천재와 완전히 다르기 때문에, 보른은 '순수하게 과학적으로만 보면'이라고 말한 것이다. 파울리는 늘 동료들과 다투고, 신랄한 유머로 불쾌감을 유발하고, 여자들에게 좋은 남자가 아니다. 게다가 알코올 문제도 있다.

그럼에도 과학자 동료들은 파울리를 높이 평가했다. 그의 비판은 장황하게 변죽을 울리지 않고 언제나 정곡을 찔렀다. 그의 친구 에렌페스트는 이렇게 말한다. "어쩌면 그의 논문보다 토론이나 편지가 새로운 물리학 발전에 훨씬 더 큰 기여를 했을 것이다." 에렌페스트를 비롯한 절친한 친구들조차 파울리의 내면에 어떤 비극이 있는지 전혀 몰랐다.

볼프강 파울리는 1900년 4월 25일, 세기말의 불안과 활기가 뒤섞인 도시, 빈에서 태어났다. 이름이 똑같이 '볼프강'인 그의 아버지는 원래 의사였는데, 나중에 의학에서 자연과학으로 진로를 바꾸면서 성도 파셸레스에서 파울리로 바꿨고, 점점 격해지는 반유대주의가 경력에 해가 될 것 같아 종교도 유대교에서 천주교로 바꿨다. 아들 볼프강은 유대인 가족사에 대해 아무것도 모른 채 성장했다. 대학 친구에게 이 얘기를 들은 후에야 부모에게 물었고 진실을 알게 되었다. 아버지 볼프강은 1919년에 빈대학교의 생물물리화학 교수이자 연구소 소장으로 임명되었고, 가족 모두를 개종시킨 자신의 결정이 옳았음을 재확인했다. 1938년 오스트리아가 독일제국과 병합된 후, 파울리는 독일제국 시민법에 따라 다시 유대인으로 간주되어 조국 오스트리아를 떠나 스위스 취리히로 가야 했다.

파울리는 물리학자로서의 운명을 타고났다. 그의 영세 대부는 빈 출신의 영향력 높은 물리학자이자 철학자인 에른스트 마흐이다. 파울리가 나중에 말했듯이, 그가 열네 살까지 이어진 마흐와의 관계는 그의 "정신적 삶에서 가장 중요한 일"이었다. 그는 곧 신동으로 통했고, 그 자신이 언급한 적도 있다. "맞다, 신동. 그러나 '신'은 사라지고 '동'만 남았다."

볼프강 파울리의 어머니 베르타는 유명한 저널리스트이자 평화주의자이며, 사회주의자이고, 여성인권 운동가이다. 자연스레 당대의 여러 예술가, 과학자, 의사들이 파울리의 집을 드나들었다. 어머니는 아들의 사고에 강하게 영향을 미쳤다. 특히 제1차 세계대전 동안에. 전쟁이 길어질수록 이 청소년은 더욱 격렬히 전쟁에 반발했다.

파울리는 뛰어난 재능을 타고났지만 전형적인 모범생은 아니었다. 그는 학교가 지루했다. 특히 지루한 수업 시간이면 책상 밑에 숨어 아인슈타인의 상대성이론에 관한 논문을 읽었다. 전해지기를, 물리학 수업 때 교사가 칠판에 뭔가를 잘못 적었는데 아무리 찾아도 어디서 실수가 있었는지 발견하지 못했다고 한다. 그때 교사가 교실이 떠나가도록 큰 소리로 외쳤다고 한다. "볼프강 파울리! 어디에 오류가 있는지 얼른 말해줘! 아까부터 알고 있었잖아."

열여덟 살 때 파울리는 "영적 사막"에서 도망쳤다. 그에게 빈은 그런 도시였다. 오스트리아-헝가리제국은 몰락의 길을 걸어갔고, 제국 수도의 명성은 빛이 바랬으며, 훌륭한 물리학자들이 대학을 떠났다. 파울리는 뮌헨으로 갔다. 빈대학교의 교수직을 거절한 조머펠트에게 배우기 위해서였다. 조머펠트는 뮌헨을 "이론물리학의 양식장"으로 만들었고, 그곳에서는 최고의 교수들이 훌륭한 인재들을 불러 모았다. 조머펠트는 1906년부터 이 일에 매진했지만, 그의 연구소는 여전히 작았다. 연구소는 방 네 개로 구성되었다. 조머펠트의 연구실, 대강의실, 세미나실, 작은 도서관. 지하실에 실험실이 있는데, 이곳에서 1912년에 막스 폰 라우에가 'X선이 에너지로 가득한 전자기파동'이라는 이론을 세워 인정을 받았다.

조머펠트는 탁월한 이론가이자 훌륭한 스승이다. 그는 제자들의 능력을 자극하되 과도한 부담으로 좌절감을 주지 않는, 아주 적절한 난이도의 과제를 주는 데 탁월한 감각을 가졌다. 그는 이미 수많은 우수한 제자들을 거느렸지만 파울리에게 비범한 재능이 있음을 바로 알아차렸고 그를 제자로 삼고자 탐을 냈다.

1918년 대학입학 자격시험 직후에 파울리는 뮌헨으로 갔다. 조머펠트의 '양식장'에서 양식되기 위해서. 3학기 때 조머펠트는 《수학 백과사전Enzyklopädie der mathematischen Wissenschaften》에 수록할 상대성이론 원고를 파울리에게 작성하라고 시켰다. 아인슈타인은 쓰기를 거부했고, 조머펠트는 시간이 없었다. 어차피 파울리는 상대성이론을 이미 아주 잘 알았다.

1년이 채 지나지 않아 원고가 완성되었다. 237쪽 분량에 주석이 394개인 원고가. 파울리는 대학 공부와 이 작업을 병행했다. 아인슈타인이 놀라움을 금치 못했다. "완성도 높은 이 거대한 작품을 읽는 사람은, 저자가 스물한 살 대학생이라는 사실을 믿고 싶지 않으리라. 아이디어 발전에 대한 심리학적 이해, 명확한 수학적 연역성, 깊은 물리학적 통찰력, 명확하고 체계적인 표현력, 문헌 지식, 객관적 완전성, 비판의 안정성. 무엇에 가장 감탄해야 할지 결정하지 못하리라." 이 작품은 앞으로 수십 년 동안 상대성이론의 표준이 될 것이다.

파울리는 곧 새롭고 사변적인 아이디어에 대한 날카롭고 정확하며 타협하지 않는 비판으로 유명한 두려운 존재가 되었다. 에렌페스트는 그를 "신의 재앙"이라 불렀다. 어떤 사람들은 그를 "물리학의 양심"이라 불렀다. 파울리는 한 젊은 물리학자의 작업에 대해, "틀렸다고 지적할 가치조차 없다"고 폄하했다. 한번은 한 동료가 그의 비판에 이렇게 대꾸했다. "나는 자네만큼 그렇게 빨리 생각할 수가 없어." 그러자 파울리가 대답했다. "느리게 생각하든 말든 나는 상관없어. 하지만 생각하는 속도보다 더 빨리 출판하는 것에는 반댈세." 이런 지적으로 파울리는 오만하다는 평판을 들었다. 그러나 그와 가까운 사람들은, 그가 직설적인 사람일 뿐 상처를 주는 사람이 아님을 잘 알았다. 절친한 동료 빅토르 바이스코프Victor Weisskopf는 이렇게 말했다. "파울리는 아주 정직한 사람이었다. 그는 어린아이 같이 솔직했다. 그는 언제나 자신의 진짜 속마음을 한 치의 망설임도 없이 곧이곧대로 말했다."

동료들 사이에 다음과 같은 농담이 유행했다. "파울리가 죽어서 신 앞에 섰다. 파울리는 왜 미세구조 상수가 1/137이냐고 신에게 묻는다. 신이 끄덕이고 칠판으로 가서, 엄청난 속도로 방정식들을 줄줄이 적기 시작한다. 파울리는 우선 아주 흡족하게 지켜보다가 금세 단호하고 격하고 고개를 젓기 시작한다."

파울리는 집중해서 깊이 생각할 때면, 상체를 앞뒤로 흔든다. 그의 물리학적 직관은 동료들과 차원이 다르다. 아인슈타인조차 그 부분만큼은 파울리를 능가하지 못한다.

파울리는 자기 자신의 작업을 그 누구보다 더 신랄하게 비판했다. 그는 물리학과 물리학의 어려움을 너무나 잘 이해했고, 때때로 그의 창조성마저 마비시킬 만큼 어렵다고 이해했던 것 같다. 위대한 탐험가에게 때때로 필요한 무모함이 그에게는 없었다. 그래서 그의 직관과 상상력으로 이룩할 수 있었을 발견들이 그를 지나쳐, 그보다 생각이 적고 재능이 덜한 동료들에게로 갔다.

파울리는 아인슈타인에게조차 자신감을 보이고 겁먹지 않았다. 아인슈타인이 뮌헨대학교에서 초청 강연을 마친 직후에, 대학생 파울리는 강의실을 가득 메운 청중을 향해 말했다. "아인슈타인이 한 말은 그렇게 멍청하지는 않습니다."

그는 누구 앞에서도 거침이 없었다. 단 한 명만 제외하고. 파울리가 자신의 날카로운 혀를 감추는 유일한 한 사람은 그의 스승 조머펠트이다. 파울리는 항상 그를 "추밀원 귀하"라고 불렀다. 조머펠트가 뭔가를 말하면, 파울리는 조용하고 겸손하게 들었다. "네, 추밀원 귀하. 아니요, 추밀원 귀하. 그것은 어쩌면 말씀하신 것과 살짝 다를지도 모릅니다."

대학생 파울리는 뮌헨의 밤 문화를 즐겼다. 그는 밤에 카페를 돌아다녔다. 카페가 문을 닫으면, 그제야 자기 방으로 가서 남은 밤 동안 작업을 했다. 아침 강의를 대개 결석하고, 점심쯤에야 비로소 강의실에 나타났다. 그러나 조머펠트에게 이끌려 양자물리학의 신비에 빠져들 만큼 충분히 강의를 들었다. 그가 나중에 말했다. "나는 충격을 피할 수 없었다. 고전적 사고방식에 익숙한 모든 물리학자가 처음으로 보어의 양자이론 기본 가정을 접했을 때 받았을 그런 충격이었다."

박사학위 논문을 위해 조머펠트는 파울리에게 과제를 주었다. 두 원자 중 하나에서 전자를 떼어내 이온화한 수소분자에 '보어-조머펠트 원자 모형' 원리를 적용하는 과제였다. 파울리는 이론적으로 완벽하게 분석했지만, 그것이 실험실의 측정 결과와 맞지 않았다. 보어-조머펠트 원자 모형 원리의 예언력이 한계에 도달했고, 파울리도 어쩔 도리가 없었다. 하지만 파울리는 박사학위를 받았다. 1921년 10월, 박사과정과 상대성이론에 관한 집필 작업을 마친 그해에 파울리는 괴팅겐으로 가서 보른의 조교가 된다. 서른여덟의 보른 역시 이 작은 도시에서 가르친 지 이제 겨우 6개월에 접어들었을 뿐이다.

"어린 파울리"에 보른은 깊이 감탄했다. "이보다 더 훌륭한 조교를 나는 결코 구하지 못할 것입니다." 파울리를 만난 직후에 보른이 아인슈타인에게 편지를 썼다. 보른과 파울리는 천체역학을 원자와 분자에 적용하는 데 몰두했다. 두 사람을 이어주는 공통점이 하나 더 있는데, 그것은 바로 둘 다 손끝이 야무지지 못하다는 점이다. 실험실에서 파울리는 보른보다 훨씬 더 도움이 안 되었다.

불운은 어떤 식으로든 파울리를 따라다녔다. 동료들 사이에, 특히 실험물리학자들 사이에, '파울리 효과'라는 말이 유행했다. 물리학자들이 공통적으로 인정하는 이론이 하나 있다. 이론물리학자와 실험물리학자 사이에 '천재 보존의 법칙'이 적용된다는 이론이다. 천재 이론가가 한 명 있으면, 멍청한 실험가가 한 명 있고, 그 반대도 마찬가지이다. 파울리는 이 이론의 살아 있는 증거이다. 그의 천재성은 모두 이론 쪽에 쏠려 있다. 파울리가 등장하는 곳에서는 뭔가가 깨진다는 미신이 자리를 잡았다. 파울리가 천문대를 방문하자, 갑자기 거대한 굴절망원경이 고장 났다. 한번은 괴팅겐의 한 실험실에서 원자를 연구하기 위한 복잡한 실험장치가 뚜렷한 이유 없이 갑자기 망가졌다. 실험가들이 놀랐다. 파울리는 지금 멀리 스위스에 있는데 어떻게 이런 일이 가능할까! 실험실 책임자가 취리히의 파울리 주소지로 이 사건에 대한 익살맞은 편지를 보냈다. 덴마크 소인이 찍힌 답장이 왔다. 파울리는 코펜하겐에서 답장을 쓴 것이다. 실험 장치가 고장 난 바로 그 순간에 파울리가 탄 기차가 괴팅겐역에 정차해 있었다! 함부르크에서 가장 유명한 실험가는 실험실 문이 잠겨 있을 때만 파울리와 얘기했다. 자신의 실험 장치가 걱정되었기 때문이다.

보른은 재능이 뛰어난 조교가 자신과 똑같은 방식으로 일한다는 것을 인정할 수밖에 없었다. 파울리의 탁월한 지성은 여전히 밤에 특히 활기를 찾았다. 그는 습관대로 밤늦게 일하고 늦게 일어났다. 보른은 자신의 오전 11시 강의를 듣게 하기 위해 하녀를 파울리에게 보내 10시 30분에 깨워야만 했다.

그러나 파울리가 보른의 '조교'라는 것은 그저 직책에 불과했다. '신동'의 불규칙한 생활 방식과 고질적인 지각에도 불구하고 보른은 자신이 그에게 가르칠 수 있는 것보다 더 많은 것을 그로부터 배운다는 것을 인정할 수밖에 없었다. 파울리에게는 확실한 물리학적 직관이 있었다. 이것이 파울리를 올바른 길로 안내했다. 보른은 수학적 성실함으로 그 길을 찾아내야 했다. 단 한 학기 만에 그들의 길이 갈릴 때, 스승이 제자보다 훨씬 더 많이 아쉬워했다. 1922년에 파울리는 함부르크로 갔다. 작은 대학도시에서 대도시로. 파울리 자신의 표현을 빌리면, "물에서 샴페인으로." 파울리는 물리학자 오토 슈테른, 수학자 에리히 헤케Erich Hecke, 천문학자 발터 바데Walter Baade 등 새로운 친구들과 함께 밤새도록 장크트파울리 거리를 돌아다녔다. 알코올 문제가 서서히 고개를 들기 시작했다.

　두 달 뒤에 파울리는 가장 흥미로운 양자역학 시대의 시작을 알리는 '보어 축제'에 참석하기 위해 다시 괴팅겐으로 갔다. 파울리는 이때 처음으로 보어를 만났다. 그리고 양자물리학 하늘에 떠오르는 또 다른 별, 하이젠베르크를 처음 만났다. 혹시 코펜하겐으로 올 의향이 있냐고, 위대한 보어가 파울리에게 물었다. 당연히 파울리는 그럴 의향이 있었다. 그는 이것을 자기 방식으로 보어에게 알렸다. "교수님이 요구할 과학적 부담이 힘들 거라 생각하지는 않아요. 그러나 덴마크어 같은 외국어를 배우는 것이 조금 힘들 것 같습니다." 1922년 가을에 파울리는 코펜하겐으로 갔고, 그가 내린 두 추측은 틀린 것으로 판명되었다. 언어는 문제가 없었다. 과학은 아니었다.

　코펜하겐에서 파울리는 보어-조머펠트 원자 모형으로는 해명될 수 없는 원자 스펙트럼의 한 현상인 '이상 제이만 효과'를 분석하기 시작했다. 원자를 자기장에 노출하면, 원자의 스펙트럼선들이 분할된다. 선 하나가 둘, 셋, 그 이상이 된다. 조머펠트는 선이 두 배, 세 배로 분할되는 것을 설명할 수 있도록 보어의 모형을 노련하게 바꿨다. 자기장이 회전궤도를 확장하고 왜곡하고 뒤집었다. 조머펠트는 이 효과를 세 가지 '양자수'로 기술한다. 그러나 선들은 그 이상으로 네 배로 여섯 배로 분할한다. 고전물리학과 양자이론을 섞은 보어의 혼합은 이것을 해명하지 못한다.

파울리는 이 문제를 해결하고 싶지만, 계속해서 미로를 헤맸다. "안 돼요. 안 맞아요!" 그가 조머펠트에게 좌절감을 털어놓았다. "지금까지 완전히 실패예요!" 그는 서서히 점점 더 깊은 좌절로 빠져들었다. 코펜하겐 생활을 접어야 할 때가 되었다. 어느 날 그가 정처 없이 거리를 헤맬 때, 한 동료가 그에게 말을 걸었다. "너무 불행해 보이십니다." "이상 제이만 효과에 대해 고민하는데 어떻게 행복해 보일 수 있겠습니까?" 파울리가 거칠게 대답했다. "이상 제이만 효과에 맞는 주기적 모형은 없으므로, 근본적으로 새로운 것을 만들어내야 함을" 그는 알고 있었다.

파울리는 아무 성과 없이 함부르크로 돌아왔지만, 아무튼 조교에서 강사로 승격되었다. 그는 이상 제이만 효과의 수수께끼에서 벗어날 수 없었다. 코펜하겐이 그를 놓아주지 않았다. 그는 기차를 타고 발트해를 넘나들며 계속해서 해답을 찾으려 애썼다. 보어의 원자 모형은 무엇이 문제일까? 그의 좌절은 점점 커지고 그것과 함께 알코올 문제도 커졌다. 문제? 알코올이라면 맞다, 문제다. 하지만 괜찮다. "포도주는 내게 큰 도움이 된다. 포도주나 샴페인을 두 병 정도 마시면, 나는 사교성 좋은 사람이 되고, 정신이 말짱할 때는 절대 가질 수 없는 매너를 갖추고 그러면 상황에 따라 주변 사람들에게, 특히 여성들에게 깊은 인상을 남길 수 있다!" 파울리가 주장했다. 그는 이중생활을 시작했다. 낮에는 보수적인 대학 강사, 어두운 밤에는 방탕아의 삶. 그는 장크트파울리 거리의 바와 버라이어티 극장으로 갔다. 엎질러진 맥주가 끈적거리는 테이블, 담배 연기에 찌든 벽, 뮌헨에서 공연을 금지당한 조세핀 베이커가 찰스턴을 추는 곳. 파울리는 장크트파울리 밤 소풍을 동료들에게 비밀로 했다.

술이 좋은 매너와 사교성을 준다는 그의 주장은 틀렸다. 술은 자제력을 없앴다. 그는 공격적으로 변하여 걸핏하면 주먹이 먼저 나갔다. 한번은 키츠 구역의 단골 식당에서 파울리의 도발로 싸움이 벌어졌다. 그는 격분했고 상대방이 그를 3층에서 창밖으로 던지겠다고 위협했을 때 비로소 다시 정신을 차렸다. 그는 자신이 왜 그랬는지 이해하지 못했다. 그는 여자들과 잤고, 그 여자들은 마약 중독자로 마약을 구할 돈을 그에게 원할 뿐임을 그는 너무 늦게 깨달았다. 파울리는 자제력을 잃었다.

1924년 가을에 그의 낮 생활에도 변화가 생겼다. 조머펠트가 제공한 실마리로 그는 올바른 길을 되찾았다. 조머펠트는 자신의 교재 《원자 구조와 스펙트럼선Atombau und Spektrallinien》의 네 번째 개정판에서, 《철학 매거진》에 실린 영국의 서른다섯 살의 만학도 에드먼드 스토너Edmund Stoner의 논문을 언급했다. 카벤디시 연구소에서 러더퍼드와 함께 실험한 스토너는, 큰 원자의 전자들이 보어가 말한 것과 다르게 배열되었다고 주장했다. 보어는 스토너의 이의 제기에 맞서 방어했다. 파울리는 전율을 느꼈다. 운동에는 젬병인 그가 조머펠트의 교재를 훌쩍 뛰어넘어 도서관으로 달려가 《철학 매거진》을 읽었다. 이제 그는 원자 껍질에서 무슨 일이 벌어지는지 이해했다. 해답은 네 번째 양자수에 있다. 전자에는 지금까지 아무도 몰랐던 특성, 파울리가 '모호함'이라고 부르는 특성이 있다. 그것은 오로지 두 가지 값만 받아들일 수 있다. 0 또는 1. 원자에서 전자가 취할 수 있는 상태의 수가 그것으로 두 배가 되고, 갑자기 모든 것이 딱딱 들어맞았다. 전자는 정해진 대로 쪼개진다. 실험가들이 수십 년 전부터 관찰했듯이, 스펙트럼 선이 분할된다.

파울리의 전자 배열 설명의 핵심 원리는 영원히 그의 이름으로 불리게 될 것이다. 파울리 원리. 한 원자 안에 같은 상태의 전자 두 개가 존재할 수 없다. 그것은 자연의 위대한 계명이다. 이 원리로 파울리는 주기율표에 원소가 어떻게 배열되어 있고, 희소 가스 원자에서 전자가 어떻게 배열되어 있는지 해명할 수 있다. 물질의 구조가 어떤 모습이고 왜 그런지도 해명할 수 있다. 그러나 '파울리 원리' 자체는 해명할 수 없다. 그것은 그 자체로 기본 원리이다.

그가 목적지에 도달한 것이 아니라 목적지가 그를 찾아냈다고 해야 더 맞을지라도, 파울리는 마침내 목적지에 도달했다.《물리학 잡지》에 실린 자신의 논문 〈원자의 전자그룹 말단과 스펙트럼 복합구조의 관련성에 대하여Über den Zusammenhang des Abschlusses der Elektronengruppen im Atom mit der Komplexstruktur der Spektren〉에서 그가 고백한다. "이 원리에 대한 더 상세한 근거를 우리는 제시할 수 없지만, 이 원리는 그 자체로 자연법칙처럼 당연해 보인다."

파울리는 자신의 능력을 보여주었다. 그는 하이젠베르크의 행렬역학 정교화 작업을 돕고, 행렬역학과 파동역학의 동등성을 증명했고, 불확정성 원리 공식화를 지원했다. 이 모든 과정에서 그는 변함없이 반항적이고 제멋대로인 사람이었다. 그는 "뮌헨의 숫자 신비주의"(조머펠트)에도, "코펜하겐의 반사적 쿠데타"(보어)에도 자신을 굽히지 않았다.

1930년에 파울리는 지금까지 알려지지 않은 신비한 입자의 존재를 과감하게 발표했다. 전하 없고, 질량도 거의 없고, 거의 모든 측정기를 감쪽같이 피해 가는 입자. 그는 이것을 '중성자'라고 불렀는데, 나중에는 '중성미자Neutrino'로 이름이 바뀐다. 이것은 엄청난 돌발 행위였다. 그때까지 물리학자들은 물질이 오로지 전자와 양성자로 이루어졌다고 가정했기 때문이다. 중성미자의 존재는 26년 뒤에 입증될 것이다.

파울리는 과학 여정의 최고점에 있으면서 동시에 삶의 최저점에 서 있다. 1927년에 그의 어머니는 남편의 외도를 알고 음독자살을 했다. 파울리는 무너진 마음으로 베를린 댄서 캐테 데프너 Käthe Deppner와 결혼했다. 그는 결혼식 두 달 뒤 친구에게 보내는 한 편지의 끝부분에 이렇게 적었다. "만에 하나 내 아내가 도망간다면, (나의 모든 다른 친구들과 마찬가지로) 너에게 고소장이 갈 거야." 몇 달이 더 지나 부부는 이혼했고, 캐테는 어느 화학자를 만나 파울리 곁을 떠났다. 파울리가 말했다. "투우사를 만났다면 아마 이해했을 테지만, 평범한 화학자라니…."

파울리는 실망감을 술로 뒤덮었고, 점점 더 깊은 위기로 빠져

들었다. 그는 뚱뚱해지고 얼굴이 일그러졌다. 미국 순회강연 때는 금주령에도 불구하고 너무 심하게 취해서 계단에서 굴렀고 어깨가 부러졌다. 오른팔에 부목을 댄 상태라 강연 때 그는 판서를 대신해줄 조수가 필요했다.

1928년부터 그는 취리히연방공과대학교 이론물리학 교수로 일했고, 계속 술을 마셨고, 담배를 피웠고, 이 파티 저 파티를 전전했고, 아무 여자와 잤고, 남자들과 주먹질을 했다. 결국, 대학교 행정과에서 그에게 면담을 요청했다. 계속 품위를 손상시키는 행동을 한다면, 교수직을 잃게 될 것이라는 경고를 들었다. 불행에 빠져 사는 사람이 '아인슈타인보다 더 위대한 천재'가 된들, 그것이 무슨 소용이겠는가? 쾌활하고 유쾌한 교수의 겉모습 뒤에는 공허와 좌절뿐이다. 오래전부터 파울리를 괴롭힌 악몽이 이제는 낮에도 그를 괴롭힌다. 시계와 진자 같은 물리학 도구들, 똬리를 튼 뱀 같은 기이한 상징들, 인간과 동물이 섞인 키메라, 베일에 싸인 나체의 여성들과 뒤섞인 기하학 도형들. 술을 아무리 마셔도 이런 장면들이 더는 사라지지 않는다. 파울리는 끝에 와 있다.

취리히 근처에 사는 세계적으로 유명한 정신분석학자 융과 상담을 해보라고, 그의 아버지가 조언했다. 파울리는 아버지에게 사랑보다는 증오를 더 많이 느끼지만, 아버지의 조언을 따라 융과 약속을 잡았다.

파울리는 완벽하게 준비가 되었을 때만 그런 약속에 나간다. 그는 융의 작품들을 미리 읽었다. 그중에서 《심리 유형Psychologische

Typen》의 한 단락이 파울리의 마음을 삼중으로 건드렸다. "페르소나가 지적이라면 그 영혼은 틀림없이 감상적이다. 매우 여성스러운 여자에게는 남성적 영혼이 있고, 매우 남성적인 남자에게는 여성적 영혼이 있다. 이런 대조는, 예를 들어 남자가 완전히 모든 면에서 남성적이지 않고 일반적으로 여성적인 측면도 어느 정도 가졌다는 데서 기인한다." 파울리는 확실히 지적이고 물어볼 것도 없이 남성적인 사람이다. 그의 곤경은 어둠속에 가려진 여성성에서 비롯된 것일까?

낯선 감정이 느껴졌다. 그는 자신을 괴롭히는 내면의 모순을 이해한 것 같은 기분이 들었다. 그러나 그는 또한 데자뷔를 느꼈다. 인간 내면의 합쳐질 수 없는 것들을 합치려는 '대극의 합일'이라는 융의 이론은 물질의 본질에 대한 양자물리학자들의 다툼을 연상시켰다. 이는 마치 보어의 상보성을 닮았다. 파동과 입자의 관계는 여성성과 남성성의 관계와 같을까?

농담과 조롱으로 자신의 불안감을 감쪽같이 감추는 파울리는, 내향적이고 사고 유형인 사람에 대한 융의 설명에서 마치 거울에 비친 것처럼 자기 자신을 발견했다. "이런 유형의 사람은 냉철하게 판단하고 융통성이 없으며 독단적이고 무자비하다. 사고 구조가 아주 명확한 반면, 그것이 현실 세계에서 어디에 어떻게 적용되는지는 매우 불명확하다. 그가 좋아하는 사람들이 그를 이해하지 못하면, 그는 그 사람들이 아주 멍청하다는 증거를 수집한다. 또는 모든 인간을 증오하는 유치한 독신남으로 변한다. 그는 강직하고 냉담하고 오만해 보인다. 그는 여성을 두려워한다."

파울리는 긴장과 기대감을 안고 처음으로 융의 저택에 들어서서 넓은 나선형 계단을 올라 2층으로 갔다. 백발의 쉰여섯 살의 융이 입에 파이프담배를 물고 특별 상담을 위해 마련한 도서관에서 서른한 살의 환자를 맞이했다. 책꽂이에는 융이 좋아하는 연금술에 관한 책들이 꽂혀 있다. 파울리는 안락의자 두 개 중 하나를 고를 수 있다. 하나는 취리히 호수가 내다보이는 커다란 창쪽을 향해 놓였고, 다른 하나는 책꽂이 쪽을 향해 있다. 융은 소파에 자리를 잡았다. 그는 파울리에게서 절망적 불안감을 감지했다. 몇 년 뒤에 융은 파울리의 첫인상을 이렇게 묘사했다. "그는 비정상적으로 발달한 이해력을 가진 고등교육을 받은 사람으로, 당연히 이 비범한 이해력이 문제의 원인이었다. 그는 지적으로나 과학적으로나 너무 편향적이었다. 그는 놀라운 지능을 가졌고 그것으로 유명했다. 그는 평범한 사람이 아니다. 그는 편향성 때문에 완전히 붕괴되었고, 그래서 나를 찾아왔다. 불행히도 그런 지적인 사람은 자신의 감정에 주의를 기울이지 않아 감정세계와 단절된다. 그들은 주로 사고세계에 산다. 그래서 그는 다른 사람들과의 모든 관계에서 자기 자신을 완전히 잃어버렸다. 결국 그는 술에 빠져 이런저런 말도 안 되는 일을 벌였고 자기 자신을 두려워하고, 자신에게 무슨 일이 벌어졌는지 이해하지 못하고, 평정심을 잃고, 항상 곤경에 빠졌다. 그래서 나와 상담하기로 결정했다."

파울리는 여자들, 술, 분노, 외로움, 끔찍하게 생생한 악몽들, 정신병자가 되는 두려움에 관해 얘기했다. 융은 파울리의 이야기에 완전히 매혹되었다. 자신의 정신 이론을 테스트할 수 있는 이런 사례와 지성을 단 한 번의 상담으로 얻게 되다니! 어떤 힘이 이 남자를 잡아당길까? 이 남자가 다시 균형을 찾을 수 있도록 내가 어떻게 도울 수 있을까? 나중에 융은 자신의 책《정신과 상징Psyche und Symbol》에서 이렇게 썼다. "꿈에서 만다라의 환상을 보는 냉철한 과학적 합리주의자를 어떻게 여겨야 할까? 그는 어쩌면 정신병원에서 상담을 받아야 했으리라. 그는 끔찍한 악몽과 환상의 공격으로 갑자기 이해력을 잃었다고 주장했다. 냉철한 과학적 합리주의자가 처음 나를 찾아왔을 때, 그 정도로 패닉 상태에 있어서 그뿐 아니라 나 자신도 정신병의 기운을 느꼈다!"

파울리의 꿈에 등장하는 이미지들은 융이 연금술에서 알게 된 고대 기호들을 닮았다. 융은 스스로 '원형Archetypen'이라고 이름 붙인 무의식의 깊은 기본 구조를 알아차렸다. 그것은 망상이 아니라 어둠에 가려져 있던 파울리의 한 측면이었다. 이 어두운 측면에 대항하는 방어로, 여성에 대한 두려움과 남성에 대한 공격성이 드러났다. 이 지적인 사람이 현대물리학에서 한없이 멀리 떨어져 있는 것들을 어떻게 받아들여야 한단 말인가?

그러나 융은 강한 남자인 자신이 존재만으로 또는 말로, 이 연약한 남자 파울리를 억압하고 자유롭게 꿈꾸고 말하지 못하게 방해할까 봐 걱정이 되었다. 그는 거리를 두는 것이 더 낫겠다고 여겼고, 파울리를 여성 치료사에게 보내 치료받게 하기로 결론지었다. 융은 자신의 실습생 에르나 로젠바움Erna Rosenbaum의 주소를 파울리의 손에 쥐어주고 작별 인사를 했다. 로젠바움은 융과 함께 일한 지 이제 겨우 9개월 된 초보 치료사이다.

오직 여성만이 파울리가 일상에서 여성과의 어려운 관계를 개선하고 자신의 여성적이고 창조적인 측면을 받아들일 수 있도록 도울 수 있다고, 융은 생각했다. 그러나 그것은 파울리에게 전혀 맞지 않았다. 여자들이 있으면 그는 불안하고 가슴이 답답하다. 융은 바로 그렇기 때문에 여성 치료사가 필요하다고 여겼다. 그는 파울리에게 선택권을 주지 않았다. 파울리는 실망했지만 아무것도 시도해보지 않고 그냥 포기하고 싶지 않아, 로젠바움에게 예약을 잡고 싶다고 퉁명스러운 편지를 보냈다.

파울리는 불신이 가득한 마음으로 에르나 로젠바움에게 갔고, 파울리가 돌아갈 때 로젠바움은 놀랐다. 다음 날 로젠바움이 융에게 물었다. "뭐, 이런 사람을 보내셨어요? 그에게 무슨 일이 있었던 거죠? 반미치광이인 걸까요?" "어땠는데 그래?" 융이 반문했다. 로젠바움이 파울리와 있었던 일을 보고한다. "그는 이야기를 하다가 감정이 너무 격해져서 바닥을 굴렀어요. 미친 사람인가요?" 로젠바움이 다시 물었다. 융이 답했다. "아니, 아니. 그는 독일 철학자야. 미치지 않았어."

파울리는 로젠바움과 함께 자신의 꿈들을 분석하기 시작했다. 그 후 5개월 동안 파울리는 로젠바움을 위해 1,000개가 넘는 꿈과 환상을 기록했다. "이 모든 것을 읽어야 하는 선생님이 참 안쓰럽네요." 파울리가 로젠바움에게 말했다. 로젠바움은 모든 기록을 읽었고 파울리를 도울 수 있었다. 비록 그의 머리는 평생 꿈과 환상으로 가득 찬 채로 머물렀지만, 그는 더는 우울증에 빠지지 않았고, 외로움을 견뎠고, 술도 적당히 마시려 노력했다.

이 기간에 융은 거리를 유지했지만, 치료의 진행 상황은 계속 업데이트했다. 파울리의 두뇌에 "새로운 성격 센터가 생기는 것"을 그는 멀리서 관찰했다. 융은 파울리의 꿈 기록을 토대로, '개체화 과정의 상징'에 대한 이론을 세웠다. 파울리는 자신의 사례를 사용하도록 동의했고, 융은 익명으로 사용할 것을 약속했다. 융은 논문에서 파울리를 그저 "과학 교육을 받은 젊은 남자"라고만 언급했다.

5개월 뒤에 로젠바움이 베를린으로 가면서 치료가 끝났고, 이제 융이 파울리를 직접 치료해야 할 때가 되었다.

치료 과정에서 의사와 환자는 친구가 되었다. 그들은 서로에게서 비슷한 열정을 발견했다. 둘은 과학자이다. 둘은 인간 정신의 효과를 무시하는 물리학은 불완전할 수밖에 없다고 생각한다. 두 사람은 과학, 철학, 종교, 사상사에 대해 활발히 토론했다. 파울리는 매주 융의 도서관에 앉았을 뿐 아니라, 융의 가족과 함께 식탁에도 앉았다.

융은 모든 세계 인식의 기초가 되는 원시적이고 무의식적인 상징인 '원형'에 사로잡혀 있다. 그는 범접할 수 없는 유대교 신비주의의 오랜 전통인 '카발라'에 매료되었다.

파울리는 순수 기하학에서 행성계의 구조를 유추하려고 헛되이 노력했던 케플러에 감탄하고, 케플러의 몇 안 되는 동시대 사람이자 비밀조직 장미십자회 회원으로 우주 이해의 열쇠가 단순한 기하학 형태에 있다고 추측했던 로버트 플러드Robert Fludd도 높이 보았다. 파울리는 이제 세계를 이해하려면 융의 분석심리학과 양자물리학을 통합해야 한다고 생각했다. 무의식, 의식, 그리고 그 나머지.

두 사람은 공통적으로 수에 사로잡혀 있다. 파울리는 종종 α로 표기되는 전자기력의 강도를 나타내는 우주의 기본값, 미세구조상수의 수수께끼를 풀고자 한다. 그의 스승 조머펠트는 그것을 1/137이라고 기록했다. 왜 하필 137일까? 누가 또는 무엇이 α를 그렇게 지정하여 원자와 분자가 붕괴하지 않게 했을까?

137! 융은 이 수를 카발라에서 보았다. 그렇다. 137은 카발라다! 히브리어의 모든 알파벳은 수와 연결되어 있다. 그래서 '카발라Kabbala'라는 단어의 알파벳을 합하면 137이 된다. 융과 파울리는 그것이 우연일 수가 없다고 믿었다. 둘은 생각을 계속 발전시킨다. 융은 연관성은 있지만 인과성은 없는 사건들의 동시성 이론을 개발했다. 원인과 결과가 없는 상관관계. 그것이 바로 물리학자들을 괴롭히는 것이다. 의식과 물질, 파동과 입자, 수와 우주 질서, 원형과 물리학 이론, 이 모든 것이 어떤 식으로든 하나이다. 물리적 세계의 모든 것을 순전히 물리적 개념만으로는 설명할 수

없다는 것을, 저주받은 '파울리 효과'가 이미 입증하지 않았던가.

융과 파울리는 점점 더 깊이 마법의 세계로 빠져들었다. 그들은 함께 《자연의 해석과 정신Naturerklärung und Psyche》이라는 책을 썼다. 과학적 가치는 없었지만 이것은 파울리에게 치료였다. 친구이자 조교인 랄프 크로니히Ralph Kronig에게 보내는 한 편지에서 그는 자신의 회복이 "정신적인 일을 알게 된" 덕분이고 "전에는 몰랐던 그것을 이제 영혼의 자발적 활동이라고 요약하고 싶다"고 썼다. 파울리는 "즉흥적인 성장 과정"과 "물질적 원인으로 해명될 수 없는 객관적 정신"을 믿었다. 그는 이 편지에서 끝인사와 함께 이렇게 적었다. "오랜 친구이자 새 친구인 파울리로부터."

1934년 10월 말에 파울리와 융의 상담은 끝나지만, 둘은 편지를 주고받는 친구로 남았다. 파울리는 계속 꿈을 기록하여 융에게 연구 재료를 제공했다. 그리고 자신을 추슬렀다. 그는 다시 결혼했고, 이번에는 결혼 생활이 유지되었다. 그는 아내 프란카Franca와 함께 자식 없이 윤택한 삶을 살았다. 그리고 1958년 12월 5일 극심한 위통으로 적십자병원에 이송되었고, 병실 번호를 본 파울리가 외쳤다. "137호야! 살아서 나갈 수 없겠군." 그는 열흘 뒤에 사망했다.

1932년 코펜하겐
코펜하겐의 파우스트

1932년 봄 코펜하겐. 매년 부활절마다 양자물리학자들이 보어의 집에 모여 멋진 한 주를 보낸다. 다 같이 먹고, 악기를 연주하고, 등산하고, 수영하고, 가장 흥미로운 주제를 토론한다.

하이젠베르크가 라이프치히에서 왔고, 디랙이 케임브리지에서, 에렌페스트가 레이덴에서 왔다. 이번에는 아인슈타인이 애칭으로 '독일의 마리 퀴리'라 부르는 리제 마이트너가 자신의 방사성 원소 실험에 대해 발표할 예정이다. "편히 지내다 가시고, 재능 있는 제자들을 많이 데려오라"고, 보어가 손님들에게 청한다. 하이젠베르크는 이번에 자신의 박사과정생인 카를 프리드리히 폰 바이츠제커Carl Friedrich von Weizsäcker를 데려왔다. 외교관의 아들로 세련된 매너를 갖춘 이 약관의 청년은 곧 하이젠베르크와 가장 친한 친구가 될 것이다. 바이츠제커는 정치 문외한인 하이젠베르크에게 물리학 밖의 세상을 보는 눈을 열어주었다. 한때 자신의 멘토인 조머펠트와 보어와 했던 것처럼, 하이젠베르크는 바이츠제커와 함께 스키를 타러 다녔다. "바이츠제커는 특유의 진지함으로 주변 세계를 고민하고, 내가 몰랐던 낯선 영역으로 나를 안내해줍니다." 하이젠베르크가 나중에 어머니께 썼다.

코펜하겐 모임은 바이츠제커의 과학적 성장에 큰 영향을 주었다. 그는 디랙의 반전자에 대해, 보어와 에렌페스트의 양자역학 해석에 대해 직접 세세한 설명을 들었다. 이번 모임에서는 파울리가 최고의 토론 주제를 제공했다. 중성미자 가설이다. 나중에 1932년은 실험물리학의 '기적의 해'로 불리게 될 것이다. 러더퍼드의 제자 제임스 채드윅이 케임브리지 카벤디시 실험실에서 중성자를 발견했다. 찰스 앤더슨Charles Anderson이 캘리포니아 캘텍에서 이상한 빛을 포착한 안개상자를 통해 전자의 반대입자를 발견하고 그것을 양전자라고 불렀다. 같은 시기에 캘리포니아 버클리에서 입자가속기 연구가 시작되었다. 물리학 연구가 점점 더 대규모 시설을 갖춘 협동 작업으로 바뀌고 있다. 종이와 연필을 들고 책상에 앉아 고민하는 고독한 천재들은 변두리로 밀려난다. 이론과 실험 두 가지 접근 방식 모두가 여전히 물리학에 속하지만, 실험이 이론을 점점 더 변두리로 밀어낸다. 바이츠제커는 스승과 다른 방식으로 연구하고자 한다. 이제 위대한 돌파는 머리에서 일어나지 않는다. 헬골란트 해변 산책이나 아로자에서 보내는 크리스마스 방학 또는 코펜하겐 모임 같은 곳에서 일어나지 않는다. 위대한 발견은 대규모 실험실에서 이루어진다. 물리학은 이제 협동하는 학문이고, 협동은 엄청난 결과를 낳는다.

이 해에 파울리는 코펜하겐에 가지 않았다. 그는 삶의 위기와 싸워야 했다. 아인슈타인은 보어와의 친분에도 불구에도 단 한 번도 코펜하겐 모임에 참석하지 않았다. 그는 젊은 물리학자들이 몰두하는 핵물리학 같은 것에 관심이 없었다. 가르치는 일에도 흥미가 없어, 박사과정생을 받지 않았다.

코펜하겐 모임에는 정해진 일과가 없다. 그러나 한 가지 전통이 있다. 젊은 물리학자들이 나이 많은 (몇몇은 아직 서른 살도 채 안 되었지만) 선배 물리학자들을 놀리는 짧은 콩트를 공연한다. 지난해에는 다 같이 영화관에서 관람했던 첩보 영화를 패러디하는 콩트를 공연했었다.

젊은 물리학자들이 올해는 아주 까다로운 소재를 골랐다. 100년 전인 1832년 3월 22일에 괴테가 사망했다. 그래서 그들은 괴테의 《파우스트》를 패러디하기로 했다. 독일에서는 곳곳에서 괴테 사망 100주기 행사가 열렸다. 독일 학교에서는 괴테의 글귀를 암기하는 것이 당연했다. 보어의 아버지 역시 《파우스트》를 암송할 수 있었다. 소재 선택은, 시인이자 과학자인 괴테를 존경하는 하이젠베르크를 염두에 둔 것이기도 했다.

베를린에서 온 재능 있는 스물다섯 살의 대학생 막스 델브뤼크Max Delbrück가 콩트 대본을 작성했다. 그는 원래 천문학자가 되고자 했지만, 1926년에 베를린으로 와 하이젠베르크의 강의를 듣고 마음을 바꿨다. 비록 강의를 전혀 이해하지 못했지만, 그때 들은 내용에 사로잡혔고 그 후로 파울리, 보른, 보어에게서 핵물리학을 배웠다. 델브뤼크는 1년 전 로마의 한 파티에서, 어머니 마리 퀴리를 동행하여 유럽 여행 중인 이브 퀴리Eve Curie에게 반해 사랑을 고백했었다. 이브 퀴리는 그를 거절했다. 델브뤼크에게 그것은 극복하기 어려운 좌절이었다. 그는 곧 전공을 생물학으로 바꿀 것이다. 그는 생명의 양자물리학적 토대를 연구하고, 보어가 양자물리학의 조상이듯 그는 분자생물학의 조상이 될 것이다.

오데사 출신으로 보어의 제자이고 날카로운 농담으로 유명한 스물여덟 살의 조지 가모프가 그동안 콩트의 스크립트를 그렸었다. 지난해에 첩보영화 아이디어를 낸 사람도 그였다. 그러나 올해 그는 참석하지 못했다. 소련이 여권을 발급해주지 않았기 때문이다. 스탈린은 가모프의 조국 우크라이나를 기아와 숙청에 시달리게 했고, 소련의 과학자가 "자본주의 국가 과학자들과 친교를 나누지 못하게" 막았다. 가모프는 다음 기회를 이용해 서구로 도망칠 것이다.

델브뤼크는 콩트 제목을 '코펜하겐의 파우스트'로 정했다. 그는 《파우스트》의 등장인물들에 이중 의미를 부여했다. 에렌페스트가 파우스트다. 파울리는 메피스토이다. 보어는 신이다. 중성미자가 그레첸이다. 공연은 부활절 모임 마지막 행사로 연구소 강당에서 열렸다. 소품은 없고, 연단과 벤치 하나, 그리고 의자 몇 개가 전부였다.

보어의 조교인 스물일곱 살의 레옹 로젠펠트가 파울리(=메피스토) 역을 맡아, 에렌페스트(=파우스트)를 나쁜 길로 유혹하는 교활한 악마를 연기한다. 로젠펠트는 외형이 마침 파울리와 비슷하다. 작은 키, 뚱뚱한 몸, 대머리.

하이젠베르크의 첫 번째 박사과정생이었고 지금은 코펜하겐의 초빙연구원으로, 한때 하이젠베르크가 불확정성 원리를 발견했던 그 다락방의 주인인 스물여섯 살의 펠릭스 블로흐Felix Bloch가 보어(=신)를 연기한다. 블로흐는 보어처럼 보이도록 근육질에 다부진 몸으로 분장했다.

에렌페스트는 파울리의 중성미자 가정을 인정하지 않는다. 그래서 델브뤼크는 자신의 파우스트에게, 질량도 전하도 없는 입자 아이디어는 그저 망상에 불과하다고, 그런 것은 존재할 수 없다고, 있을 수 없는 일이라고 설명하는 대사를 부여했다.

에렌페스트는 파울리와 하이젠베르크가 몇 년째 연구하고 있는 양자전기역학의 구상에도 회의적이다. 파울리와 하이젠베르크는 전자의 질량과 전하의 수치가 무한대로 달아나는 것과 씨름하고, 그것을 길들이는 데 계속해서 실패한다. 에렌페스트는 동료들에게 묻는다. 이 고상한 수학 속임수가 다 뭐란 말인가? 그는 물리학적 가설을 미학적 차원에서 발전시키는 새로운 유행을 잔꾀라며 싫어한다. 아름다움은 패션디자이너의 일이지 과학자의 일이 아니라고, 그가 말한다.

괴테의 《파우스트》는 프롤로그로 시작된다. 라파엘, 미하엘, 가브리엘 세 대천사가 주님의 천지창조를 찬양한다. 메피스토가 그들의 찬양을 조롱한다. 델브뤼크는 세 대천사를, 물리학이 세계를 얼마나 잘 설명하는지 열광하는 세 천문학자로 바꿨다. 태양광선, 이중별이여, 영광을 받으소서! 이때 악마의 뿔과 꼬리를 가진 메피스토가 천사들 틈에 끼어 비방한다. "모든 이론은 역시 똥이야." 하얀 천에 가려진 채 무대 위에 앉아있던 한 형체가 이제 자리에서 일어선다. 블로흐다. 그 모습이 누가 봐도 보어 역할이다. 보어(＝블로흐＝신)가 파울리(＝로젠펠트＝메피스토)에게 묻는다.

내게 할 말이 그것뿐이냐?
불평을 늘어놓으려 온 것뿐이냐?
물리학이 너에게 옳았던 적이 한 번도 없느냐?

메피스토가 대답한다.

없고 말고, 순 헛소리지! 언제나 그랬듯이,
나는 물리학을 진심으로 나쁘다고 생각해.
물리학이 내 비참한 나날에도 나를 괴롭힌다면,
나는 물리학자들을 계속해서 괴롭힐 수밖에 없어.

보어와 파울리의 논쟁 주제인 중성미자에 관한 얘기다. 운동량

과 에너지의 보존법칙이 단지 통계적 평균값으로만 일부 원자과
정에 적용된다는 보어의 아이디어를 반박하기 위해 파울리는 중
성미자를 가정했다.

신(＝블로흐＝보어)은 쩌렁쩌렁한 음성으로 메피스토(＝로젠펠트
＝파울리)의 중성미자 가정을 비판한다. "그것 참, 아주, 아주, 흥
미롭군! (…) 그러나, 그러나." 메피스토(＝파울리)가 자기를 방어
한다. "안 돼, 아무 말도 하지 마! 헛소리 집어치워!" "그러나 파
울리, 파울리, 우리는 자네가 생각하는 것보다 훨씬 더 공통점이
많다네!" 청중이 웃는다. 보어와 파울리의 논쟁을 지켜본 그들은
이 장면을 잘 안다. 보어가 박수를 보낸다. 괴테의 신과 달리 그
는 자기 자신을 웃음거리로 만들 줄 안다.

신(＝보어)을 연기하는 블로흐와 메피스토(＝파울리)를 연기하
는 로젠펠트는, 파우스트(＝에렌페스트)의 영혼을 걸고 내기를 한
다. 괴테의 작품에서는 메피스토가 파우스트에게 묘약을 건넨다.
묘약을 마신 파우스트는 그레첸에게 반하여 그녀를 유혹한다.

델브뤼크의 콩트에서는 메피스토(＝파울리)가 머리에 멜론을
올려 떠돌이 장사꾼으로 변장한다. 그는 파우스트(＝에렌페스트)
에게 '하이젠베르크-파울리의 양자전기역학'을 판매하려고 시도
한다. "싫어요!" 파우스트가 외친다. "그럼 디랙 건 어때? 무한 에
너지도 덤으로 줄게!" "싫어요!" 파우스트가 다시 외친다. 메피
스토가 '특가 상품'이라며 중성미자를 내민다. 파우스트가 거절
한다.

그것으로도 당신은 절대 나를 유혹하지 못할 것입니다.

내가 한 이론에 대해

넌 참 아름답구나, 잠깐 머무르렴, 말한다면

그럼 당신은 나를 사슬에 묶을 테고

나는 죽고 싶을 것입니다!

그레첸의 모습으로 중성미자가 등장하여 노래한다.

나의 전하는 사라지고

통계는 어렵구나

나의 전하를 찾을 수가 없네

결코

내가 없으면

맞는 공식이 없으리.

전 세계가

너를 괴롭히고 있구나.

그러나 에렌페스트는 중성미자의 유혹에도 흔들리지 않는다. "에렌페스트, 나는 당신이 두려워요." 그레첸이 말하고 무대를 내려간다.

연극은 점점 더 콩트로 바뀐다. 메피스토가 파우스트를 처음 데려간 아우어바흐 술집은 미국 앤아버에 있는 술집으로 바뀐다. 파울리가 1년 전에 만취하여 계단을 굴러 어깨가 부러졌던 그 술집이다. 아인슈타인이 '왕'으로 등장하고, 그의 '새로운 장이론'은 벼룩으로 조롱된다. 무대에서 '고전적 양자이론의 발푸르기스의 밤 축제'가 열린다. 두 달 전에 입증된 중성자가 구원자로 등장한다. "영원한 중립이 우리를 끌어당기네!" 신비의 합창단이 마지막에 노래한다.

그 후로도 코펜하겐 부활절 모임과 콩트 공연은 계속되었다. 제2차 세계대전이 갑자기 그 공연을 끝낼 때까지.

1933년 베를린

떠나는 사람과 남는 사람

1933년 1월 30일에 히틀러가 제국총리로 선출되었다. 장래의 선전장관 요제프 괴벨스Joseph Goebbels가 이날 저녁 일기장에 썼다. "우리는 눈물을 글썽였다. 모두가 히틀러와 악수했다. 그는 대대적인 환호를 받았고 그럴 자격이 충분하다. 밑에서 민중이 폭동을 일으키고 있다. 곧 일에 착수하여 제국의회를 해산시킬 것이다." 히틀러, 괴벨스, 그리고 친위대는 주저하지 않았다. 그들은 취임하자마자 몇 주 안에 국가를 나치주의로 전환했다. 집회 및 언론의 자유를 폐지하고, 군대를 재정비하고, 의회민주주의를 정지시키는 전권위임법을 통과시켰다. 수많은 독일인이 독재를 우려했다. "말도 안 돼!" 그런 일은 러시아에서나 일어나지 독일에서는 일어날 수 없는 일이라고, 파울리가 말한다.

독일에 사는 50만 유대인에게 암흑의 시대가 시작되었다. 유대인들이 탈출하기 시작했다. 1933년 6월까지 2만 5,000명이 독일을 떠났다. 나치당의 유대인 학대가 한창이던 1933년 3월 5일 국회의원선거 때 독일인 1,700만 명이 나치당에 투표했다.

1933년 3월 23일에 제국의회는 나치당, 인민당, 중도당, 기타 부르주아 정당의 2/3 찬성으로 "국민과 제국의 고통을 없애는 법"을 통과시켰다. 몰락한 사민당 의원들만이 이 법에 찬성하라는 압박에 저항했다. 사민당 대표 오토 벨스Otto Wels가 선언했다. "우리에게서 자유와 목숨은 빼앗을 수 있겠지만 명예는 절대 빼앗을 수 없다. 그 어떤 전권위임법도 당신들에게 영원불멸의 사상을 파괴할 수 있는 힘을 주지 않는다." 독일공산당 의원들은 투표할 수 없었다. 그들은 구금 중이거나 은신처에 숨어 있었다. 나치 돌격대가 회의실 앞에서 그리고 회의실 안에서, 전권위임법에 반대할 것 같은 모든 의원들을 노골적으로 위협했다.

미국에서 강연 여행 중인 아인슈타인이 다시는 독일로 돌아가지 않겠다고 선언했다. 아인슈타인이 빈 출신 물리학자 한스 티링Hans Thirring에게 편지를 썼다. "오늘날 당연한 것을 말하고 행하는 것이 큰 용기에 해당합니다. 그래서 그런 용기를 내는 사람이 정말로 소수입니다. 귀하는 그 몇 안 되는 사람 중 하나이고, 모든 면에서 나와 비슷한 사람입니다. 우리는 싸워야 하고, 올곧은 자세를 유지하는 사람들에게도 물러서지 말라고 설득해야 한다는 것을 무섭도록 명확히 압니다." 나치의 잔혹성이 아인슈타인의 군건한 평화주의 신념조차 흔들어 놓았다. "나는 모든 폭력과 군대를 증오합니다. 그러나 내가 증오했던 이 수단들이 오늘날 유일하게 효과적인 보호 수단이라고 나는 확신합니다."

1933년 4월 7일 나치는 '직업공무원의 회복을 위한 법률'을 제정했다. 이 법은 200만 명의 공무원에게 적용되고, 나치에 반대하는 정치가, 사회주의자, 공산주의자, 유대인을 겨냥했다. 이 법률의 제3조는 '아리아 혈통 조항'이다.

"아리아 혈통이 아닌 공무원은 퇴직처리 될 수 있고, 명예 공무원은 해고될 수 있다."

부모나 조부모 중 한 명이라도 유대인인 공무원은 해고되거나 퇴직처리 될 수 있다. 예외가 하나 있는데, 제국 대통령 힌덴부르크가 히틀러에게서 얻어낸 '최전방 투사의 특권'이다. 세계 전쟁 때 독일제국이나 동맹국을 위해 최전방에서 싸웠거나 아버지 또는 아들이 세계 전쟁에서 사망한 '비아리아 혈통' 공무원은 계속 자리를 지켜도 된다. 모든 공무원은 2주 이내에 '아리아 혈통 증명서'를 제출해야만 한다. 본인과 부모, 조부모의 출생신고서, 세례증명서, 혼인신고서를 제출해야 한다.

1871년의 제국헌법은 유대인을 동등한 권리를 가진 독일시민으로 인정했다. 그러나 이제 그들은 다시 국가 차원의 합법적 차별을 겪어야 한다. 그리고 '아리아 혈통 조항'은 시작에 불과하다.

대학 역시 국가기관이므로 '직업공무원의 회복을 위한 법률'이 적용된다. 카이저빌헬름 협회 회장인 막스 플랑크는 나치당원이 아니다. 그러나 그는 나치에 순응했다. 그는 히틀러에게 전보를 보냈다. "제22회 카이저빌헬름 과학진흥협회 정기총회에 모인 회원들은, 제국총리께 정중한 인사를 전하는 영광을 누리며, 보호자이자 후원자가 될 새로운 국가의 재건에 독일 과학 역시 최선을 다해 협력할 준비가 되었음을 엄숙히 서약합니다."

교수 313명을 포함해 1,000명 이상의 학자들이 자리를 잃었다. 대학에서 일하는 물리학자의 약 1/4, 이론물리학자는 심지어 절반이 망명을 강요받았다. 1936년까지 1,600명 이상의 학자들이 추방되었는데, 그중 1/3이 자연과학자였고, 그중 20명이 당시 또는 장래의 노벨상 수상자였다. 물리학 11명, 화학 4명, 의학 5명. 독일 과학 후원자이자 은행가인 유대인 레오폴트 코펠은 자신이 재정을 지원했던 카이저빌헬름 협회를 떠나야 했다.

막스 플랑크는 이런 대탈출을 가만히 보고만 있을 수는 없었다. 그는 독일 과학의 피해를 최소화하기 위해 히틀러를 만나려 애썼다. 1933년 5월 16일 11시에 기회가 왔다. 플랑크는 유대인에도 '인류에 소중한 사람'과 '쓸모없는 사람' 등 여러 종류가 있으니 구별해야 한다고 말했다. 노벨화학상 수상자 프리츠 하버는 부모가 유대인이지만 암모니아 추출 과정을 개발하여 제1차 세계대전에서 유독가스를 무기로 사용할 수 있게 하여 독일에 기여했다고 설득했다. 그러나 히틀러는 그런 구별을 받아들이지 않았다. "유대인은 유대인이오. 모든 유대인은 엉겅퀴처럼 서로 들러붙어 있소." "그러나 가치 있는 유대인을 외국으로 내보내는 것은 완전히 자해 행위일 것이고, 그렇게 되면 독일에서 이룩한 그들의 과학 업적이 외국으로 빠져나가 외국을 유익하게 할”거라고, 플랑크가 반박하고 설득했다. 히틀러는 악명 높은 특유의 흥분 상태에 빠져 무릎을 거세게 때리며 점점 더 빨라지는 말로 일흔다섯의 노교수에게 고함을 치고 강제수용소에 감금하겠다고 위협했다. 플랑크는 그저 조용히 듣고만 있다가 결국 물러날 수밖에 없었다. 히틀러가 플랑크의 등에 대고 외쳤다. “한심한 멍청이!”

플랑크는 희생이 어떤 것인지 안다. 그는 제1차 세계대전 이후 쓰러진 독일 과학이 다시 일어서도록 도왔다. 그는 전쟁에서 아들을 잃었다. 무의미한 희생이었을까? 그는 그렇게 보지 않는다. 실패로 끝난 히틀러와의 면담에서 플랑크는 명확히 깨달았다. 히틀러는 유대인에게 관대하다는 인상을 주느니 차라리 독일 과학을 버리는 사람이다.

1933년 4월, 한때 말을 더듬는 대학생으로 행렬역학 공식화 작업에 동참했던 요르단이 나치당에 가입했다. 5월 초에 슈타르크가 물리기술제국연구소 소장으로 임명되었다. 노벨상 수상자 슈타르크는 1920년대부터 독단적이고 호전적인 반유대주의자이자 히틀러 추종자였다. 히틀러가 1923년에 수감 생활을 해야 했을 때, 슈타르크와 레나르트는 신문에 히틀러를 위한 공개 성명서를 발표했었다. “우리가 예전에 이미 과거의 위대한 연구자들, 갈릴레이, 케플러, 뉴턴, 패러데이에게서 보았고 존경했던 것과 똑같은 완전한 명료함, 외적 정직함, 내적 일관성을 히틀러, 루덴도르프, 푀터, 그들의 동지들에게서도 보고, 그때와 똑같은 방식으로 감탄하고 존경한다. 우리는 그들을 우리의 가장 가까운 정신적 친족으로 인식한다."

이제 10년이 지난 지금 슈타르크는 보복을 계획한다. 1920년 대에 그는 뷔르츠부르크대학교 교수직을 떠나, 처음에는 도자기 공장, 그다음엔 벽돌회사를 차려 기업가로 성공하고자 했다. 그후 다시 대학으로 돌아오려 했을 때, 아무도 그에게 자리를 주지 않았다. 이제 그는 당시 자신을 멸시했던 모두에게 되갚아줄 기회를 노린다. 나치당에 가입한 동료 레나르트와 함께 그는 '아리아 혈통 물리학'을 확립하고자 한다. 그는 물리기술제국연구소 소장으로서 연구비를 배분한다. 그는 민중의 '지도자' 히틀러처럼 독일물리학을 지도하고자 한다.

1933년 5월 10일, 독일대학생회 계몽 및 선전 본부의 기획으로 독일제국 전역에서 책이 소각되었다. 주로 본, 괴팅겐, 뷔르츠부르크 같은 대학도시 스물두 곳에서 벌어진 일이다. 소각은 언제나 같은 절차와 형식으로 이루어졌다. 나치당원과 돌격대가 '갈고리십자'가 그려진 나치깃발을 휘날리며 횃불을 들고 행진한다. 공공장소에서 '유대인' '볼셰비키' '비독일인'의 책을 작가별로 분류하여 정해진 순서에 따라 불에 던진다. 이때 일률적으로 정해진 '소각 구호'를 외친다. 뮌헨에서는 쾨니히스플라츠 광장에서 소각되었다. 베를린에서는 특히 대규모였다. 구경꾼 4만명이 베를린대학교과 오페라하우스 사이의 광장에 모여 이 광경을 지켜보았다. 도서관과 서점에서 약탈한 책 2만 권을 실은 트럭과 자동차를 대학생들이 8킬로미터나 에스코트했다. 대학생회는 제복을 입었다. 흰색 무릎반바지, 박차가 달린 긴 장화, 그리고 빨간색, 녹색, 파란색, 보라색 모자 차림이었다. 그들은 나치 노래와 대학생협회 노래를 불렀다. 광장의 포장도로에 모래더미가 두텁게 쌓였고, 그 위에 1미터 높이의 장작더미가 있고, 대학생들이 그 옆을 행진하며 횃불로 불을 놓았다. 책이 불타는 동안 작가가 호명되었다. "영혼을 갉아먹는 본능에 대한 과대평가에 반대하고, 인간 영혼의 고귀함을 위하여! 나는 지크문트 프로이트의 책을 화염에 바친다.""세계대전 참전용사에 대한 문학적 배신에 반대하고, 진리의 정신으로 민중을 교육하기 위하여! 나는 에리히 마리아 레마르크Erich Maria Remarque의 책을 화염에 바친다.""정치적 배신과 거짓에 반대하고, 민중과 국가에 헌신하기 위하여! 나는 프리드리히 빌헬름 푀르스터Friedrich Wilhelm Förster의 책을 화염에 바친다." 아인슈타인의 책들도 화염에 던져졌고, 마르크스, 브레히트, 에밀 졸라, 마르셀 프루스트, 프란츠 카프카의 책도 소각되었다. 자정에 괴벨스가 무대에 올라 선언했다. "유대인의 지성주의는 죽었다. 독일의 영혼이 다시 발현될 것이다." 플랑크 같은 영리한 사람들이 이런 경고신호를 알아차리지 못했을 리가 없다. 그러나 그들은 아무것도 하지 않았다. 히틀러가 집권한 지 정확히 100일째 되는 날이었다.

독일에서 벌어진 일들이 전 세계에 알려졌을 때, 과학자들과 과학협회들은 나치의 탄압을 피해 도망치는 동료들을 위한 재정 및 일자리 지원을 조직하기 시작했다. 기부금을 모으는 구호단체가 설립되었다. 1933년 4월에 '위기의 학자들을 위한 위원회 Academic Assistance Council, AAC'가 런던에 설립되었고, 러더퍼드가 회장을 맡았다. AAC는 도망친 학자, 예술가, 작가들을 도왔다. 탈출자들 대다수는 먼저 스위스의 국경을 넘어 네덜란드나 프랑스로 간 뒤 그곳에서 잠시 머물다 다시 영국이나 미국으로 갔다. 탁월한 학자들을 대학교에서 해고하는 인종법에도 불구하고, 연구자들의 대대적인 탈출과 추방에도 불구하고, 여전히 수많은 훌륭한 물리학자들이 독일에 남아 있었다. 핵분열 발견자 오토 한은 끈질기게 버텼고, 그는 아인슈타인이 말한 "이 악의 시기에 정직함을 유지하고 최선을 다하는 소수"에 속하는 사람이었다. 오토 한은 계속 연구하고, 아내 에디트와 함께 위기에 처한 유대인 동료를 위해 힘썼고, 망명에 오른 사람들과 편지를 주고받았다. 그와 함께 일했던 리제 마이트너도 그들 중 한 명이다. 오토 한의 친구이자 1914년 노벨상 수상자인 막스 폰 라우에는 한 걸음 더 나가 목숨을 걸고 히틀러 정권을 끈질기게 공개적으로 비판하고 비난했다.

물리학자들이 혼동의 소용돌이에 있었던 반면, 물리학은 조용히 멈춰 있었다. 이 시기에는 행렬, 파동-입자 이중성보다 더 중요한 것이 있었다. 어떤 과학자들은 잠수함을 위한 수중음파탐지기를 개발했고, 어떤 과학자들은 암호 해독을 위한 컴퓨터를 만들었다. 코펜하겐의 보어는 자신의 연구소를 좌초된 물리학자들을 위한 기지로 바꿨다. 1934년 4월에 그는 보른의 유대인 동료 제임스 프랭크James Franck를 초빙교수로 괴팅겐에서 코펜하겐으로 데려왔다. 프랭크는 1년 뒤에 물리화학 교수직을 제안받아 시카고로 떠났다.

1931년 12월에 덴마크 왕립과학아카데미는 칼스버그 양조회사 창립자가 지어 과학아카데미에 기증한 아에레스볼리 저택의 새로운 주인으로 보어를 임명했다. 간단히 말해, 보어는 이제 덴마크에서 가장 중요한 물리학자뿐 아니라 가장 중요한 시민이다. 보어는 자신의 영향력을 이용해 국내외적으로 많은 사람을 도왔다. 1933년에 그와 그의 동생 하랄트Harald는 '탈출한 학자를 위한 덴마크 위원회' 설립에 동참했다.

보른 역시 유대인 가정 출신이다. 그는 자신이 "유대인이라는 것을 특별히 인식하지 않고 살았다. 그러나 이제 유대인임을 아주 강하게 실감한다." 사람들이 그와 그의 가족을 "유대인으로 간주해서이기도 하지만 또한 탄압과 부당함에 분노와 저항을 느끼기 때문이다." 그는 제1차 세계대전 때 무전병으로 복무했기 때문에, '아리아 혈통 조항'에서 예외로 인정해줄 것을 요구할 수 있었다. 그러나 그는 이 권리를 포기하기로 했다. 그 권리를 행사한다는 것은 스스로 나치의 일원이 되는 것이라 여겼기 때문이다. 어느 날 그는 지역신문에서 자격이 정지될 공무원 명단에서 자신의 이름을 발견했다. 수학자 리하르트 쿠란트Richard Courant와 에미 뇌터Emmy Noether와 함께. 그날 저녁부터 보른 가족에게 협박 전화가 오기 시작했다.

보른은 숲을 걸으며 오랫동안 고민했다. 무엇을 해야 한단 말인가? 어디로 가야 할까? 한 가지는 확실했다. 이대로는 안 된다. 그는 에렌페스트에게 서신을 썼다. "어떤 이유를 대서라도 나를 쫓아내려는 학생들 앞에 다시 서야 하고 그것을 대수롭지 않게 여기는 '동료들'과 같이 생활하는 상상을 하면 등골이 오싹합니다."

서서히 결정이 굳어졌다. 결국, 보른은 생애 대부분을 보냈던 도시, 직접 물리학의 중심지로 키웠던 도시, 아내의 고향, 아들이 태어난 도시, 괴팅겐을 떠나야 했다. 보른 가족은 5월 15일에 간단히 짐을 챙겨 기차에 올랐다. "내가 12년 동안 열심히 괴팅겐에서 쌓아올렸던 모든 일들이 붕괴되었다. 그것은 마치 세상의 종말과 같았다." 나중에 보른이 이때를 이렇게 회상했다.

보른 가족은 오스트리아에 인접한 이탈리아 돌로마이트의 발 가르데나 계곡으로 갔다. 볼켄슈타인에 사는 농부이자 조각가인 페라토너Perathoner의 집을 숙소로 정했다. 봄이 왔고, 험준한 돌로마이트 산맥 위로 태양이 더 높이 떠오르고, 눈이 녹기 시작했다. 헤르만 바일이 볼켄슈타인으로 왔고, 그다음 그의 애인인 안네 슈뢰딩거Annie Schrödinger도 와서, 남편 에르빈 슈뢰딩거와 베를린에서 겪은 공포를 씻어내는 중이다. 파울리가 나치 정권 아래에서 직장을 잃은 저널리스트이자 배우인 누이 헤르타와 함께 왔다. 보른의 대학생 제자 두 명이 볼켄슈타인에 스승이 있다는 소식을 듣고 뒤따라왔다. 보른은 집에서 또는 숲 벤치에서 두 제자에게 강의했다. 그는 자신의 "작은 정글대학"을 자랑스러워했다. 자연의 숨결이 그들을 어루만졌다.

그러나 하이젠베르크는 오지 않았다. 그는 보른에게 편지를 보내 독일로 돌아오라고 설득하려 애썼다. "독일에서 교수님은 안전할 것입니다. 단지 극소수만이 인종법에 해를 입을 것이기 때문입니다." 히틀러가 틀림없이 플랑크에게 보른의 안전을 약속했을 거란다.

하이젠베르크는 나중에 말할 것이다. 1933년에 "핵물리학의 황금시대"가 끝났다고. 하이젠베르크가 보기에도 원자, 전자, 파동, 행렬에 대해 마음껏 고민했던 짧은 몇 년은 이미 끝났고 시대는 점점 암울해졌다. 친구들이 증언하듯이, 한때 빛이 났던 하이젠베르크의 눈은 광채를 잃었다. 그는 점점 더 깊이 자기 안으로 침잠했다.

하이젠베르크는 타협을 시도했다. 그는 제3제국의 공무원 생활을 이어갔다. 버티고 견디는 모든 '아리아 혈통' 교수들처럼, 플랑크처럼, 부모의 혼인신고서와 출생신고서를 점검용으로 제출하고, 나치 세뇌캠프에 참여하고, 히틀러에 충성을 맹세하고, '하일 히틀러(히틀러 만세)'라는 경례로 강의를 시작했다. 하이젠베르크는 항의의 표시로 교수직을 그만두려 생각하고 플랑크에게 조언을 구했다. 소용없다고, 그러면 뻔뻔하고 형편없는 나치 물리학자가 그 자리를 채울 뿐이라고, 플랑크가 말했다. 플랑크와 하이젠베르크는 정치적 혁명이 과학을 훼손하지 않고 언젠가는 상황이 진정되기를 희망했다.

그러나 훼손은 이미 시작되었다. 나치는 몇 주 이내에 칼 프리드리히 가우스Carl Friedrich Gauß, 게오르크 크리스토프 리히텐베르크Georg Christoph Lichtenberg, 다비트 힐베르트의 활동무대이자 양자역학의 요람인 괴팅겐대학교를 2류 대학으로 전락시켰다. 저명한 수학자 힐베르트가 1934년에 제국교육장관 베른하르트 루스트Bernhard Rust로부터, "유대인과 유대인 친구들의 이탈로 괴팅겐 연구소가 힘들다는 게 사실이냐"는 질문을 받았을 때, 그는 이렇게 대답했다. "그런 연구소는 더는 존재하지 않습니다."

하이델베르크대학교 물리학 연구소는 1935년 12월 13일에 루스트 교육장관이 아파서 참석할 수 없었던 한 기념식에서,《독일 물리학 4부작Deutsche Physik in vier Bänden》이라는 책을 쓴 연구소 소장의 이름을 따, 필립레나르트연구소로 이름이 바뀌었다. 레나르트는 과학이 인간 만사와 마찬가지로 인종과 혈통의 문제라고 주장했다. 유대인은 '독일인', '아리아인' 또는 '북게르만인'의 물리학과 완전히 다른 별도의 물리학을 가졌다는 것이다. 레나르트는 자신의 4부작에서 이렇게 주장하지만 그 차이가 무엇이고 왜 그런 차이가 있는지는 해명하지 못했다. 레나르트와 그의 동지들은 그런 별도의 물리학을 '유대인 물리학'이라 불렀다. 레나르트의 동지이자 물리기술제국연구소 소장인 슈타르크는 아인슈타인의 추종자들을 저격하는 레나르트의 연설에 열광하고, 플랑크가 여전히 카이저빌헬름 협회 대표로 있는 것에 불쾌해했다. 이 기념식은 '지크 하일(승리 만세)' 경례와 나치당 당가인 호르스트 베셀의 노래Horst Wessel Lied로 마쳤다.

보른은 하이젠베르크처럼 순진하지 않았다. 그는 가족과 함께 영국으로 가기로 했다. "영국인은 관대하고 가장 탁월한 방식으로 추방자들을 받아주는 것 같았기 때문이다." 보른은 직무가 정지되었지만, 자유롭다. 그는 전 세계에서 인정받기에 충분한 명성을 가진 소수의 독일 과학자에 속했다.

케임브리지대학교가 그에게 3년짜리 강사직을 제안했다. 보른은 영국 과학자의 자리를 뺏고 싶지는 않았으므로, 자신을 위한 자리를 따로 마련하겠다는 확답을 들은 뒤에 이 제안을 받아들였다. 보른 가족에게 불안한 시간이 시작되었다. 케임브리지에서 3년을 보낸 뒤에 그들은 '인도 과학연구소Indian Institute of Sciences'의 초대를 받고 인도의 방갈로르 갔다. 그러나 인도 과학연구소는 그의 이론 연구를 비실용적이라 여겨 단기 계약직만 제공했다. 보른은 6개월 뒤에 다시 자리를 옮겨야 했다. 1936년에 에든버러대학교의 자연철학 교수직이 제안되었고, 이때 이미 보른은 모스크바의 자리를 수락할지 여부를 고민하고 있었다.

비록 그는 신체적으로 안전했을지 몰라도, 제2차 세계대전의 충격은 그를 힘들게 했다. 그는 히틀러를 반드시 무찔러야 한다고 확신했다. 다만 어떻게 무찌른단 말인가? 보른은 그것이 폭력으로만 가능함을 잘 알았다. 다른 한편으로 그는 도시 전체를 잔해와 잿더미로 바꾸는 연합군의 공중전이 두려웠다. "여자와 아이들을 죽이고, 그들의 집을 파괴하면서 히틀러를 무너뜨리는 아이디어는 한심하고 가증스럽게 보였다." 그가 나중에 이렇게 회고했다. 전쟁이 끝나갈 무렵 보른은 심한 우울증을 앓아, 더는 일을 할 수 없었다. 전쟁은 모든 것을 파괴한다. 세계는 불확실해졌다. 물리학자들에게만 그런 건 아니다. 오랫동안 확신했고 익숙했던 윤곽들이 흐릿하게 지워지기 시작했다.

1933년 레이덴

슬픈 결말

1933년 레이덴. 에렌페스트는 두려움과 놀라움 속에서 히틀러의 부상과 독일의 과학 붕괴를 목격한다. 그는 친구들을 차례로 잃었다. 로렌츠가 죽었다. 플랑크는 국가의 과학연구를 대표하면서 그 일을 비난하는 딜레마에 점점 더 깊이 빠졌다. 에렌페스트와 행복한 추억을 쌓았던 아인슈타인은 나치를 피해 외국으로 탈출했다. 이것은 에렌페스트에게 가장 아픈 상실이었다. 아인슈타인을 다시 볼 수 없음을, 그는 알았다.

에렌페스트는 연구와 강의에서도 더는 위안을 찾지 못했다. 최근까지 세계에서 가장 권위 있는 이론가였고, 로렌츠의 후임자로 선택받았던 사람. 그는 핵물리학의 최신 발전을 따라갈 힘을 한동안 찾지 못했다.

1880년에 빈에서 태어난 파울 에렌페스트는 위대한 루트비히 볼츠만에게서 배웠다. 러시아 수학자인 아내 타티아나Tatjana와 함께 빈, 괴팅겐, 상트페테르부르크 등 유럽을 여행하는 동안 통계역학에 관한 일련의 중요한 논문들을 썼다. 레이덴과 취리히로부터 교수직을 제안받은 아인슈타인이 취리히를 선택하면서 에렌페스트를 레이덴에 추천했고, 1912년에 레이덴에서 물리학 교수로 자리를 잡으면서 에렌페스트는 오랜 빈곤에서 벗어날 수 있었다.

에렌페스트는 레이덴을 이론물리학의 중심으로 만들었다. 그의 좋은 친구 아인슈타인은 그를 "내가 아는 한 우리 분야 최고의 교수"라고 불렀다. 베를린의 소용돌이가 너무 심해지면, 아인슈타인은 레이덴으로, 따뜻하고 다정한 에렌페스트의 집으로 기꺼이 도망치곤 했었다. 에렌페스트 부부는 담배도 술도 하지 않았지만, 아인슈타인은 그의 게스트룸에서 파이프담배를 피워도 되었다.

에렌페스트는 재치와 다정함으로 모두에게 사랑을 받았다. 1922년 보어 축제 때 그는 파울리를 만났다. 둘은《수학 백과사전》의 한 부분을 맡아 집필했고, 유머 코드도 잘 맞았다. "파울리 선생, 백과사전 원고가 선생보다 더 맘에 듭니다!" 에렌페스트가 말한다. "그것 참 이상하네요. 나는 정반대인데!" 파울리가 대답한다. 이것은 두 사람이 말로 또는 편지로 겨룬 일종의 '농담 결투'와 깊은 우정의 시작이다. 에렌페스트는 편지에 "친애하는 끔찍한 파울리에게"라고 쓰거나 파울리가 함부르크에서 즐겨 방문하는 유흥가를 빗대어 놀리기 위해 "장크트 파울리에게"라고 썼다. 그는 새로 사귄 이 젊은 친구를 종종 "신의 재앙"이라 불렀고, 파울리는 이것을 자랑스러워하며 에렌페스트에게 보내는 편지에 "신의 재앙으로부터"라고 마쳤다. 에렌페스트는 파울리에게 보내는 편지를 "삼가 올립니다"라고 마쳤다.

그러나 에렌페스트 내면에서 극소수만이 약간 눈치를 챈 뭔가가 시작되었다. 그는 1931년 보어에게 보낸 편지에서, 빠르게 앞서가는 젊은 물리학자에게 뒤처진 기분이 든다고 썼다. "나와 이론물리학의 끈이 완전히 끊어졌어요." 1932년 8월 15일에 그는 보어와 아인슈타인을 포함한 "사랑하는 친구들" 일곱 명에게 보내는 편지에서, 자신의 "삶의 피로감과 힘든 자리를 내려놓기로 한 결심"을 알렸다. "발전하는 물리학 지식을 이해하고픈 관심과 다른 사람에게 전달하고픈 큰 기쁨이 내 인생의 진정한 기둥이었습니다. 나는 결국 점점 더 초조해진 시도와 너덜너덜 찢겨버린 노력 끝에 좌절하며 그것을 포기했습니다. 그것은 현재 내 삶의 핵심에 치명적 불치병이 있음을 뜻합니다." 그는 이 편지를 부치지 않았다.

에렌페스트는 물리학에서 자신의 새로운 자리를 찾고자 했다. 1932년 여름에 그는 《물리학 잡지》에 〈양자역학에 관한 몇 가지 질문Einige die Quantenmechanik betreffende Erkundigungsfragen〉이라는 논문 하나를 발표했다. 그는 파울리에게 편지를 썼다. "결국 일종의 좌절이 그곳으로 몰아붙일 때까지, 1년 넘게 결정에 목을 매고 있었습니다. 모든 것을 알고 모든 것을 이해하고 있다고 확신하는 제자들의 '스승'으로서 무력감을 느낍니다." 그는 양자역학에서 무엇이 그를 괴롭히는지 솔직하게 썼다. 파울리는 진정한 친구로서 진심으로 답장을 썼다. 그는 긴 편지로 에렌페스트의 질문에 감사를 표하고 가능한 잘 대답하려고 애썼다.

파울리의 대답이 에렌페스트의 마음에 들었지만, 그 효과는 금세 사라졌다. 에렌페스트는 열여섯 살 난 아들의 다운증후군 장애에 괴로워했다. 결혼 생활은 깨졌다. 1932년 가을에 타티아나는 코카서스의 작은 도시에서 일하기 위해 러시아로 돌아갔다. 에렌페스트는 아내를 따라갈까 고민했고, 연말에 러시아로 가서 그곳의 비참한 상황을 경험했다. 그는 아내를 따라가지 않았다.

1933년 부활절에 그는 옛 제자였고 지금은 취리히에서 파울리의 조교로 있는 카시미르에게 이렇게 편지를 썼다. "아, 카시. 자네의 넓은 어깨로 레이덴 물리학의 수레를 받쳐주게." 카시미르와 파울리는 놀란다. 에렌페스트가 무슨 뜻으로 한 말일까? 로렌츠가 20년 전에 한 것처럼, 그는 자신의 레이덴 후임자를 직접 정했다.

1933년 5월에 에렌페스트는 베를린에 가서 플랑크를 방문했다. 그사이 플랑크는 변했다. 에렌페스트는 1933년 10월 5일에 아인슈타인에게 이런 서신을 썼다. "플랑크 교수와 얘기를 나눌 때, 나는 그가 얼마나 괴로워하는지를 보았지. 죽음의 구원을 그토록 갈망하는 사람을 본 적이 없는 것 같네." 이것은 사실 자기 얘기였다.

1933년 9월 25일에 에렌페스트는 암스테르담 병원에 있는 아들을 방문하고는 아들을 총으로 쏜다. 자기가 죽은 뒤에 돌보는 사람 없이 아들이 버려지는 일이 없게 하기 위해서였다. 그다음 자기 자신도 쏜다. 아들은 목숨을 건지긴 했지만 한쪽 눈을 실명했다.

아인슈타인은 친구의 자살 소식을 영국 노픽에서 듣지만, 슬퍼할 시간이 많지 않았다. 나치로부터 도망치며, 자신의 죽음을 두려워해야 했기 때문이다.

1935년 옥스퍼드

존재하지 않는 고양이

1933년 11월 4일 옥스퍼드. 슈뢰딩거 부부가 영국의 대학도시에 도착한다. 그들은 베를린에서 멀리 떠나 나치로부터 피신하고자 한다. 슈뢰딩거는 옥스퍼드의 마들린대학교에서 자리를 얻었고 노스무어로드 24번지에 큰 집을 하나 빌렸다. 슈뢰딩거의 친구인 쥐트티롤 출신 물리학자 아서 마치Arthur March는 아내 힐데와 함께 더 작은 집으로 이사한다. 슈뢰딩거의 집에서 걸어서 20분 떨어진 빅토리아로드 86번지가 그의 집이다. 슈뢰딩거의 추천으로 아서 마치도 옥스퍼드에서 초빙교수 자리를 얻었다. 힐데는 임신 중이다. 그런데 아기 아빠가 마치가 아니라 슈뢰딩거이다.

슈뢰딩거의 여자관계는 방대하고 (거의) 양자역학만큼 복잡하다. 1932년 여름에 슈뢰딩거는 베를린에서 이타 융어와 같이 지냈다. 슈뢰딩거의 쾌활한 과외 제자였던 그녀는 열일곱 살부터

파동역학을 증명한 에르빈 슈뢰딩거, 1933년.

그와 교제했으며 이제 아름다운 스물한 살의 아가씨가 되었다. 1932년 초가을에 그녀의 임신 사실이 밝혀지자 슈뢰딩거는 자기 방식으로 이 상황을 처리했다. 그는 이타 융어와의 관계를 끝내고 다른 여자, 마치의 아내 힐데와 새로운 관계를 시작했다. 그는 힐데를 가까이 두기 위해 마치를 조교로 채용했었다. 슈뢰딩거의 아내가 1933년 여름에 헤르만 바일과 볼켄슈타인으로 여행을 가서 보른의 집에 머무를 때, 슈뢰딩거는 힐데와 자전거 여행을 갔었다.

슈뢰딩거는 이타 융어와 관계를 끝내면서도, 이타가 아기를 낳아주기를 원했다. 그러나 이타는 아기를 낙태하고 베를린을 떠났고 어른이 되었다. 그녀는 슈뢰딩거와 함께 지냈었던 도시들에서 멀리 떨어져 살았다. 슈뢰딩거와의 이별로 상처를 입은 이후, 그녀는 여러 차례 유산했고 아이 없이 살았다. 그러는 사이 힐데가 슈뢰딩거와의 자전거 여행 이후 임신했다.

슈뢰딩거는 9월에 가르다 호숫가의 한 식료품점에서 한지 바우어Hansi Bauer를 만났다. 그녀가 어린 소녀였을 때 이미 빈에서 알고 지냈던 사이다. 이제 스물여섯에 접어든 한지는 신혼여행 중이었으나 이때 이미 그녀의 결혼 생활은 불행했다. 곧 새로운 불륜이 시작되었다.

슈뢰딩거 부부는 방금 옥스퍼드에 도착했고, 디랙과 공동으로 1933년 노벨상을 받게 되었다는 소식을 들었다. 더 나은 새로운 인생이 펼쳐질 것 같다. 노벨상 시상식은 매년 알프레드 노벨이 사망한 날짜 12월 10일에 스톡홀름에서 열린다. 슈뢰딩거 부부는 12월 8일에 스톡홀름 중앙역에서 만났다. 디랙은 어머니와 함께 케임브리지에서 출발했고, 1932년 노벨상을 뒤늦게 파리에서 전달받은 하이젠베르크가 어머니와 라이프치히에서 출발했다. 슈뢰딩거는 기념만찬회 연설을 이렇게 끝맺었다. "나는 진심으로 곧 다시 한번, 그리고 더 자주 이곳에 오기를 희망합니다. 여행 가방에 정장을 가득 넣어 국기로 장식된 강당과 홀에서 열리는 축제에 오려는 게 아니라, 어깨에 긴 판자 두 개와 등에 배낭 하나를 메고 올 것입니다." 디랙은 당시 경제 상황과 원자물리학의 유사성에 관한 복잡한 연설을 했다. 하이젠베르크는 연설하지 않았다. 그는 환대해줘서 고맙다는 말만 짧게 했다. 슈뢰딩거는 상금 10만 크로나를 안전하게 스웨덴 은행에 예치했다. 이 해에 노벨평화상은 수여되지 않았다.

슈뢰딩거는 애인과 함께 옥스퍼드에 도착하여 사람들을 당혹시켰다. 반대로 슈뢰딩거는 옥스퍼드의 보수적 관습에 당혹했다. 그는 보른에게 보내는 편지에서 옥스퍼드대학교가 "동성애 대학"이라고 불평했다. 남자 교수 일색의 만찬뿐인 이 세계에서 여자는 낯선 존재이다. 그러나 슈뢰딩거는 여자가 둘이다. 그는 자신의 아이를 임신한 힐데와 옥스퍼드 곳곳을 산책하고, 둘의 관계를 비밀로 하지 않았다. 그는 지나가는 사람들의 따가운 시선을 느꼈고, 옥스퍼드에서 마음이 편치 않았다.

힐데는 슈뢰딩거의 딸 루스를 낳았다. 슈뢰딩거가 세 명의 애인에게서 얻을 세 딸 중 첫째이다. 마치와 슈뢰딩거의 가족이 함께 루스를 돌봤다. 그러나 힐데는 슈뢰딩거의 '첩'으로서 슈뢰딩거의 딸을 낳았다는 사회적 낙인에 괴로웠다. 1935년에 마치의 옥스퍼드 초빙교수 2년 계약이 끝났다. 마치는 힐데와 루스를 데리고 오스트리아 인스부르크로 돌아갔고, 힐데는 힘들었던 지난 몇 해를 회복하기 위해 요양소에서 지냈다. 슈뢰딩거의 계약은 2년이 더 연장되었다. 그는 옥스퍼드에 남았다.

그러는 동안 한지는 남편 프란츠 뵘Franz Böhm과 다시 합쳤고, 둘 다 유대인 출신이었기에 나치를 피해 런던으로 도망쳤다. 슈뢰딩거에게는 행운과 같은 일이었다. 그에게도 아내와 공동명의인 집이 런던에 있었다. 이 집은 슈뢰딩거의 아내가 남편이 힐데와 단둘이 옥스퍼드에서 지낼 수 있도록 마련해준 것이다. 슈뢰딩거는 한지와 단둘이 지내는 데 이 집을 이용했다. 그는 1935년 여름방학에 한지와 여행을 갔다.

놀랍게도 슈뢰딩거에게는 연애할 시간 외에 물리학을 위한 시간이 아직 남아 있었다. 그는 편지를 통해 아인슈타인과 양자역학의 기초에 대해 깊은 토론을 나눴다. 두 사람은 양자역학의 기초가 약하다는 데 동의했다. 슈뢰딩거와 아인슈타인은 양자역학의 마지막 위대한 반대자였다. 아인슈타인이 프린스턴에서 슈뢰딩거에게 이렇게 편지를 썼다. "친애하는 슈뢰딩거 선생. 선생은 내가 진심으로 기꺼이 논쟁하는 유일한 사람입니다. 거의 모든 사람이 이론에서 나온 사실을 보지 않고, 오로지 사실에서 나온 이론만 보기 때문입니다."

슈뢰딩거는 지리학적으로나 과학적으로나 고향을 잃었다. 그가 발전시킨 양자역학이 그에게서 멀어졌다. 그는 베를린에서 에렌페스트에게 보내는 편지에 이렇게 썼다. "재능이 뛰어난 젊은 과학자들과 대화를 나누다 보면, 늘 씁쓸한 기분이 듭니다. 최근 몇 년 사이에 무성하게 자라난 이론의 숲에서 내가 도저히 참을 수 없는 것이 무엇인지 그들은 이해하지 못합니다." 그러나 아인슈타인은 슈뢰딩거를 이해한다. 그들은 같은 고민을 하고, 양자역학에서 무엇이 마음에 들지 않는지 서로에게 털어놓았다.

아인슈타인은 슈뢰딩거에게 보내는 편지에서 두 사람이 감지하는 "골칫거리"를 비유로 설명했다. "평균수명이 1년 정도인 내면의 힘으로 점화할 수 있는 상상의 화약 더미가 있는데, 이 화약 더미의 파동함수인 'Ψ-함수'가 아직 폭발하지 않은 시스템과 이미 폭발한 시스템의 혼합을 해명한다고 주장합니다." 아인슈타인은 이 주장을 터무니없다고 생각했다. "현실에는 폭발한 것과 폭발하지 않은 것 사이의 중간 지점이 없습니다."

아인슈타인과의 편지 교환에서 자극을 받아 슈뢰딩거는 〈양자역학의 현재 상황Die gegenwärtige Situation in der Quantenmechanik〉이라는 긴 논문을 썼고, 이것은 1935년 11월과 12일에 과학 잡지 《자연과학Die Naturwissenschaften》에 실렸다. 여기서 그는 자신이 창조한 이론을 요약하여 설명하고, 앞으로 양자역학의 핵심에 속하게 될 개념 하나를 세상에 내놓았다. "양자 얽힘." 그리고 고양이 한 마리를 발명했다.

"아주 고약한 상황을 설정할 수 있다. 고양이 한 마리가 강철 상자에 갇혔고, 상자 안에는 고양이를 (곧바로 죽이진 않지만) 죽일 수 있는 끔찍한 장치가 들어 있다. 장치의 일부인 가이거 계수기에는 방사성 물질이 들어 있는데, 워낙 극소량이라 한 시간 안에 원자 하나가 부서질 수도 있고 아무 일도 일어나지 않을 수도 있다. 만약 부서진다면, 가이거 계수기가 반응하여 끈으로 연결된 망치를 작동시키고, 릴레이처럼 이 망치는 청산가리가 들어 있는 유리병을 부순다. 이 모든 상황을 한 시간 동안 그대로 두었을 때, '만약' 그동안 원자가 부서지지 않으면, 이 고양이는 아직 살아 있다고 볼 수 있다. 그러나 원자 하나라도 부서지면 그 즉시 고양이는 죽게 될 것이다. 이 전체 상황의 Ψ-함수는 이것을 살아 있는 고양이와 죽은 고양이가 똑같은 분량으로 혼합되었거나 서로 얽혀 있다고 표현한다. 이런 경우에, 원래 원자 영역에 국한된 불확정성이, 직접적 관찰로 '결정될 수 있는' 감각적 불확정성으로 변형된다."

보어와 하이젠베르크의 양자역학 해석에 따르면, 이 고양이는 죽었으면서 동시에 살아 있다. 또는 죽지도 않았고 살아 있지도 않다. 그런 것은 존재하지 않는다고, 아인슈타인과 슈뢰딩거는 합의한다. 죽음과 삶 사이의 '모호한' 상황에 있는 고양이는 없다. 폭발하면서 동시에 폭발하지 않는 화약 더미는 없다. 양자역학은 현실을 표현하지 않는다.

그러나 슈뢰딩거는 불안해졌다. 아내와 자신의 노후가 걱정되었다. 독일의 연금은 넉넉하지 않을 것이고, 슈뢰딩거 방정식만으로는 살 수 없을 것이다. 슈뢰딩거는 1935년 5월에 아인슈타인에게 편지를 썼다. "내가 한 장소에 오래 정착하지 못한다는 것은 사실이 아닙니다. 지금까지 머물렀던 모든 장소가 사실은 마음에 들었습니다. 단 한 곳만 빼고… 바로 독일. 독일이 나에게 친절하지 않다는 것 역시 사실이 아닙니다. 그럼에도, 하는 일 없이 다른 사람의 자선에 기대 생계를 꾸리고 있다는 기분이 점점 커집니다." 그는 오래 머무를 수 있는 안정된 일자리를 원했다. 그곳이 어디란 말인가? 1934년에 방문했던 프린스턴대학교에서 일자리를 얻을 수 있을 테지만, 슈뢰딩거에게 그곳은 너무 멀었다. 마드리드대학교가 그를 부르지만, 스페인내전이 발발했다.

슈뢰딩거는 에든버러에서 교수직을 제안받았다. 한지가 같이 간다면 이 제안을 수락할 것이다. 한지에게 그 소식을 전했지만 그녀는 거절했다. 그래서 슈뢰딩거는 오스트리아 그라츠로 갔다. 힐데와 루스 곁으로. 그리고 나치 곁으로.

1938년에 나치는 오스트리아를 병합했다. 그라츠대학교는 문을 닫았고, 총장과 교수들이 해고되었다. 그들 가운데 수많은 유대인이 투옥되고, 일부는 전 재산을 버리고 외국으로 탈출했다. 슈뢰딩거는 유대인이 아니므로 도망칠 필요가 없었다. 그는 상황에 순응하려 노력했지만, 나치는 그가 나치에 호의적이지 않음을 알았다. 5년 전에 서둘러 베를린을 떠난 그의 행적을 나치는 잊지 않았다. 대학교가 다시 문을 열었을 때, 새로운 총장이 슈뢰딩거에게 공개적으로 나치를 지지하라고 압박했고 슈뢰딩거는 총장의 요구를 따랐다. 1938년 3월 30일, 이미 시행된 '병합'에 대한 국민투표 직전에 그의 지지 선언이, '기꺼이 드는 손, 총통을 향한 고백—탁월한 과학자가 국민과 조국을 위한 봉사를 선언한다'라는 제목으로 지역신문 〈그라츠 타게스포스트Grazer Tagespost〉에 실렸다.

"이 땅에 퍼진 환희의 기쁨 한복판에는, 올바른 길을 완전히 잘못 이해하여, 이 기쁨에 온전히 동참하면서도 깊은 부끄러움을 동시에 느끼는 그런 사람들도 있습니다. 우리는 진정한 독일인의 평화 선언을 감사히 듣고 기꺼이 손을 듭니다. 총통의 뜻에 순종하고 충실히 협력하여 통합된 국민의 뜻을 온힘으로 지원할 수 있다면 매우 행복해질 거라 확신하며, 관대하게 뻗은 그들의 손을 기꺼이 잡고자 합니다. 사실, 조국을 사랑하는 옛 오스트리아 국민에게 다른 선택의 여지가 없는 것이 당연합니다. 투표에서 반대를 선택하는 것은 (아주 거칠게 표현해서) 국민적 자살과 마찬가지일 것입니다. (우리는 모두에게 청합니다). 이 나라에 더는 승자와 패자가 있어선 안 됩니다. 모든 독일인의 공동 목표를 위해 똘똘 뭉친 힘을 발휘하는 통합된 국민만이 있어야 합니다.

동지의 중요성을 높이 보는 자애로운 친구들은, 내가 그들에게 했던 반성의 고백을 공개적으로 하는 것이 옳다고 여깁니다. 나

역시 뒤늦게 평화의 손을 잡은 사람에 속합니다. 나는 책상에만 앉아 있어 조국의 진정한 뜻과 목적을 완전히 잘못 이해했었기 때문입니다. 나는 이제 그것을 기쁘게 고백합니다. 나는 이런 마음의 소리를 가진 사람이 많으리라 생각하고, 나의 이 고백이 조국에 도움이 되기를 희망합니다.

에르빈 슈뢰딩거."

슈뢰딩거는 화려한 선전 작품을 나치에 바쳤고, 외국에 있는 그의 친구들은 큰 충격을 받았다. 나중에 그는 자신의 고백을 후회하고, 아인슈타인에게 "비겁한 글"에 대해 나치로부터 시달리기 싫어서 그랬다고 변명하며 자신의 "이중성"을 변호했다.

공개적인 고백은 아무 효과도 없었다. 슈뢰딩거가 힐데와 함께 여름휴가를 마치고 돌로마이트로 돌아왔을 때, 자신의 자리가 다시 없어졌다는 소식을 들었다. 그는 "정치적 불신"을 이유로 무기한 해임되었다. 대학 수뇌부는 한 서류에서 그를 "전문 분야에서 탁월하나, 태도가 모순되고 유대인 친화적"이라고 평가했다.

슈뢰딩거는 다시 일자리를 찾아야 했다. 슈뢰딩거 부부는 여권을 압수당하기 전에 서둘러 가방 세 개를 챙겨 로마로 가는 기차에 올랐다. 그들은 노벨상 메달을 독일에 두고 떠났다. 그들은 제네바와 프랑스를 경유하여 영국으로, 유럽을 관통하여 헤맸다. 슈뢰딩거는 히틀러에 대한 자신의 고백 이후로 옥스퍼드에서 더는 자신을 환영하지 않음을 알게 되었다. 벨기에 겐트대학교가 마침내 그를 초빙교수로 받아주었고, 힐데가 루스를 데리고 겐트로 왔다. 이윽고 제2차 세계대전이 발발했다. 독일군이 벨기에를 점령하기 몇 달 전에 아일랜드 총리 에이먼 데 벨레라^{Éamon de Valera}가 더블린에 새로 생긴 고등연구소에 슈뢰딩거를 위한 장기 일자리를 마련해주었다. 마침내 아내, 애인, 딸로 구성된 가족과 함께 머물 수 있는 장소가 생겼다. 그리고 여기에 고양이는 없다.

1935년 프린스턴
다시 명확해진 아인슈타인의 세계

1935년 프린스턴. 아인슈타인의 변화무쌍한 삶에 안정이 찾아왔다. 그는 위대한 발견들을 남겼다. 2년 전부터 그는 스타 과학자로서, 그를 위해 설립되었고 그의 종착지로 남게 될 프린스턴 고등연구소에서 일한다. 그가 벨기에 여왕 엘리자베스에게 편지를 썼다. "프린스턴은 지구의 아름다운 한 조각인 동시에, 뻣뻣하게 걷는 작은 반신반인들이 서로 으르렁대는 촌구석입니다."

그가 거부한 골칫거리 양자역학이 끈질기게 그를 놓아주지 않았다. 그는 이 '마녀의 주먹구구'를 그대로 둘 수 없었다. 인간의 인식이 세계를 좌우하지는 못하지만, 인간의 지식으로 세계를 파악할 수는 있다고 그는 확신했다.

아인슈타인은 자신이 가장 좋아하는 사고실험으로 계속해서 양자역학의 약점을 찾아내려 애쓰고, 슈뢰딩거에게 긴 편지를 쓰고, 칠판에 공식을 가득 쓰고, 자신의 연구실 파인홀 209호에서 상상으로 빛 입자, 가림막, 상자, 저울, 화약 더미, 고양이를 실험했다. 그는 자신의 상상을 명료한 주장으로 다듬으려 애쓰지만, 그것을 지지해주는 사람이 없다. "아인슈타인의 계산기"라 불리는 조교 발터 마이어Walther Mayer는 지도교수와 함께 양자역학에 맞서는 전투에 나서기를 맹렬히 저항했다.

1934년 초 어느 날 전통 깊은 오후 티타임 때, 아인슈타인이 브루클린 출신 물리학자 나단 로젠Nathan Rosen과 대화한다. 로젠은 스물다섯 살이지만 그보다 훨씬 더 어려 보이는데, 학창 시절부터 사귀었던 한 여자와 방금 결혼했고, 과학자로서 자신을 증명하기 위해 열정을 불사르는 중이다. 두 사람 사이에 양자역학에 관한 토론이 벌어진다. 연구소의 또 다른 직원으로 이미 디랙과도 일한 바 있는 서른일곱 살의 보리스 포돌스키Boris Podolsky가 토론에 동참한다.

아인슈타인은 포돌스키와 로젠을, 양자역학을 공격하기 위한 동맹군으로 얻는다. 이름의 첫 글자를 따서 곧 "EPR"이라 불리게 될 이 세 사람은 아인슈타인의 사고실험 중 하나를 꼼꼼히 다듬었고, 양자역학의 기이함 중에서 가장 기이한 것, 에르빈 슈뢰딩거가 명명한 "양자 얽힘"을 파헤쳤다. 양자 얽힘은 전통적인 물리적 세계관과 맞지 않다. 얽힌 두 물체는 공간적으로 떨어져 있음에도, 텔레파시로 수천 킬로미터, 심지어 수 광년 넘게 떨어져서도 서로 소통할 수 있는 것처럼, 서로 연결되어 있다.

함께 생성된 뒤 쪼개진 빛 입자 몇 개를 상상한다. '흥분한' 원자(더 높은 에너지 준위로 승격된 원자)는 태양계의 가장자리와 그 너머까지 반대 방향으로 날아가는 두 빛 입자 형태로 초과 에너지를 방출할 수 있다. 양자역학에 따르면 입자들은 서로 얽혀 있다. 얽혀 있는 입자는 아무리 멀리 떨어져 있어도 서로 관련이 있다. 색으로 상상할 수도 있다. 한 입자가 붉은색이면, 다른 입자도 붉은색이다. 하나가 파란색이면 다른 것도 파란색이다.

"뭐가 그렇게 기이하다는 거지?"라고 묻고 싶을 것이다. 이들은 마치 하나는 런던으로 보내고 다른 하나는 모스크바로 보낸 양말 한 쌍과 같다. 양말의 특성도 서로 관련이 있다. 런던의 양말이 검은색임을 아는 사람은 모스크바의 양말도 검은색임을 즉시 안다.

그러나 양말과 달리 양자물체는 누군가 관찰할 때 비로소 그 특성이 결정된다. 두 빛 입자는 '둘 다 붉은색'과 '둘 다 파란색'의 중첩 상태이다. 한 입자가 관찰되는 순간에 특정 색이 비로소 결정되고, 멀리 떨어져 있는 다른 입자 역시 그 순간에 마법처럼 같은 색을 취한다.

이것은 정말로 기이하다. 입자들이 어떻게 같은 색을 취할 수 있을까? 보어와 하이젠베르크는 코펜하겐 양자역학 해석에서, 두 빛 입자 각각은 측정의 순간까지 명백히 붉은색도 파란색도 아니라고 주장한다. 어떤 색을 관찰하게 될지는 우연이다. 코펜하겐 해석이 맞는다면, 우연한 색이 어떻게 런던과 모스크바에서 같을 수 있을까? 런던에서 동전 하나를 던지고 모스크바에서 다른 동전을 던질 때, 한 도시의 결과가 다른 도시의 결과에 영향을 미치지 않는다.

그렇다면 어떻게 같은 색이 될 수 있을까? 어쩌면 한 입자의 색이 정해지는 즉시 아주아주 빠른 신호가 한 입자에서 다른 입자로 색을 전달할지 모른다. 아인슈타인은 이런 상상을 유령 이야기만큼 신빙성이 없다며 "유령 같은 원거리 작용"이라고 불렀다. 그것은 상대성이론의 기초와 모순되는 것 같다. 상대성이론에 따르면 어떤 효과도 빛보다 더 빨리 퍼질 수 없다. 지역성의 원리에 모순된다. 코펜하겐 해석에는 뭔가 오류가 있다.

입자의 통일된 안무에는 한 가지 설명만 남는다. 양말의 경우처럼 색이 이미 정해져 있었다! 아인슈타인은 그렇게 믿었고 포돌스키와 로젠을 설득했다. 프린스턴의 세 물리학자가 내린 결론에 따르면, 양자역학은 불완전한 이론이다. 양자역학은 두 입자가 같은 색을 띠는 더 깊은 이유를 해명하지 못한다. 양자역학은 보어와 하이젠베르크가 주장한 것처럼 불확실한 현실을 명확히 설명하는 것이 아니라, 명확한 현실을 불확실하다고 설명한다.

아인슈타인은 슈뢰딩거에게 보내는 편지에서, "언어상의 이유로" 포돌스키가 논문을 작성했다고 설명한다. 아인슈타인은 영어를 잘하지 못했다. 그러나 포돌스키의 영어가 훨씬 더 나은 것도 아니었다. 논문의 제목이 "Can Quantum-Mechanical Description of Physical Reality Be Considered Complete?"이다. "양자역학의 물리적 현실 설명이 완전하다고 볼 수 있을까?" 'Can' 뒤에 'the'가 빠진 것이 눈에 띈다. 참고로 포돌스키의 모국어인 러시아어에는 관사가 없다.

논문은 겨우 네 쪽짜리였고 이렇게 끝난다. "우리는 파동함수가 물리적 현실의 완전한 설명을 주지 못함을 입증하는 동안, 과연 그런 설명이 존재하느냐 아니냐의 문제는 열어두었다. 그러나 우리는 그런 이론이 존재할 수 있다고 믿는다."

논문을 교정할 시간은 없었다. 포돌스키는 아인슈타인이 보기 전에 원고를 서둘러 제출하고 캘리포니아로 떠났다. 1935년 5월 4일, 이 원고가 《피지컬 리뷰Physical Review》에 등장하기 11일 전, 아인슈타인이 토요일판 〈뉴욕타임스〉의 헤드라인에서 자신의 이름을 읽는다. "아인슈타인이 양자이론을 공격하다—양자역학이 비록 '옳다' 하더라도 '완전'하지는 않음을 아인슈타인과 두 동료가 밝혀내다." 그 아래에 포돌스키의 인용문과 함께 기사의 한 줄 요약이 있다. "세계에서 가장 유명한 과학자가 노벨상 여섯 개를 수상한 새로운 이론을 흔든다." 무슨 얘기인지 이해하는 사람이 거의 없더라도, 그것은 화제가 되기 충분한 소재였다.

아인슈타인은 분노했다. 논문을 발표하기 전부터 포돌스키는 그들의 연구 결과를 여기저기 말하고 다녔었다. 5월 7일에 아인슈타인의 이름이 〈뉴욕타임스〉에 다시 등장했다. 거기서 그는 포돌스키가 자신의 "승인 없이 결과를 발표했다"고 지적했다. "오로지 적절한 포럼에서만 과학적 물음을 토론하는 것이 나의 변치 않는 원칙이다. 과학적 물음에 관한 발표가 대중언론에 먼저 게 재된 것을 나는 유감스럽게 생각한다." 이 일이 있은 뒤 아인슈타 인은 포돌스키와 다시는 말을 섞지 않았다.

아인슈타인이 포돌스키에게 분노한 까닭은 언론에 함부로 떠 벌였기 때문만은 아니다. 이 러시아인은 아인슈타인이 제때에 봤 더라면 결코 승인하지 않았을 단독 의견을 논문에 적었다.

포돌스키는 양자역학의 불완전성을 주장하는 것에 그치지 않 고 한 발 더 나아가, 허술한 주장으로 하이젠베르크의 불확정성 원리를 논박하려 시도했다. 그것은 과한 시도였고, 취약한 진술 로 오히려 공격의 빌미를 주었다. 그리고 아인슈타인의 요점이 가려졌다. 그래서 'EPR-논문'은 언뜻 보기에 불확정성 원리를 계 략으로 물리치려는 서툰 시도처럼 보였다. 아인슈타인은 불확정 성 원리에 상관하지 않는다. 그는 양자역학을 기꺼이 논박하고 싶지만, 오래전에 그것을 포기했다. 실망한 아인슈타인이 슈뢰딩 거에게 이런 편지를 썼다. "내가 원래 하고자 했던 것이 제대로 드러나지 않았습니다. 오히려 잘난 체 때문에 중요한 요점이 엎 질러졌습니다."

하필이면 아인슈타인의 마지막 출판물로 지속적인 의미를 가 지고 가장 많이 인용될 논문에서 그런 일이 벌어졌다. EPR-논문 은 유럽과 미국 모두에서 동료들 사이에 엄청난 소용돌이를 일으 켰다. "그것이 작동하지 않는다고, 아인슈타인이 말했으므로 우 리는 이제 처음부터 다시 시작해야 한다." 디랙이 불평했다. 파울리는 이 논문을 "재난"이라고 부르고, 《피지컬 리뷰》에 반박문을 써서 출판을 통해 여론, 특히 미국에서의 여론을 혼란스럽게 할 위험을 막으라"고 하이젠베르크를 닦달했다. 그러나 하이젠베르크는 보어가 자신의 작업을 중단하고 이미 반박할 준비를 하고 있다는 소식을 들었다. 거장이 이단을 무찌를 것이다.

코펜하겐에서 보어의 동료 레옹 로젠펠트가, "맑은 하늘에 날벼락처럼" EPR-논문이 떨어졌다고 말한다. "우리는 하던 일을 모두 중단했다. 우리는 오해를 즉시 없애야 했다." 보어와 로젠펠트는 놀라운 반격을 위해 매일 매주 씨름했다. 보어는 프린스턴에서 나온 주장을 이해해보려고 노력했다. "무슨 말을 하려는 걸까요?" 로젠펠트가 물었다. "이해가 되세요?" 보어는 로젠펠트의 도움으로 6주 이내에 반박글을 작성하여 《피지컬 리뷰》 편집부에 보냈다. 그의 평소 작업 속도와 비교하면 비정상적으로 빨랐다.

보어는 자기 방식으로 EPR-사고실험을 철저히 분석했다. 공식이 아니라 은유로. 그는 확신하는 어조로 썼다. "물어볼 가치도 없다. 서로 멀리 떨어진 입자들은 서로 역학적으로 방해할 수 없다. 그러나 시스템의 미래 행동을 예측하는 데 영향을 미치는 바로 그 조건에 영향을 미치는 문제가 남는다." 말하자면 보어는 "영향"과 "역학적 방해"를 구별한다. 무슨 뜻일까? 먼 거리를 넘어 순식간에 "영향"을 미칠 수는 있지만, "방해"는 할 수 없다는 뜻일까? 어쩌면. 양자역학이 상대성이론의 기초인 지역성의 원리에 모순된다는 뜻일까? 어쩌면. 아무도 정확히 이해하지 못했다. 보어 자신조차도.

나중에 그는 자신의 주장을 스스로 이해해보려고 애썼다고 고백한다. 그리고 그 고백은 보어 특유의 또 다른 이해 불가의 예술품으로, 종속문이 끝없이 이어지는 장황한 문장과 모호한 비유로 가득하다. 비록 그는 EPR-역설에 대한 대답의 "표현력 부족"을 사과했지만, 이 부족함을 없애려는 노력은 하지 않는다.

극소수의 물리학자만이 보어의 뒤죽박죽한 문장의 미로를 파헤쳤다. 대다수는 철학적 논증에 지치고 말았다. 보어의 대답이라는 사실만으로 그들은 의심을 접었다.

슈뢰딩거만이 아인슈타인의 생각에 동의했다. 그는 6월 7일에 옥스퍼드에서 프린스턴으로 편지를 보냈다. "우리가 베를린에서 이미 수없이 토론했던 독단적 양자역학을, 교수님이《피지컬 리뷰》에 게재한 논문에서 공개적으로 덜미를 잡은 것에 나는 매우 기쁩니다." 다른 물리학자들도 그것을 통찰할 수 있다면 얼마나 좋을까. 아인슈타인은 포돌스키의 허술한 표현 때문에 자신의 양자역학 비판의 핵심이 몰락할까 봐 걱정했고, 그것은 현실이 되었다. 그는 보어의 양자역학 해석을 방어하고 EPR-논문의 오류를 발견하려는 물리학자들로부터 수많은 편지를 받았다. 그러나 그들의 오류 지적이 서로 모순되었다. 지역성이 없거나 불완전해야만 하는 양자역학의 딜레마를 대다수가 외면했다.

슈뢰딩거는 아인슈타인에게 보내는 한 편지에서, EPR-논문에 대한 "재미없는" 반응을 불평했다. "누군가 '시카고는 매우 춥다'고 말하고, 다른 사람이 '그것은 틀렸다, 플로리다는 아주 덥다'라고 대답하는 것과 같습니다."

슈뢰딩거가 "재미없다"고 여긴 반응을 보인 물리학자 가운데 한 사람은 보른이다. 보른은 "대단하다"는 소문을 미리 들었던 아인슈타인-포돌스키-로젠 논문에 "크게 실망했다." 다른 한편으로 보른은 "보어의 종종 모호하고 깜깜한 표현"이 마음에 들지 않았다.

보른과 다른 사람들은 이 모든 철학적 횡설수설이 너무 버거웠다. 뭐가 문제야? 양자역학은 작동해! 젊은 세대의 여러 물리학자는 양자역학으로 계산하고 세계에 활용하고자 하지, 그것에 대해 고민하고 싶지는 않다. 그들은 철학을 철학자에게 맡긴다. 물리학자에게는 연구해야 할 것들이 있으니까. EPR-논문 후 4년이 채 되지 않아서, 젊은 물리학자들의 계산이 엄청난 역할을 하게 될 세계대전이 시작되었다.

1936년 가르미슈
지저분한 눈

독일은 1936년에 올림픽을 두 번 개최한다. 겨울에 가르미슈-파르텐키르헨에서 한 번, 여름에 베를린에서 한 번. 동계올림픽은 하계올림픽을 위한 리허설이다. 세계가 독일을 지켜본다. 미국, 영국, 프랑스, 그리고 네덜란드가 나치의 잔혹한 인종정책에 반대하여 보이콧 운동을 선언했다. 독일 스포츠 당국은 가르미슈에서 잘못되면, 베를린에서도 희망이 없음을 잘 안다. 나치는 이 기회를 이용해 독일의 평화 추구와 우월성을 세계에 과시하고자 한다. 그들은 가르미슈에서 유대인 탄압을 중단하고 '유대인 출입 금지' 표지판을 없앴다. 개막 행사부터 선수들의 식단에 이르는 모든 세세한 내용이 선전용으로 결정된다. 많은 방문객이 연출에 속아 기꺼이 다음과 같이 믿게 하고자 한다. '그래, 솔직히 나치가 때때로 과하긴 하지만, 가까이에서 보니 그렇게 나쁘진 않네.'

1936년 2월 6일 개막식이 열렸고, 6만 명의 관중이 가득 들어찬 가르미슈-파르텐키르헨 올림픽 경기장으로 선수단이 거센 눈보라를 헤치며 입장했다. 올림픽 성화가 점화되었고, 동계올림픽 역사상 처음으로 산에서 스포트라이트가 켜졌다. 부대가 축포를 쏘고, 리하르트 슈트라우스Richard Strauss가 작곡한 올림픽 팡파르가 울리고, 히틀러가 개회를 선언했다.

독일의 아이스하키 경기 때, 히틀러는 보란 듯이 경기장을 떠났다. 아이스하키 국가대표 선수 루디 발Rudi Ball이, 5개월 전 통과된 뉘른베르크법에 따라 '반쪽 유대인'이기 때문이다.

5,000만 명의 관중이 가르미슈로 왔다. 독일 선수 크리스틀 크란츠Christl Cranz가 내리막에서 넘어졌음에도 침착하고 리드미컬한 스타일로 여자 슬라롬에서 최고 기록을 세우고 알파인 복합 종목에서 금메달을 획득했을 때, 3만 명의 관중이 그녀에게 환호했다. 수많은 방문객이 최신 스포츠 알파인스키를 직접 즐겼다. 스키부츠의 철 잠금쇠가 가르미슈 보도블록 위에서 덜그럭거리고, 스키를 타려는 사람들이 배낭과 스키를 들고 버스와 기차로 몰려들었다.

독일로 파견된 미국 특파원 윌리엄 셰리어William Shirer는 스스로도 놀랄 정도로 가르미슈-파르텐키르헨의 체류를 즐겼다. "일출과 일몰 때 펼쳐지는 바이에른 알프스의 장엄한 풍경, 기분 좋은 산 공기, 스키복을 입은 소녀의 발그레한 귀여운 뺨, 흥미진진한 경기, 목숨을 건 스키점프, 봅슬레이, 아이스하키. 그리고 소녀

헤니Sonja Henie." 노르웨이 피겨스케이팅 선수 소냐 헤니가 제국총통을 보고 감탄하며 팔을 뻗어 '하일 히틀러'라고 힘차게 인사했고, 노르웨이 신문들이 궁금해했다. "소냐 헤니는 나치인가?" 소냐 헤니는 금메달을 땄고 나치 수장에게 아양을 떨었다. 경기 후에 히틀러가 그녀를 오버잘츠베르크에 있는 별장으로 점심 식사에 초대했고, 헌정사와 함께 자기 사진을 그녀에게 주었다.

동계올림픽이 끝나고 3주 후인 1936년 3월, 독일군이 비무장지대로 지정된 라인란트로 행진했다. 이로써 히틀러는 로카르노협정을 깼다. 제1차 세계대전 이후 미움을 샀던 독일을 국제사회로 되돌리고 물리학자들의 고립을 풀어주었던 협정이 깨졌다.

히틀러 정부는 독일을 완전히 장악했고, 이제는 아무도 그의 영향력에서 벗어날 수 없다. 하이젠베르크도 벗어날 수 없다. 그는 스승인 조머펠트의 후임자로 뮌헨대학교 물리학 교수가 되고자 했다. 조머펠트는 1935년 봄에 자리에서 물러났고 자신의 후임이 하이젠베르크가 되기를 소망했다. 그러나 물리기술제국연구소와 독일 연구협회의 강력한 대표인 슈타르크가 반대했다. 그는 하이젠베르크를 "아인슈타인 정신의 정신"이라고 불렀고 하이젠베르크와 이론물리학에 반대하는 캠페인을 퍼뜨렸다. 그는 1936년에 나치 월간 잡지《나치오날조치알리스티셴 모나츠헤프텐Nationalsozialistischen Monatsheften》에 썼다. "아인슈타인의 상대성이론의 선정성과 선전에 이어 하이젠베르크의 행렬이론과 슈뢰딩거의 이른바 파동역학이 있는데, 모두가 모호하고 형식적이다."

하이젠베르크는 "유대인 반대 입장을 충분히 밝히지 않은 '백색 유대인'으로 독일스럽지 않은 이론물리학을 추구한다"는 평판을 얻었다. 독일 외부에서는 그를 "나치 정권의 자발적 지지자이자 유대인 탄압을 묵인하는 사람"으로 간주했고, 하이젠베르크는 자신을 방어하려 애썼다. 나중에 보른이 그를 "나치화된 사람"이라 불렀다.

1937년 7월에 슈타르크가 나치 친위대 신문 〈슈바르츠 코릅스Schwarz Korps〉에, 하이젠베르크를 겨냥하여 "과학계의 백색 유대인"이라는 제목으로 기사를 냈다. 슈타르크는 하이젠베르크를 "새로운 독일의 아인슈타인 정신의 총독" 그리고 "물리학의 오시에츠키"라고 불렀고, "유대인 과학자를 '제거'하고 나니 이제 아리아 혈통이면서 유대인의 동지이자 유대인의 제자로서 유대인을 옹호하고 추종하는 사람이 있다"고 불평했다.

출판업자이자 평화주의자였던 칼 폰 오시에츠키Carl von Ossietzky는 나치 비판으로 인해 나치 집권 이후 투옥되었다. 1936년 11월에 그에게 1935년 노벨평화상이 수여되었지만, 게슈타포는 그가 상을 받으러 오슬로로 가는 것을 허락하지 않았다. 오시에츠키는 1938년 5월에 고문 후유증과 강제수용소에서 걸린 결핵으로 사망했다.

하이젠베르크는 자신의 자리도 위험에 처한 것을 감지했다. 그는 독일 과학계에서 소외될까 봐 두려워, 오시에츠키와 비교되지 않기 위해, '백색 유대인'으로 보이지 않기 위해 모든 노력을 했다. 그는 '나치 친위대 제국지도자' 하인리히 힘러Heinrich Himmler에게 보호를 요청했다. 힘러와 하이젠베르크는 가족끼리 이미 오래 전부터 아는 사이였다. 힘러의 아버지와 하이젠베르크의 할아버지는 같은 동호회 회원이었다. 하이젠베르크는 미리 이민 계획을 세우면서 힘러의 대답을 1년이나 기다려야 했다. 마침내 힘러가 하이젠베르크에게 보호를 약속하고 나치 친위대 신문의 "공격"에 유감을 표시했다. 힘러는 하이젠베르크에게 이렇게 서신을 썼다. "가족끼리 잘 아는 사이이기도 해서, 나는 교수님의 사건을 특별히 정확하고 확실하게 조사하라고 지시를 내렸습니다. 나는 〈슈바르츠 코릅스〉의 공격을 유감스럽게 여기고, 다시는 그런 공격을 하지 못하도록 지시를 내려두었습니다." 힘러는 편지 끝에 이렇게 덧붙였다. "추신. 앞으로는 과학적 연구 결과의 인정과 연구자에 대한 인간적 및 정치적 태도를 대중 앞에서 명확히 분리하는 것이 좋을 듯합니다." 하이젠베르크는 힘러의 조언대로 아인슈타인과 거리를 두었다. "나는 이미 힘러의 조언대로 하고 있었다. 나는 아인슈타인이 대중에게 보여준 태도에 결코 동감하지 않았기 때문이다."

그러나 힘러조차 피해를 완전히 막을 수는 없었다. 원했던 뮌헨대학교 교수직은 하이젠베르크가 아니라, 나치당원 2류 물리학자로 '독일물리학'을 주창한 빌헬름 뮐러Wilhelm Müller에게 갔다. 조머펠트의 말을 빌리면, "최악의 후임자"였다.

하이젠베르크는 안도하며 또는 불쾌한 마음으로 라이프치히에 머물러야 했다. 정치적 상황이 그의 몸과 마음을 지치게 했다. 수많은 동료가 망명길에 올라 독일을 탈출했고, 그는 개인 생활로 탈출하고자 애썼다. 1937년 1월 28일에 그는 출판업자 뷔킹Bücking의 집에서 하우스콘서트를 열어, 집주인과 바이올리니스트 한 명과 함께 베토벤의 피아노 삼중주 1, 2번을 연주했다. 프라이부르크대학교에서 예술사를 전공하다 그만두고 라이프치히로 와서 출판업 공부를 시작한 스물두 살의 엘리자베스 슈마허Elisabeth Schumacher가 청중 속에 앉아 있었다. 피아노 소나타 제4번 내림E장조 2악장 연주 때 엘리자베스의 마음이 녹아내렸고, 2주 뒤에 벌써 하이젠베르크는 그의 어머니에게 편지를 썼다. "어머니가 이해해주시리라 믿습니다. 어제 저는 약혼했습니다." 두 사람은 그해 4월에 결혼식을 올렸고, 8개월 뒤에 엘리자베스는 쌍둥이(볼프강과 마리아)를 출산했다.

이듬해 하이젠베르크는 발헨제 호숫가 들판에서 빈 목조주택을 발견했다. 화가 로비스 코린트Lovis Corinth의 딸인 빌헬미네 코린트Wilhelmine Corinth의 집이었는데, 하이젠베르크는 전쟁이 일어날 경우를 대비하여 가족을 위한 피난처로 이 목조주택을 2만 6,000마르크에 구매했다. 그 후로 1년 뒤에 제2차 세계대전이 발발했다. 하이젠베르크는 베를린으로 소집 명령을 받았다. 나치 독일에서는 그 누구에게도 개인 생활이 없다. 모든 것이 국가의 전유물이다.

1937년 모스크바

다른 한편에서는

1935년 프린스턴. 디랙은 자신이 성취한 업적의 절정에 있었고, 그의 연구실은 고등연구소에서 아인슈타인의 연구실과 같은 층에 마주 보고 있었다. 그는 일부 동료들이 "현대물리학의 성경"이라 부르는 《양자역학의 원리The Principles of Quantum Mechanics》 두 번째 개정판을 마무리했다. 이듬해 그의 아버지가 세상을 떠났다. 그는 아버지와 아주 힘든 관계였고, 디랙은 그의 죽음에 슬픔을 느끼지 않았다. 그는 헝가리 물리학자 유진 위그너Eugene Wigner의 여동생인 마르기트 위그너Margit Wigner에게 이런 편지를 썼다. "나는 이제 더 큰 해방감을 느낀다오." 마르기트 위그너는 개방적이고 쾌활하고 사교적인 여성으로, 수줍음이 많은 디랙을 좋아했다. 디랙은 그녀를 '만치Manci'라고 불렀다. 두 사람은 1937년에 결혼하고, 디랙은 만치가 첫 번째 결혼에서 얻은 가브리엘과 유디를 입양했다. 디랙이 결혼식 후 아내에게 말했다. "당신은 내 인생을 멋지게 바꿔놓았소. 당신이 나를 사람으로 만들었소."

그러나 여전히 디랙을 걱정시키는 뭔가가 있었다. 1934년 크리스마스 직전에 케임브리지에서 편지 한 통이 그에게 도착했다. 그의 절친 페터 카피차Peter Kapitza의 아내가 보낸 도움 요청이었다. 페터 카피차는 벌써 6개월 째 소련에 억류되어 있었다. "당신은 남편의 친구이자 러시아의 친구이므로 이 편지를 보냅니다. 당신이라면 이 어려운 상황을 이해할 거라 믿습니다." 디랙은 친구 아내의 도움 요청에 충격을 받았다.

페터 카피차는 실험물리학을 공부하기 위해 1921년에 전쟁과 혁명으로 부서진 광대한 나라 러시아에서 영국으로 왔다. 한 동료가 표현했듯이, 그는 마치 "슬픈 왕자"처럼 보였다. 1919년, 그는 4개월 사이에 가장 가까운 가족 네 명을 잃었다. 그의 아들이 성홍열로 죽었다. 그다음 딸, 아내, 아버지가 스페인 독감으로 죽었다. 카피차 역시 감염되었지만 그는 병을 이겨냈다. 참고로 그는 제1차 세계대전 때 2년 동안 구급차 운전병으로 복무했다.

아내를 잃은 카피차는 케임브리지로 갔고, 자신이 하고 싶은 일을 정확히 알았다. 카벤디시 연구소의 어니스트 러더퍼드와 일하는 것. 러더퍼드는 처음에 그를 자신의 연구소로 받아들이는 것을 거절했다. 그러나 카피차는 물러서지 않았고, 러더퍼드는 결국 그를 받아주었다. 카피차는 고전류를 특수 제작된 코일에 통과시켜 아주 강한 자기장을 만드는 방법을 개발했다.

그는 러더퍼드를 존경하고 신처럼 모셨다. 그래서 러더퍼드는 여느 강사와 학생들보다 훨씬 더 친근하게 카피차를 대했고, 카피차는 사회규범이 허락하는 것보다 훨씬 더 가깝게 러더퍼드를 대할 수 있었다. 카피차는 러더퍼드가 한 번도 가져보지 못한 그의 아들이 되었다.

러더퍼드가 없는 자리에서 카피차는 그를 '악어'라고 불렀다. 이것은 가장 큰 찬사인데, 악어는 그가 가장 좋아하는 동물이었기 때문이다. 그는 악어에 관한 시들을 수집했고 금속 악어를 자동차 앞머리에 용접해 붙였다. 물리학자들도, 아니 특히 물리학자들은 더러 이상한 취향을 가졌다.

디랙이 1921년에 카피차 바로 다음으로 케임브리지 카벤디시 연구소에 왔을 때, '슬픈 왕자'는 케임브리지에서 가장 유명하고 인기 있는 활기찬 사람으로 변신해 있었다. 건장한 이 러시아인은 어떤 언어도 제대로 구사하지 못했다. 영어도 프랑스어도 심지어 모국어인 러시아어도 유창하지 못했다. 그는 모든 언어를 마구 섞어서 썼다. 이른바 '카피차 언어'를 썼고, 그는 말하는 것을 좋아했다. 그는 단어들을 쏟아내고, 이야기를 들려주고, 카드게임 속임수를 알려주었다. 말이 없는 디랙과 정반대였다. 카피차는 잡담을 좋아하고, 디랙은 침묵을 가장 사랑하는 사람이다. 카피차는 즐겨 극장에 가고, 디랙은 이것을 시간 낭비로 여긴다. 그러나 그들은 과학에서만큼은, 물질세계의 기본 법칙에서만큼은 관심사가 같다. 카피차의 과감함과 용기는 디랙에게 강한 인상을 남겼고, 그들은 이내 절친이 되었다.

카피차는 열성 공산주의자였다. 카벤디시 연구소 출근 첫날에 벌써 러더퍼드가 공산주의 선전을 금지할 정도로 열성적이었다. 카피차는 공산당에 가입하진 않았지만, 혁명에 관한 일에는 적극적으로 동참했고, 이오시프 스탈린Joseph Stalin의 산업화 프로그램을 돕기 위해 매년 소련을 방문했다. "나는 노동계급의 사회주의 재건과 공산당이 이끄는 소련 정부의 광범위한 국제주의에 전적으로 동감한다." 그가 말했다.

케임브리지로 돌아가는 것은 위험했고, 해마다 점점 더 위험해졌다. 1920대에 영국에서는 공산주의자에 대한 공포가 만연했다. 카피차가 '볼셰비키'라는 평판이 널리 퍼졌다. 영국 비밀정보부 MI5가 그를 표적으로 삼았고, 경찰 특수부가 감시했다.

카피차가 조국의 전기화에 대해 인민위원회에 조언하기 위해 다시 소련으로 떠났을 때, 경제학자 존 메이너드 케인스John Maynard Keynes는 1925년 10월에 이렇게 경고했다. "소련이 조만간 그를 강제로 잡아두지 않을까, 걱정된다." 카피차는 걱정도 팔자라며 경고를 무시했다. 언제든지 외국으로 나갈 수 있다는 소련 당국의 약속을 그는 철석같이 믿었다.

카피차는 케임브리지에서도 혁명을 외쳤다. 그는 교수와 젊은 물리학자의 상명하복 관계가 마음에 들지 않았다. 1922년 10월에 그는 위계 없이 개방적으로 물리학에 대해 토론하는 '카피차 클럽'을 만들었다. 카피차 클럽은 트리니티대학교에서 화요일 저녁마다 모임을 갖는다. 이 모임에는 초대받은 사람만 참석할 수 있다. 발표할 것이 준비된 사람은 누구든지 앞에 나가 분필 하나와 이젤 위에 걸린 칠판 하나만으로 원고 없이 자신의 연구를 설명한다. 설명 중간이라도 언제든지 질문할 수 있다. 벽난로에서는 불이 이글거리고, 자리에는 의자 몇 개가 전부다. 대부분의 참석자들은 바닥에 앉아 있다. 때때로 발표자의 주장에 동의하는지 아닌지에 대해 투표가 진행된다. 1925년에 하이젠베르크가 카피차 클럽에서 발표했고, 1928년에는 슈뢰딩거가 발표했다.

1934년 9월에 카피차는 가족과 함께 어머니를 방문했고, 이때 여권을 압수당했다. 그 후 그의 아내와 여섯 살 세르게이와 세 살 안드레이는 케임브리지로 돌아올 수 있었지만, 카피차 자신은 모스크바의 칙칙한 호텔방에 억류되었다. 그로부터 3개월이 지났다. 카피차의 아내는 기다리다 지쳐 디랙에게 도움을 청했다. "그토록 열심히 도왔던 소련에 강제로 잡혀 있는 것은 남편에게 '끔찍한 충격'일 것"이라고 디랙에게 썼다. "분명 남편에게는 인생에서 최악의 일일 것입니다." 그녀는 이 일이 언론에 알려지고 "사람들이 떠들어대고" 그래서 남편을 다시 볼 기회를 망치게 될까 봐 두려웠다. 그녀는 이 해에 노벨상을 받은 디랙에게, "워싱턴에 있는 러시아 대사에게 한마디만 해달라"고 간청했다. "그것이 뭐라도 해볼 수 있는 유일한 방법인 것 같아요."

디랙은 카피차의 석방 캠페인을 시작했다. 그는 아인슈타인과 고등연구소 소장 플렉스너에게 조언을 구하고, '악어' 러더퍼드에게 카피차를 위해 나서달라고 부탁했다. 러더퍼드는 자신의 모든 외교 인맥을 동원했지만 헛된 일이었다. 소련에서 카피차가 편지로 심정을 알렸다. "사랑으로 헌신한 처녀가 강간을 당한 기분입니다." 소련의 검열관이 그의 편지들을 읽었다. 영국 비밀정보부도 그의 편지들을 읽었다.

케임브리지에서 디랙이 카피차를 대신하여 세르게이와 안드레이 곁에서 아버지 역할을 했다. 그는 카피차의 두 아들을 자신의 차에 태우고 덜컹거리며 소풍을 다녔고, 1605년 영국 가톨릭 신자들이 의회와 정부와 왕실 가족 모두를 화약으로 폭파시키려 했던 화약음모사건 기념일에 아이들을 위해 불꽃놀이를 준비했다. 그는 몇 달 동안 일을 중단하고 아이들과 시간을 보냈다. 그리고 모든 것이 아무 도움이 못 되었을 때, 그는 방금 결혼한 만치와 함께 1937년 여름에 친구들의 만류를 뿌리치고 소련으로 갔다.

소련 국민 대다수는 1937년을 가장 끔찍한 해로 기억한다. '대숙청'의 절정, 투옥, 고문, 살해, 사람들을 위협하는 스탈린의 혼란스럽고 잔혹한 캠페인이 벌어졌던 해. 1937년 말 대숙청으로 대략 400만 명이 죽었다. 디랙도 카피차도 이 끔찍하고 잔혹한 일의 규모를 몰랐다. 사회주의는 여전히 그들의 정치적 이상이었다.

1937년 7월, 스탈린이 민중의 적으로 의심되는 사람의 고문을 합법화하기 며칠 전, 디랙은 카피차가 억류되어 있는 모스크바

북동쪽 불셰보 다차에 도착했다. 무지막지하게 더운 날이었다.

디랙 부부는 그곳에서 3주를 지냈다. 카피차와 디랙은 선선한 아침에 나무를 자르고 산딸기를 땄다. 베란다 그늘에 앉아 디랙이 '악어' 러더퍼드의 이야기를 들려주었다. 만치는 화장지조차 없는 다차의 열악한 환경과 싸워야 했다. 그들 중 누구도 근처 숲에서 사람들이 고문을 당하고 죽고 매장되는 것을 알지 못했다. 디랙 부부는 다시 영국으로 돌아가야 했다.

카피차는 계속 모스크바에 머물러야 했다. 국가가 오로지 그를 위해 마련한 실험실에서 그는 케임브리지에서 중단해야 했던 실험들을 계속 이어갔다. 디랙이 다녀간 직후 카피차는 '초유체' 헬륨을 발견했다. 이것은 아주 낮은 온도에서 모든 마찰력을 잃고 중력에 반하여 벽을 타고 위로 흐른다. 이런 기이한 특성은 오로지 양자역학으로만 해명될 수 있다. 카피차는 저온물리학의 아버지이다.

디랙과 카피차는 29년의 시간이 흘러서야 그들이 다시 만날 것이라는 사실을 아직 몰랐다. 그들은 1966년, 원자시대와 냉전이 시작된 지 이미 오래 지나버린 전혀 다른 시대에 재회하게 될 것이다.

1938년 베를린
분열하는 핵

1907년 베를린. 스물여덟 살의 화학자 오토 한은 베를린대학교 화학연구소에서 특별한 인물이었다. 그는 방사능을 연구했다. 오랜 동료들이 물었다. "그게 화학이야? 아니면 오히려 연금술에 가까운 건가?" 오토 한은 실험실에서 새로운 원소를 만들어내는 데 전문가였다. 그것은 아주 오래전 18세기에 사기꾼이자 연금술사인 칼리오스트로Cagliostro가 이미 시도했던 일 아닌가? 그런데 이제 오토 한이 연구소 소장이자 노벨상 수상자인 에밀 피셔Emil Fischer에게 뭔가 터무니없는 것을 요청한다. 그는 리제 마이트너를 자기 실험실로 데려오고자 한다. 여자인 데다가 화학자가 아닌 물리학자를! 피셔는 자신의 강의조차 여학생이 듣는 것을 허락하지 않는 사람이다. 하물며 자기 연구소에 여자 연구자를 허락할 리가 없다. 그의 연구소에 들어올 수 있는 여자는 기껏해야 여자 청소부뿐이다. "무슨 일이 있어도 나는 여성 과학자를 허락할 수 없어요!" 피셔의 대답은 단호했다.

그러나 오토 한은 결국 마이트너와 함께 일할 수 있도록 허락을 받아냈다. 단, 엄격한 조건을 지켜야 했다. 오토 한과 리제 마이트너의 실험실은 연구소 남쪽의 옛날 목공소에 마련되었다. 마이트너는 오직 이 실험실에만 출입할 수 있고 연구소에는 들어오면 안 된다. 게다가 실험실에 별도의 출입구가 있고, 마이트너는 그곳으로만 다녀야 한다. 여자 화장실은 당연히 없다. 마이트너는 식사를 하려면 근처 식당으로 가야 한다. 마이트너는 때때로 강의실 의자 아래에 숨어서 강의를 들었다. 그녀는 "무급 객원연구원"으로 일했으므로 빈에서 부모가 보내주는 돈에 의존해야 했다. 그래서 늘 빵과 블랙커피로 연명했다.

마이트너는 이미 30년을 그런 부당함 속에서 살았다. 그녀는 1878년, 여자에게 고등교육이 금지되었던 시대에 빈에서 태어났다. 이 시절 젊은 여성은 결혼하여 아이를 낳아야 했다. 예외적으로 일을 한다면, 오로지 교사로서만 일할 수 있었다. 마이트너는 어렸을 때부터 자연과학에 관심이 많았지만 고등교육을 받을 수 없었다. 마이트너는 여학생학교에서 8년을 배운 뒤, 프랑스어교사가 되기 위한 교육을 시작했고, 독학으로 대학입학 자격시험을 준비하여 스물두 살에 시험에 합격했다. 마침 빈대학교가 그간의 전례를 뚫고 새롭게 여자도 받아주었다. 마이트너는 공부에 속도를 높였다. 수학, 철학, 물리학을 수강하고 루트비히 볼츠만에게 배우고, 8학기 만에 빈대학교에서 두 번째 여성으로 박사학위를 받았다. 스물여덟 살에는 물리학의 성지 베를린으로 갔는데, 앞으로 그녀는 그곳에서 30년을 머물 것이다. 그녀는 더 많이 배우고, 막스 플랑크 곁에서 연구하고자 했다. 그러나 베를린에서는 아직 여성이 대학 공부를 할 수 없었다. 마이트너는 추밀원 플랑크에게 과감히 설명했다. "물리학의 진정한 이해를 얻기 위해 베를린에 왔습니다." 플랑크는 언뜻 수줍음이 많아 보이는 미모의 여성에게 놀라서 물었다. "박사학위가 이미 있는데, 뭘 더 하려는 겁니까?" 플랑크는 전통적 사고를 가진 사람이었고 과학계의 "여성 원시림"에 반대하는 목소리를 냈다. 그러나 그는 마이트너를 받아주었다. 예외를 적용받을 자격이 충분함을 알아봤기 때문이다. 마이트너는 플랑크의 강의를 수강할 수 있게 되었다.

마이트너는 차별에 저항하며 시위하지 않았다. 수많은 남성의 머리에 박혀 있는, 여성에 대한 편견을 행동으로 깼다. 한과 마이트너는 공동 실험 첫해에 여러 새로운 동위원소를 만들어냈다. 잘 알려진 원소의 다른 질량을 가진 새로운 원자들이 그것이다. 마이트너의 재능은 금세 소문이 났다. 1909년에 그녀는 빈에서 열린 한 학회에서 베타방사선에 대해 강연했고, 1년 뒤에 브뤼셀에서 노벨상 수상자 마리 퀴리를 만났다. 나중에 그녀는 연구소 지하실에서 보낸 몇 년을 가장 행복한 시간이라고 말했다. "우리는 젊었고, 근심 없이 삶을 만끽했고, 어쩌면 정치적으로 너무 순진했다."

몇 년 뒤에 플랑크는 그녀를 프로이센 과학아카데미 최초의 여성 조교로 채용했다. 마이트너에게 이 자리는, 여자들이 근접하기 힘든 과학협회로 들어가는 "여권이자 여성학자에 대한 기존의 선입견을 깨는 데 큰 도움"이 되는 일이었다. 아인슈타인은 그녀를 "독일의 마리 퀴리"라고 불렀다.

마이트너는 과학학술지 《자연과학 검토Naturwissenschaftlichen Rundschau》에 논문을 발표할 때 성만 적어서 제출했다. 그래서 사람들은 이 논문의 저자가 남자일 것이라고 생각했다. 브로크하우스Brockhaus 출판사 역시 저자를 남자로 예상하여 백과사전 원고를 의뢰하는 편지에 "미스터 마이트너"라고 적었다. 마이트너가 자신이 여자임을 밝혔을 때, 출판사는 원고 의뢰를 없던 일로 되돌렸다.

프라하대학교가 그녀에게 강사직을 제안하지 않았더라면, 마이트너는 오토 한의 실험실에서 "무급 객원연구원"으로 시들어 갔을 터이다. 프로이센 과학아카데미는 그제야 마이트너가 어떤 사람인지 기억해냈다. 마이트너는 1913년 서른다섯 살에 카이저 빌헬름 화학연구소에 정식으로 채용되었다. 그녀는 "과학의 경이로움"에 기뻐했고, 마침내 스스로 커피 살 돈을 벌게 되었다.

이후 제1차 세계대전이 시작되었고, 과학보다 더 중요한 일이 생겼다. 마이트너는 동부전선에 X선 간호사로 자원했다. 전쟁의 비참함을 뼈저리게 겪은 마이트너는 1916년에 돌아와 오토 한과 함께 그들의 옛 실험실에서 계속 연구할 수 있게 되었다. 단, 오토 한이 베를린에 머물 때만 가능했다. 오토 한은 '가스부대'에서 복무했고, 프리츠 하버가 이끄는 '화학전 특수단'에서 독가스를 개발했다. 그는 화학전을 위해 병사들을 훈련시켰고, 베를린과 레버쿠젠에 있는 연구시설과 동서남북 전선을 오갔다. 그는 휴가 때만 마이트너의 실험실에 올 수 있었다. 그러므로 1917년 전쟁이 끝나기 직전에 두 사람이 새로운 원소 '프로트악티늄'을 만드는 데 성공한 것은 주로 마이트너의 업적이다. 프로트악티늄은 안정적이고 방사성 물질로 주기율표에서 91번을 받았다.

1918년 11월 9일 호엔촐레른 왕가의 통치가 끝나고 공화국이 시작된 것은 여러 면에서 여성들에게, 그래서 또한 마이트너에게도 해방을 의미했다. 1920년부터 여성들도 교수가 될 수 있었다. 마이트너는 지금까지 이룩한 업적 덕분에 즉시 강의 개설을 허가받았다. 동갑인 오토 한보다 13년이나 늦었다. 그녀는 첫 강의에서 '우주 과정에서 방사능의 의미'에 대해 설명했다. 한 기자가 'kosmisch(우주)'를 'kosmetisch(화장)'으로 착각하여 "화장 과정에서 방사능의 의미"로 잘못 보도했다. 그런 당혹스러운 남성 중심적 고정관념에 대해 이제 그녀는 웃어넘길 수 있다. 그녀는 남성 경쟁자를 차례로 추월하여 카이저빌헬름 연구소에서 자기만의 개인 부서가 생겼고, 그곳에서 베타 붕괴와 감마선을 연구했으며, 전 세계의 학회에 참석했고, 카이저빌헬름 연구소 소장을 위해 마련된 다렘의 큰 빌라로 이사했다. 1926년에는 핵물리학의 특별 교수직을 받아 독일 최초로 여성 물리학 교수가 되었다.

오토 한과 리제 마이트너는 기이한 한 쌍이다. 두 사람은 오로지 과학만 함께했다. 그들은 30년을 같이 일하며 서로 격려하고 지지했다. 그러나 그들은 공식 일정 외에 아무것도 함께 하지 않았다. 식사를 같이 한 적이 단 한 번도 없고, 같이 산책한 적도 없으며, 서로의 집을 방문한 적도 없다. 1920년대까지 그들은 서로에게 존칭과 경어를 썼다. 오토 한은 1913년에 결혼했다.

마이트너는 결혼하지 않았다.

그녀는 결혼도 자식도 아쉽지 않았다. "나는 그냥 그럴 시간이 없었다." 같이 일하는 직원들이 그녀의 가족이었다. 페미니즘? 그런 것은 마이트너에게 필요치 않았다. 그러나 여러 해 뒤에 그녀는 깨닫는다. "이런 나의 인식이 얼마나 잘못되었고, 남녀평등을 위해 싸우는 여성들에게 지식 분야에서 일하는 여성이 얼마나 큰 빚을 졌는지 알게 되었다."

과학이 곧 그녀의 삶이었고, 그녀의 삶은 탄탄대로였다. 나치가 집권한 1933년까지는 그랬다. 그러나 나치 집권 이후 수많은 유대인 동료가 조국을 떠났다. 마이트너는 개신교 신자로 태어나 자유롭게 키워졌지만, 출생신고서에는 유대인 혈통으로 기재되어 있었다. 그래서 그녀는 나치의 기준에 따라 "아리아 혈통이 아니다." 이제 쉰다섯인 그녀는 자기 인생의 작업을 버려두고 베를린을 떠나고 싶지 않았다. 그녀는 외국에서 온 제안들을 거절하고 베를린에서 버텼다. 그녀는 전쟁이 발발한 후에 이것을 후회했다. "이제 나는 안다. 그것은 어리석었을 뿐 아니라, 큰 실수였다. 내가 베를린에 머문 것이 결국 히틀러를 지원한 꼴이 되었기 때문이다."

아무튼, 마이트너의 오스트리아 국적은 그녀를 더 심한 차별로부터 보호했다. 그녀는 계속 연구를 이어갔고, 오토 한을 설득하여 다시 함께 일했다. 그들의 목표는 가장 무거운 것으로 알려진 우라늄보다 훨씬 더 무거운 초우라늄의 원자를 만드는 것이다. 그들은 주기율표에서 우라늄 너머에 있는 빈 곳을 채우고자 한다.

그것을 위해 그들은 최근 케임브리지 카벤디시 연구소에서 발견한 중성자를 우라늄 원자에 쏘았다. 중성자가 핵 안으로 빨려 들어가기를 바라면서. 1935년에 리제 마이트너, 오토 한, 그리고 젊은 화학자 프리츠 슈트라스만Fritz Straßmann이 글자 그대로 폭발력을 아무도 예상할 수 없는 실험, 세계사의 흐름을 바꿔놓을 실험을 시작했다.

그러나 그전에 세계사가 실험의 흐름을 바꿔놓았다. 오스트리아와 독일제국의 병합으로, 마이트너의 오스트리아 여권이 더 이상 유효하지 않았다. 그녀는 이제 '독일제국 유대인'으로 위협을 받는 입장이다. 하루아침에 무방비로 탄압을 받게 된 것이다. 그녀는 더는 일을 할 수 없고, 외국으로도 절대 나갈 수 없다. 나치 당원이자 마이트너 혐오자인 화학자 쿠르트 헤스Kurt Heß가 "연구소를 위험에 빠트렸다"는 이유로 그녀를 고발했다. 마이트너는 내무장관을 설득하여 유효한 독일 여권을 발급받으려 노력했지만 헛수고였다. "유명한 유대인은 나라 밖으로 나가선 안 된다"
고 내무장관이 설명했다.

마이트너는 덫에 걸렸다.

이제 그녀에게는 탈출만이 남았다. 1938년 7월 13일, 그녀는
한 시간 반 동안 급하게 중요한 몇 가지만 챙겼다. 친구들이 그녀
를 몰래 네덜란드로 탈출시켰고, 그곳에서 덴마크를 지나 안전한
스톡홀름으로 건너갔다. 노벨연구소가 그녀에게 계약직 연구원
자리를 제공했다.

마이트너는 이제 비록 카이저빌헬름 연구소의 원자실험실에
서 멀리 떨어져 있지만, 그녀의 노력은 중단되지 않았다. 한과 슈
트라스만이 은밀하게 편지로 그녀와 연구의 진행 상황을 공유했
다. 슈트라스만의 말대로, 그녀는 여전히 "연구팀의 정신적 지주"
였다.

마이트너가 독일에서 탈출하기를 아주 잘했다는 것이 1938년
가을에 밝혀졌다. 1938년 11월 9일 독일에서 '유대인 학살의 밤'
과 함께 유럽에서 대량학살이 시작되었다. 전국에서 유대인 상점
과 유대교 사원이 나치에 의해 파괴되고 약탈되었다. 나치는 돌
을 던져 상점의 쇼윈도를 깨고 도끼로 가구를 부쉈다. 유대인이
100명 이상 살해되었고, 수천 명이 체포되어 강제수용소로 보내
졌으며, 헤아릴 수 없이 많은 사람이 학대와 구타와 굴욕을 당했
다. 대기하던 소방대는 유대인 상점에서 화염이 다른 건물로 번
지지 않게 막았다. 나치는 베를린을 시작으로 깨진 유리조각에

빗대어 이날의 학살을 '수정의 밤'이라 부르는 운동을 조직했다. 히틀러는 자신의 이름이 이 운동과 연결되기를 원치 않았고, 그래서 이 '작업'을 헤르만 괴링Hermann Göring과 요제프 괴벨스에게 맡겼다.

한과 슈트라스만은 매일 실험실에서 애썼지만 진전이 없었다. 우라늄보다 더 무거운 원소를 만들려고 벌써 몇 달째 시도했지만, 그들의 화학 분석은 기이하게도 훨씬 더 가벼운 원자가 존재한다고 가리켰다. 라듐 원자가 나타났다. 이것은 말이 안 되었다. 이 원자는 어디에서 왔단 말인가? 오토 한은 어찌할 바를 몰라 11월에 코펜하겐에 있는 원자의 거장 보어에게로 갔다. 마이트너와 그녀의 조카인 물리학자 오토 프리쉬Otto Frisch 역시 스톡홀름에서 코펜하겐으로 건너왔다. 그렇게 많은 똑똑한 사람들이 모였지만 아무도 이 측정 결과를 해명할 수 없었다.

한과 슈트라스만이 베를린에서 실험을 이어갈 때, 실험 결과는 더욱 기이해졌다. 그것은 라듐이 아니었다! 그것은 바륨이다. 바륨의 원자 무게는 137을 살짝 넘고, 그래서 238인 우라늄의 절반에 그친다. 우라늄 원자가 중성자 우박에 쪼깨진 것일까? 그런 추측을 생각하고 밖으로 말하기에는 한의 물리학적 상상력이 부족했다. 그는 탁월한 실험가이지만 천재 보존의 법칙에서 예외가 아니었다. 천재 실험가는 형편없는 이론가이고, 천재 이론가는 형편없는 실험가이다.

1938년 12월 19일, 오토 한은 스톡홀름에 있는 마이트너에게 편지를 써서 자신의 모든 혼란과 좌절을 얘기했다. "지금은 밤 11시입니다. 11시 반에 슈트라스만이 다시 올 예정입니다. 그래서 조금 있으면 나는 퇴근할 수 있습니다. '라듐 동위원소'에 뭔가가 있는데, 그게 너무 이상해서 우선 귀하에게 먼저 말합니다. 물론, 아주 기이한 우연일 수도 있지만… 우리는 점점 더 놀라운 결론에 다가가고 있습니다. 우리의 라듐 동위원소가 라듐이 아니라 바륨처럼 행동합니다."

과연 우라늄에 무슨 일이 벌어진 것일까? "우라늄이 절대 바륨으로 쪼개질 수 없다는 것을 우리도 압니다. 혹시 귀하라면 어떤 환상적인 해명을 줄 수 있지 않을까요?" 마이트너는 당장 답할 수 없다. 그렇게 빨리는 안 된다. 계산할 시간이 필요하다. 마이트너가 1938년 12월 21일에 답했다. "내가 보기에도 그렇게 광범위한 분열은 가정하기 힘든 것 같습니다. 하지만 우리는 핵물리학에서 수많은 놀라운 일을 겪었습니다. 그러니 그냥 불가능한 일이라고 치부해버릴 수는 없습니다."

같은 날에 한 역시 마이트너에게 편지를 보냈다. 그들의 편지가 계속 다급하게 서로 교차했다. "설령 물리학적으로 어쩌면 어처구니없더라도, 우리는 우리의 결과를 그냥 묻어버릴 수는 없습니다. 잘 살펴보고 혹시 돌파구가 있다면, 좋은 작품을 만들어보길 바랍니다."

마이트너와 프리쉬는 겨울 산책을 하며 베를린에서 온 기이한 측정 결과를 토론했다. 눈 덮인 스웨덴 숲에서 그들은 나무 등걸에 앉아 사고 과정을 종이에 적었다. 그들은 원자핵의 새로운 모형을 설계했다. 무거운 핵은 중성자와 충돌하여 물방울처럼 휘청일 수 있다. 만약 이때 충분히 형태가 일그러지면, 장거리 전기 반발력이 핵을 지탱하는 힘보다 더 커진다. 그리고 핵이 폭발한다. 아인슈타인의 공식 $E = mc^2$으로 마이트너와 프리쉬는 폭발에너지를 추측해보았다. 어마어마한 수치가 도출되었다.

프리쉬는 코펜하겐으로 가서 보어에게 이론을 설명했다. 보어의 손이 이마를 짚는다. "아, 우리 모두 너무 바보 같았어! 그것을 우리가 먼저 예상할 수 있었는데 말이야." 그러나 보어는 이제 뭔가 다른 것을 예상한다. 원자핵에서 나오는 이 에너지가 할 수 있는 것은 파괴이다. 그리고 이 파괴는 모든 물리학자가 상상할 수 있었던 것보다 더 빨리 일어날 것이다. 그것이 물리학의 빛나는 시대를 어둡게 할 것이다.

1939년 대서양

충격적 소식

1939년 1월에 보어와 그의 조교 로젠펠트는 프린스턴에 있는 아인슈타인을 방문하기 위해, 대서양을 건너 뉴욕으로 가는 증기선에 올랐다. 그들은 충격적 소식을 가지고 가는 중이다. 오토 한이 원자를 쪼갰다! 오토 한과 프리츠 슈트라스만이 중성자를 발사하여 우라늄 핵을 '폭파했다'!

보어와 로젠펠트가 탄 증기선이 출항하기 겨우 4일 전에, 오토 프리쉬가 코펜하겐으로 이 충격적 소식을 전했고 보어는 그것의 엄청난 의미를 즉시 알아차렸다. 하필이면 나치 독일에서 원자폭탄 제조의 열쇠가 발견되었다.

보어는 원래 이미 10년째 아인슈타인과 해왔던 양자물리학에 대해 토론을 이어가려 했었다. 그러나 양자역학의 거장에게 이제 그것은 무의미한 일이었다. 대서양을 건너는 동안 그의 생각은 양자역학에서 점점 더 멀어져 핵물리학 쪽으로 이동했다.

보어는 봄 학기를 프린스턴에서 보냈다. 1939년 1월부터 4월까지 매일 핵분열에 대해 고민하고 토론하고 칠판에 공식을 적었다가 다시 지우기를 반복했다. 코펜하겐에서 그에게 배웠고 지금은 프린스턴대학교에서 가르치는 미국인 존 휠러John Wheeler가 그의 주요 토론 상대자이다. 아인슈타인은 이 토론에 관여하지 않는다. 그는 핵분열의 세세한 내용에 관심이 없고, 그것의 유용성에도 회의적이다.

보어는 휠러와 함께 우라늄 핵의 분열을 재현하려 애썼다. 그는 조국 오스트리아를 떠나 스웨덴으로 탈출하여 핵분열 이론을 연구한 리제 마이트너와 그녀의 조카 오토 프리쉬의 작업을 토대로 했다. 분열된 핵에서 나온 에너지가 다른 핵을 분열시키고 더 많은 에너지를 방출하는 연쇄 작용의 핵분열을 일으키는 것이 가능할까? 핵폭탄을 만들 수 있을까?

계속해서 보어와 휠러는 연쇄 작용을 일으킬 가능성을 시험해 보았고, 마침내 헝가리에서 온 레오 실라르드Leó Szilárd와 유진 위그너를 합류시켰다. 이들의 작업은 철저히 비밀에 부쳐졌고, 이제 순수한 과학 그 이상이 된 지 오래이다.

1939년 3월 15일. 보어, 휠러, 실라르드, 위그너가 프린스턴대학교 파인홀의 빈 연구실에 모였다. 몇 주 전까지만 해도, 고등연구소의 새 건물로 옮기기 전까지 아인슈타인이 이곳에서 일치된 장이론을 홀로 찾고 있었다. 며칠 전 보어는 프린스턴 클럽에서 파인홀까지 산책을 하는 중에 결정적 깨달음을 얻었다. 오토 한이 측정했던 핵분열은 훨씬 흔한 우라늄-238이 아니라, 희귀한 동위원소 우라늄-235에서만 일어난다!

그러나 그것은 역설이다. 우라늄 핵을 쪼개려면 그것을 더 크게 만들어야 하되 너무 커서는 안 된다! 발사된 중성자는 우라늄 핵을 폭발하거나 안정시킬 수 있다. 보어와 휠러는 우라늄-235와 우라늄-238 두 동위원소가 매우 다른 성질을 가졌다고 예측했다. 중성자가 동위원소 우라늄-235의 핵과 충돌하면, 핵이 더 가벼운 핵 두 개로 쪼개지고, 엄청난 양의 에너지가 방출되고 거기서 중성자 몇 개가 튀어나와 이것이 다른 핵을 쪼갤 수 있다. 우라늄-235의 '임계 질량'에서 연쇄반응을 일으키는 중성자 연속 폭발이 생긴다. 그렇다면 핸드볼 크기의 우라늄 덩어리만으로 도시 전체를 파괴할 수 있을 것이다. 연쇄반응을 잘 통제해서 일으키면 오랜 기간 대량의 전기를 생산할 수 있다.

더 무거운 우라늄-238에서는 다르다. 발사된 중성자 세 개가 핵을 안정시킨다. 안정된 핵은 중성자에 의해 쉽게 쪼개지지 않는다. 연쇄반응을 일으키지 못한다. 광산에서 채굴된 천연 우라늄의 99퍼센트 이상이 우라늄-238이다. 실라르드가 말한다. "그럼 우라늄-235를 분리해냅시다. 그리고 그것으로 원자폭탄을 만듭시다."

보어가 대답한다. "불가능한 일은 아닙니다만, 그러려면 미국을 거대한 공장으로 바꿔야 할 것입니다." 천연 우라늄의 겨우

0.7퍼센트만이 우라늄-235이다. 수백 개의 원심분리기가 있는 대규모 시설에서 엄청난 기술 비용을 들여 추출해야 한다.

그러나 대안이 없지 않은가! 우리가 하지 않으면 나치가 할 것이라고, 미국의 전쟁 전략가들은 생각한다. 1938년 가을에 독일 군이 보헤미아를 점령했다. 이제 나치는 퀴리 부부가 30년 전에 피치블렌드를 공급받았던 요하힘 계곡의 우라늄 광산을 손에 넣었다. 우려해야 할 이유이자 서둘러야 할 이유가 생겼다. 독일에서는 1939년 봄에 벌써 저명한 원자연구자들이 '우라늄 기계' 개발을 위한 '우라늄협회'를 설립했다. 미국의 물리학자와 비밀정보부는 나치가 핵분열 연구와 활용에서 그들을 앞지를까 봐 두렵다.

1939년 여름에 하이젠베르크가 강연을 위해 미국에 왔다. 그는 미시간에서, 유대인과 결혼했고 파시스트 인종법을 피해 미국으로 탈출한 로마 출신 물리학자 엔리코 페르미와 한때 수줍음이 많은 대학생으로 전자스핀을 발견했던 네덜란드 물리학자 사무엘 구드스미트를 방문했다. 구드스미트는 이민 후에 개명할 때 발음을 그대로 유지하기 위해 철자만 'Goudschmidt'에서 'Goudsmit'로 바꿨다. 페르미가 하이젠베르크에게 물었다. "미국에 머무는 건 어때요? 여기라면 문명의 편에서 품위를 유지할 수 있을 텐데요." "조국을 배신하는 기분이 들 것 같습니다." 하이젠베르크가 뇌리에 박힐 한 문장을 말하며 대답했다. "독일은 내가 필요합니다." "만약 히틀러가 원자폭탄을 만들라고 강요한다면요?" 페르미가 물었다. 원자폭탄이 완성되기 전에 전쟁이 끝날 것이라고, 하이젠베르크는 생각했다.

어느 일요일 오후에 하이젠베르크는 휠러와 피크닉을 갔고, 거기서 "바이에른 알프스에서 기관총 사격 훈련이 있어 곧 독일로 돌아가야 한다"고 알렸다. 하이젠베르크는 거의 텅 빈 증기선 '오이로파 호'를 타고 대서양을 건넜고 몇 주 뒤에 징집되었다. 그러나 산악부대가 아니라 육군병기국에 배치되었다.

전쟁 발발 후 히틀러 정권은 우라늄협회를 장악했다. 육군병기국이 "핵분열 활용 실험을 착수하기 위한 준비 작업"을 계획했다. 프로젝트에 참여하기 위해 카를 프리드리히 폰 바이츠제커가 베를린으로 왔다. 하이젠베르크는 핵분열 때 방출되는 중성자의 '감속물질'로 중수(산화중수소)를 사용하는 우라늄 반응장치를 설계했다. 느린 중성자만이 다른 원자핵을 쪼갤 수 있다.

하이젠베르크는 우라늄협회에 이렇게 보고했다. "우라늄-235 농축은 기존의 가장 강력한 폭탄의 폭발력을 수십 거듭제곱으로 높이는 유일한 방법이다." 뉴욕을 하얗게 불태울 그의 폭탄 아이디어는 육군병기국에 깊은 인상을 남겼다.

육십이 된 아인슈타인은 그저 쉬고 싶었고, 그래서 여름 내내 롱아일랜드의 별장에서 지냈다. 그는 바이올린을 연주하고, 대서양에서 요트를 타고, 플라타너스 그늘에서 책을 읽고 싶었다. 그러나 충격적 소식이 그곳까지 따라왔다. 레오 실라르드가 그해 여름에 롱아일랜드를 두 번 방문했다. 실라르드와 아인슈타인은 베를린에서 처음 만났고, 거기서 1920년대를 함께 보내며 '콘크리트 자동 국민 냉장고'를 개발했었다. 이제 실라르드가 아인슈타인에게 독일의 원자폭탄 위협에 맞서 뭔가를 하라고 촉구한다. 아인슈타인이 벨기에 정부에 편지를 보내면 어떨까? 벨기에의 콩고 식민지에 세계 최대 우라늄 광산이 있기 때문이다. 그 광산이 독일의 손에 들어가는 일을 아직 막을 수 있지 않을까? 아인슈타인과 실라르드는 이미 늦었음을 알게 된다. 몇 달 뒤에 벨기에 군대가 벨기에-콩고 광산에서 우라늄 수천 톤을 베를린으로 운송하기 시작했다.

아인슈타인과 실라르드는 미국 대통령 루스벨트에게 편지를 쓰기로 한다. 아인슈타인이 독일어로 편지 내용을 불러주고, 실라르드가 그것을 말끔하게 작성했다. 자칭 '신념 강한 평화주의자'가 루스벨트에게 원자폭탄 개발을 촉구했다. 최근에 발견된 핵분열이 "매우 효과적인 새로운 유형의 무기"로 발전할 수 있다고 경고하고, 군사적 목적의 핵분열 연구를 강화하자고 제안했다. 베를린 카이저빌헬름 연구소에서 이미 그런 연구가 시작되었다면서, 아인슈타인은 '외교부 차관의 아들'인 바이츠제커의 이름을 언급했다.

"진심을 담아, 알베르트 아인슈타인 올림." 아인슈타인은 1939년 8월 2일 롱아일랜드 페코닉에서 이렇게 편지를 끝맺었다. 몇 년 뒤에 그는 이것을 "인생 최대 실수"라고 불렀다. "독일이 원자폭탄 개발에 실패할 것을 미리 알았더라면, 나는 그 모든 일에 결코 관여하지 않았을 것이다."

루스벨트는 원자연구자의 편지를 읽을 시간이 없었다. 전쟁 상황이 더 나빠졌기 때문이다. 히틀러가 폴란드를 공격하고, 영국과 프랑스가 독일에 전쟁을 선포했다. 1939년 10월 11일에야 비로소 이 편지가 루스벨트의 책상에 도달했다. "나치가 우리를 공중분해하지 못하게 뭔가 대책을 세워야 해." 루스벨트가 결론지었다. 그는 그날 바로 원자폭탄 개발을 위한 '맨해튼 프로젝트'를 개시했다. 처음에는 아주 천천히 진행되었다. 아인슈타인이 루스벨트에게 편지 두 통을 연달아 보내 프로젝트 조직을 촉구하고 독일의 폭탄 제조에 대해 재차 경고한 후에 비로소 추진력이 생겼다. 맨해튼 프로젝트는 미국을 우라늄 공장으로 바꿀 뿐 아니라, 영국, 캐나다, 미국 세 국가의 협력도 요구했다.

수많은 세계 최고 물리학자가 맨해튼 프로젝트에 참여했는데, 그중 몇몇은 독일에서 또는 독일 동맹국에서 탈출한 사람들이었다. 영국에서 오토 프리쉬가 우라늄-235 50킬로그램이면 벌써 TNT 1만 5,000톤의 폭발력이 있음을 추산했다.

보어는 1939년 5월에 미국에서 코펜하겐으로 돌아왔다. 1939년 9월 1일에 독일군이 폴란드 국경을 넘었다. 같은 날 《피지컬 리뷰》에 보어와 휠러의 논문 〈핵분열의 메커니즘The Mechanism of Nuclear Fission〉이 발표되었다. 거기에는 연쇄반응에 관한 언급은 전혀 없었다.

이듬해 4월 9일 해가 뜨기 전에 독일군이 덴마크로 진군했다.

두 시간 후에 덴마크 정부가 항복했다. 히틀러는 자신의 평화적 의도를 세계에 선전하기 위해 덴마크에 '모범보호국'을 세울 작정이다. 과거에 수많은 물리학자의 탈출을 도왔던 보어 자신이 이제 이곳에서 탈출해야 한다.

1941년 코펜하겐
서먹해진 관계

1941년 9월 16일 늦은 저녁 코펜하겐. 두 남자가 도시를 걷는다. 쉰다섯의 보어와 서른아홉의 하이젠베르크는 종종 함께 산책을 했다. 그들은 22년 전에 괴팅겐에서 처음으로 함께 걸었었다. 그 당시 하이젠베르크는 보어의 양아들이 되었고, 나중에는 동료가 되어 함께 양자역학을 탄생시켰다. 하이젠베르크는 이곳 팰레드 공원에서 밤 산책을 하다가 불확정성 원리를 발견했다. 이제 두 사람은 나이가 들었고, 걸음도 더 느려졌다. 그들은 전쟁에서 서로 다른 편에 서 있다. 아버지와 아들 같던 두 사람의 관계가 서먹해졌다.

하이젠베르크는 기이한 방사선에 관한 강연 명목으로 베를린에서 왔다. 그는 일주일 내내 코펜하겐에 머물 것이다. 그럼에도 그는 급히 보어와 얘기를 나누고 싶어 서둘러 보어의 집으로 갔고 보어의 아내와 아들들에게 인사를 하고 보어와 함께 팰레드 공원으로 나갔다. 그곳이라면 도청 걱정 없이 대화를 나눌 수 있다. 하이젠베르크는 단도직입적으로 폭탄에 관해 말하고자 한다. 그는 이 대화에 아주 큰 기대를 걸었었다. 그러나 대화를 이어갈수록 기대가 너무 컸음이 드러났다. 두 사람 사이에는 예전의 신뢰가 더는 남지 않았다. 보어와 하이젠베르크 사이를 뭔가가 가로막고 있었다. 예전에는 무의식에서조차 결코 없었던 불신이 자리했다.

보어는 예전과 달라진 하이젠베르크가 낯설었다. 하이젠베르크가 사용하는 나치의 용어들이 보어의 귀에 거슬렸다. 히틀러가 지배하는 유럽에서 물리학이 독보적 역할을 하게 될 것이라는 하이젠베르크의 예언이 그를 긴장하게 했다. 하이젠베르크는 무엇을 하려는 것일까? 왜 그는 점령된 코펜하겐에 왔을까? 그는 친구일까, 적일까? 그는 게슈타포의 스파이일까? 하이젠베르크는 보어에게서 뭔가를 캐내려는 것일까, 아니면 보호하려는 걸까?

보어의 어머니는 유대인이고, 나치의 범주로 보면 그는 아무튼 '반쪽 유대인'이다. 게다가 그는 나치의 덴마크 점령에 저항하는 운동에 참여했고 미국 정부가 추진하는 원자폭탄 프로젝트의 물리학자들과 소통했다. 독일 비밀정보부가 그를 감시한다. 그는 언제든 체포될 수 있다. 불과 몇 주 전에 경찰이 덴마크 공산주의자 300명을 제란트 호르세뢰드 교도소에 감금했다.

하이젠베르크도 마음이 편치 않았다. 쥐트티롤 출신의 아끼는 제자 한스 오일러Hans Euler가 비행기 추락 후 "동부전선에서 실종되었다"고 보고되었음을 최근에야 비로소 알았다. 하이젠베르크가 지원하고 보호했던 오일러는 나치에 반대하는 인물이자 공산주의자였고 우라늄 프로젝트에 참여하는 것을 거부했었다. 동료인 바이츠제커가 기록한 내용에 따르면, 오일러는 우울증을 앓았고 마치 "죽을 기회를 찾는 사람처럼" 기상학자 및 항해사로 복무하기 위해 공군 기상관측대에 자원했다. 1941년 7월 23일에 소련을 공격한 직후, 오일러의 비행기 엔진이 고장 났다. 그는 아조프해에 비상착수 후 어부들에게 사로잡혔다. 그 뒤로 오일러에게 무슨 일이 있었는지, 하이젠베르크는 알지 못했다. 그는 제자의 운명을 알아내려 애썼지만 헛수고였다.

유럽에서 더 이상 그 누구도 안전하지 않았다. 지금 이 전쟁이 어떻게 진행될지 아무도 알지 못한다. 현재는 독일이 우위에 있다. 그들은 프랑스를 이겼고 대륙 대부분을 점령했다. 독일군은 빠르게 모스크바로 진군했고 하이젠베르크는 공세가 이미 성공한 것처럼 말했다. 그러나 아직 스탈린그라드 분지가 독일군 앞에 버티고 있다.

하이젠베르크는 우라늄 프로젝트를 이끄는 과학자이다. 그는 전쟁 산업에 에너지를 공급할 '우라늄 버너'를 만들고 있다. 이것은 소형화된 형태로 독일 탱크와 잠수함에 전력을 공급할 수도 있을 것이다. 그와 바이츠제커는 우라늄-235 이외에 또 다른 원소를 발견했다. 바이츠제커가 방금 "에너지와 중성자를 폭발적으로 생성하는 폭탄"에 대한 특허를 신청했고, 하이젠베르크는 원자폭탄 발명의 길이 자기 앞에 열릴 것을 확신했다.

하이젠베르크는 보어에게 모든 것을 털어놓는 데 익숙했지만, 지금은 엄격한 비밀유지 의무 때문에 장황히 변죽만 울리며 반응장치와 폭탄에 대해서만 모호하게 언급했다. 하이젠베르크는 그가 얼마나 알고 있는지 가늠할 수 없었다. 그는 신중해야 한다는 것을 잘 알고 있다. 나치 기관에는 그에게 적대적인 강력한 적들이 있기 때문이다. 부주의한 한 문장이 모든 것을 앗아갈 수 있었다.

보어는 폭탄 제조와 관련이 없다. 그는 지난해부터 미국 원자폭탄 프로젝트에 대해 아무것도 듣지 못했다. 원자폭탄이 전쟁을 좌우할 것이라는 하이젠베르크의 암시가 그를 세게 강타했다. 이윽고 하이젠베르크가 보어에게 서류를 보여준다. 반응장치 설계도이다.

하이젠베르크는 보어를 위협하려는 것일까, 아니면 경고하려는 것일까? 그의 암시 뒤에는, 대서양 양쪽의 모든 물리학자를 설득하여 평화를 위해 원자폭탄을 만들지 않기로 합의하도록 노력하자는 제안이 숨어 있을까? 어쩌면 목숨이 달린 문제라 하이젠베르크가 이때 너무 조심스럽게 표현했을지 모른다. 어쩌면 그래서 보어는 하이젠베르크가 원자폭탄 제조 가능성을 확신한다고 오해했고 충격을 받았을 것이다. 오래전부터 해오던 일이지만 전쟁 시기에 우라늄 연구를 하는 것이 과연 옳은지 보어가 물었을 때, 하이젠베르크는 무슨 생각을 했을까?

대화가 제대로 진행되지 않았다. 둘을 가로막는 것이 너무 많았다. 불신이 너무 많고 오해가 너무 많았다. 얼마 지나지 않아 둘은 금방 보어의 집으로 돌아왔다. 하이젠베르크는 당혹스러웠고 보어는 몹시 흥분했다. 하이젠베르크를 호텔로 돌려보낼 전차까지 보어가 배웅했다. 자정이 넘은 시간이었다.

며칠 뒤에 하이젠베르크는 나치의 선전기관인 독일문화원에서 강연을 했고, 보어는 그곳에 가지 않았다. 하이젠베르크는 독일로 돌아가기 전날 밤에 보어 가족을 다시 방문했다. 그들은 까다로운 질문을 피하고, 친구로 남기 위해 노력했다. 하이젠베르크가 피아노에 앉아 모차르트의 피아노 소나타 제11번을 연주했다. 터키행진곡 특유의 발랄함이 금세 잦아들고 이제 작별할 시간이 되었다.

보어는 하이젠베르크에게 편지를 몇 통 더 썼지만 부치지 않았다. 하이젠베르크는 코펜하겐에서 돌아온 후 한 친구에게 이렇게 썼다. "아마도 우리 인간은 어느 날, 우리가 정말로 지구를 완전히 파괴할 힘을 가졌음을 알게 될 거야. 심판의 날 또는 그 비슷한 것을 우리의 잘못으로 유발할 수 있음을 깨닫게 될 테지." 하이젠베르크가 1944년 1월에 보어 연구소가 잘 운영되고 있는지 확인하기 위해 다시 코펜하겐에 갔을 때, 보어는 미국에서 원자폭탄 제조에 참여하고 있었다. 제2차 세계대전 이후로 두 사람은 정중하게 생일 축하 인사만 교환했다. 둘 사이에 토론은 앞으로 없을 것이다.

1942년 베를린

히틀러를 위한 폭탄은 없다

1942년 봄 베를린. 독일이 전쟁에서 승리할 것이라는 확신이 흔들리기 시작했다. 독일은 러시아 '전격전'에 실패했다. 일본이 진주만을 공격한 이후로 독일은 미국과도 전쟁을 하게 되었고, 이제 정말로 세계대전이 되었다. 독일에서는 원자재가 부족했다. 히틀러는 모든 것을 전쟁에 투입했다. "유대인 사이비 과학의 파생물"인 우라늄 연구에 쓸 원자재가 없었다. 그는 페네뮌데 육군연구소의 공학자 베르너 폰 브라운Wernher von Braun이 우주 끝까지 발사한 로켓에 희망을 걸었다.

독일의 우라늄 연구자들은 원자재가 필요했다. 보헤미아와 벨기에-콩고에서 오는 우라늄, 노르웨이에서 오는 중수, 루어 지역에서 오는 강철, 라우지츠에서 오는 알루미늄 등이 그것이다. 그들은 무기산업에 밀려 뒤처질까 봐 두렵다. 육군최고사령부 연구부장 에리히 슈만Erich Schumann이 그들에게 알린다. "현재의 군수품 및 원자재 상황을 고려할 때, 가까운 장래에 상용이 확실한 연구만이 원자재를 공급받을 수 있다."

슈만은 우라늄협회 연구자들을 소집하여 연구 진행 상황과 전망을 나치 간부들에게 설명하게 했다. "우라늄-235 추출은 상상을 초월하는 폭탄으로 이어질 것"이라고, 하이젠베르크가 장담했다.

그런 폭탄이 런던 같은 도시를 파괴하려면 얼마나 커야 하는지, 야전사령관 에르하르트 밀히Erhard Milch가 묻자, 하이젠베르크가 손으로 그릇 모양을 만들어 보이며 대답했다. "파인애플 크기 정도입니다." 나치 간부들이 믿을 수 없다는 듯 놀라운 표정을 지었다. 원자폭탄을 언제 쓸 수 있냐고, 국방장관 알베르트 슈페어Albert Speer가 묻는다. 이론상으로는 즉시 사용할 수 있지만 실제로 제작되려면 아직 2년, 어쩌면 3년이나 4년이 더 걸릴 것이라고, 하이젠베르크가 답한다. 그러나 전쟁 전략가들은 그렇게 오래 기다리고 싶지 않다. 알베르트 슈페어가 결론지었다. "이번 전쟁에 원자폭탄은 더는 고려 대상이 아니다." 슈만은 "물리학자들의 개똥같은 원자"라며 욕했다.

그 후로 독일에서 우라늄 연구는 민간 프로젝트로 바뀌었다. 하이젠베르크와 동료들은 그들의 우라늄 버너로 계속 연구해도 된다. 슈페어는 연구비로 몇백만 제국마르크를 지원하기로 약속하지만 원자폭탄에 대한 관심은 식어버렸다. 하필이면 실험을 늘 기피했던 이론물리학자 하이젠베르크가 베를린 카이저빌헬름 물리연구소 소장으로 임명되어 독일 원자폭탄 프로그램의 극소수 과학자가 되었다. 그는 하인리히 힘러에게 자신의 "영예를 재건해준 것에" 감사를 전하고 그 후로 우라늄 연구에 자신의 모든 정신 능력을 더는 헌신하지 않았다. 그는 자신의 양자역학처럼 관찰 가능한 수치로만 도출한 소립자 상호작용 이론, 즉 'S-행렬 이론'을 개발했다.

하이젠베르크가 무엇을 하든, 나치의 피 묻은 돈으로 연구를 한다면, 그것은 위험한 게임일 수 있다. 나중에 그의 옛 제자 루돌프 파이얼스Rudolf Peierls가 셰익스피어를 인용하여 이것을 지적했다. "악마와 식사하는 사람은 긴 숟가락이 필요하다." 그리고 덧붙였다. "아마 하이젠베르크는 자신의 숟가락이 충분히 길지 않음을 깨달았을 것이다."

하이젠베르크는 우라늄 기계를 카이저빌헬름 연구소 부속 건물에 설치하고, '바이러스 조심'이라는 경고판을 세워 원치 않는 방문자의 접근을 막았다. 이 기계는 중수 안에 놓인 우라늄판들로 이루어졌다. 연구자들은 이 기계에 중성자를 발사한 뒤, 발사한 것보다 더 많은 중성자가 나오는지 측정했다. 측정 결과, 더 많은 중성자가 나온다. 에너지가 나온다. 그러나 임곗값 이상으로 반응을 올리기에는, 그러니까 저절로 진행되는 연쇄반응을 일으키기에는 한참 부족하다. 연구자들은 보호 장비 없이 방사성 물질을 만졌다. 한번은 한 기술자가 우라늄 가루를 반응장치에 붓다가 작은 불꽃에 손에 화상을 입었다. 또 한번은 반응장치가 폭발했다. 하이젠베르크는 가까스로 빠져나가 목숨을 구할 수 있었고, 소방대가 출동했다. 하이젠베르크는 실험 설계를 수정한다. 중성자 플럭스(neutron flux, 중성자 선속)가 올라가지만, 임곗값은 여전히 독일 우라늄 연구자가 닿을 수 있는 반경 밖에 있었다. 하이젠베르크의 라이벌인 쿠르트 디브너Kurt Diebner도 마찬가지였다. 하이젠베르크가 카이저빌헬름 연구소에서 디브너를 쫓아낸 후로, 디브너는 베를린 남부 고트토브의 화학물리 및 원자 시험소에서 자체 반응장치로 실험했다. 두 남자는 서로를 참지 못하고, 협력 대신 경쟁하며, 부족한 우라늄과 중수를 놓고 서로 다툰다. 디브너가 더 우수한 실험가이다. 그는 우라늄을 큐브 모양으로 잘라 중수와 닿는 면을 확대하는 아이디어를 고안하여 몇 퍼센트 더 많은 중성자를 얻어냈다. 하이젠베르크 역시 어쩔 수 없이 큐브로 바꾼다.

하이젠베르크는 엔리코 페르미가 1942년 12월 2일에 시카고 실험실에서 통제된 연쇄반응을 일으키는 데 성공한 것을 몰랐다. 세계 최초의 원자로가 이미 가동 중이었다. '시카고 파일 1Chicago Pile 1'은 하이젠베르크의 기계만큼 조잡하게 제작되었다. 축구장 관중석 아래 지하실에 우라늄판 더미가 아무런 보호 장치 없이 쌓여 있다. 연쇄반응이 통제 불능 상태가 되면 즉시 부을 수 있도록 원자로 옆에 카드뮴염 용액 통을 놓아두었다. 페르미는 비싸고 귀한 중수 대신 순수 흑연으로 중성자를 제어했다. 하이젠베르크는 아직 이 기술을 모른다. 그 역시 흑연을 제어물질로 써봤지만 다시 버렸다.

　로마에서 온 엔리코 페르미는 보른과 에렌페스트에게 이론물리학을 배웠고 그다음 실험물리학으로 돌아섰다. 그는 천재 보존의 법칙이 적용되지 않는 극소수에 속한다. 그는 천재 이론가이면서 동시에 천재 실험가이다. 그는 폭발하는 원자핵의 이론을 이해했고, 이제 그것을 전쟁에 유용하게 만들 계획이다. 그의 계획은 방사성 핵분열 물질인 스트론튬-90으로 독일의 식료품을 오염시키는 것이다. 원자폭탄은 아직 멀리 있다.

1943년 스톡홀름

탈출

히틀러는 덴마크를 모범보호국으로 삼겠다는 의지를 입증하기 위해 3년 동안 폭력 욕구를 억눌렀고, 덕분에 덴마크인은 유대인 학대나 인종차별적 법률에서 벗어나 있었다. 히틀러는 덴마크를 나치화하려는 의도가 전혀 없다는 거짓말을 꿋꿋이 고수했다. 스탈린그라드에서 패하고 연합군의 융단폭격이 시작된 후 나치 정부는 '최종 승리'를 위한 전투에서 더는 물러설 곳이 없었다. 선전장관 괴벨스가 '총력전'을 연설했다. "이제 국민들이여, 일어나 폭풍을 일으켜라!"

1943년 10월 유대교 신년제인 나팔절 기간에 나치 돌격대가 코펜하겐 거리를 휩쓸었다. 그들은 유대인을 체포하라는 명령을 받았다. 그러나 도시에는 체포할 유대인이 거의 없었다. 코펜하겐의 독일 외교관 게오르크 두크비츠Georg Duckwitz가 덴마크 유대인에게 강제수용소 이송 계획을 미리 알렸고, 그래서 대부분이 몸을 숨겼다. 보어도 그중 한 명이었다. 나치 돌격대가 연구실을 침입하여 은 식기들을 약탈하기 직전에, 보어는 가족과 함께 어선에 숨어 외레순드를 지나 중립국 스웨덴으로 갔다. 보어는 스톡홀름에서 구스타프 5세 왕에게 탄압받는 동포를 도와달라고 청했고, 같은 날 저녁에 스웨덴 라디오가 방송했다. '스웨덴으로 탈출하라. 스웨덴이 난민을 받아주겠다.' 덴마크 유대인은 구급차, 쓰레기차 할 것 없이 바퀴 달린 온갖 수단을 이용해 해안으로 달렸다. 도중에 교회와 병원에 은신하고, 어선, 카누, 보트 수백 척에 올라 외레순드와 카테가트를 건넜다. 7,700명이 넘는 유대인이 나치를 피해 탈출하는 데 성공했다.

그러나 스톡홀름에도 나치 비밀요원이 넘쳐났고, 보어는 안전하지 않았다. 적어도 연합군이 보기에 충분히 안전하지 않았다. 영국 수상 윈스턴 처칠Winston Churchill의 대표 과학고문인 물리학자 프레데릭 린데만Frederick Lindemann이 보어를 위해 스코틀랜드로 탈출할 길을 마련했다. 또한, 린데만은 탈출 전에 연구소에 보관된 보어의 노벨상 금메달을 염산과 질산 혼합액, 이른바 '왕수王水'에 녹여 독일인의 손에 들어가지 않게 했다. 전쟁이 끝난 후 이 용액에서 금을 다시 추출했고 메달이 다시 제작되었다.

보어는 모기처럼 생긴 노르웨이 전투기를 타고 탈출했다. 이 전투기는 아주 빠르고 높이 비행할 수 있어서 독일의 대공포가 격추하기 어려웠다. 보어는 산소마스크를 하고 조종사와 대화할 수 있도록 헤드셋을 쓰고 폭탄 자리에 앉아야 했다. 그러나 헤드셋이 보어의 두드러지게 큰 머리에는 너무 작았다. 보어는 산소 공급이 켜진다는 명령을 미처 듣지 못해 기절하고 말았다. 조종사는 뭔가 잘못되었음을 알아차렸고, 저공비행으로 북해를 건너 보어의 생명을 구했다. 이후 보어는 영국에서 조사를 받은 다음, '니콜라스 베이커Nocholas Baker'라는 이름이 적힌 위조 서류를 들고 조금 더 안락한 비행기로 미국으로 갔다. 에드워드 텔러Edward Teller가 그를 안내하여 뉴멕시코 사막의 로스앨러모스에 있는 맨해튼 프로젝트 실험실을 두루 보여주었고, 보어는 여기에 깊은 인상을 받았다. "그들은 '미국을 거대한 공장으로 바꿔야만 가능할 것'이라는 내 말을 잊지 않았고, 바로 그것을 했다." 독일이 더 빠를 수 있다는 우려가, 이미 약 12만 5,000명이 일하고 있는 이 프로젝트에 박차를 가했다. 보어도 프로젝트에 동참했다.

보어는 하이젠베르크가 2년 전에 코펜하겐으로 와서 그에게 주고 간 반응장치 설계도를 가져왔다. 맨해튼 프로젝트의 과학 책임자 오펜하이머가 설계도를 보고, 무기 개발에는 쓸모가 없다고 결론지었다. 당시 하이젠베르크는 자신이 알고 있는 것을 보여주기 위해서가 아니라, 자신이 모르는 것을 혹시 보어가 알고 있을지 듣기 위해서 왔을 것이라고, 오펜하이머는 생각했다.

베를린에서 하이젠베르크는 스스로 "과학적 취미를 위한 자유 모임"으로 이해하는 엄선된 지식인 모임인 수요 모임에 가입했다. 철학자, 작가, 법학자, 외교관, 의사, 오로지 남자만 열여섯 명인 모임이었다. 매달 둘째 주 수요일 저녁에 회원 가운데 한 명의 집에서 모이고, 집주인이 자신의 연구를 강연하고 이어서 토론한다. 하이젠베르크는 1943년 6월에 '정확한 자연과학에서 현실 개념 변화와 이런 변화에서 도출할 수 있는 결과'에 대해 강연했다. "옛날에는 마치 세계 자체가 존재하지 않는 것처럼 세계를 설명했습니다. 양자역학의 시대인 지금은 오로지 인간이 관찰하고 영향을 미치는 세계만 이해될 수 있습니다. 인간은 이 두 세계 사이를 왔다 갔다 합니다." 그는 자신이 살고 있는 이 세계를 바꿀 운명이 자신에게 있다고 속으로 은밀히 생각했다.

1943년 11월, 영국 공군 폭격 사령부가 '베를린 전투'를 선언했다. 곧 연합군 폭격기가 24시간 내내 독일제국 수도를 공습했다. 밤에는 영국 공군의 '랭커스터 폭격기', 낮에는 미국 공군의 '하늘의 요새 폭격기'가 공습했다. 1943년 11월 23일 밤에 독일의 국가적 자부심의 상징인 카이저빌헬름 기념교회가 불탔다. 지붕 서까래가 무너지고 중앙탑 꼭대기가 떨어졌다. 그루네발트에 있는 플랑크의 집이 붕괴되었다. 플랑크 부부는 시골 친구네로 피난을 갔다. 독일인은 불평할 권리가 없다고, 에른스트 윙어Ernst Jünger 대위가 파리에서 일기장에 적었다.

1944년 7월 12일 어느 화창한 여름날, 하이젠베르크가 다시 수요 모임에서 '별에 대하여' 강연했다. 카이저빌헬름 연구소에서 집 몇 채를 더 태우려던 원자력 대신 별에서 일어나는 원자 화재에 대해 역시나 암호를 말하듯 연설했다. 오후에는 연구소 정원에서 산딸기를 따서 손님들에게 대접했다. 한 참가자가 기록했다. "분위기가 무거웠다." 1,055회차이자 끝에서 두 번째 회차인 수요 모임이었다. 1944년 7월 20일에 독일 국방군 장교 클라우스 폰 슈타우펜베르크Claus von Stauffenberg 백작이 폭탄으로 히틀러 암살을 시도했다. 수요 모임 회원 네 명이 암살 시도 공범으로 체포되어 처형되었다. 불과 8일 전에 하이젠베르크의 '별에 대하여' 강연을 들었던 전 참모총장 루트비히 벡Ludwig Beck은 벤들러블록에서 체포될 때, 자신의 권총을 "사적 사용을 위해" 소지할 수 있게 해달라고 요청했다. "부디 그러시죠. 쏘세요, 지금 당장!" 암살 공모자들에게 동조했다가 지금은 배신하여 히틀러 편에 서려 애쓰는 프리드리히 프롬Friedrich Fromm 장교가 대답했다. 프롬 장교의 노력은 헛수고였다. 그는 결국 인민법원에서 "적 앞에서 비겁했다"는 죄명으로 유죄판결을 받고 총살되었다. 게슈타포는 수요 모임을 해체시켰다.

'붉은 군대'가 베를린으로 진격할 때, 우라늄 프로젝트는 폭격을 받은 제국의 수도에서 옮겨져 더 안전한 지역으로 분산되어 진행되었다. 쿠르트 디브너의 실험실이 튀링겐의 시골 마을 슈타트일름으로 옮겨졌다. 핵분열이 가능한 우라늄을 농축하는 초원심분리기는 프라이부르크에 설치되었다. 하이젠베르크와 막스 폰 라우에가 일하는 카이저빌헬름 물리연구소는 슈바빙 지역 알프의 헤힝엔 섬유공장 건물로, 오토 한이 일하는 카이저빌헬름 화학연구소는 이웃한 타일핑엔으로 옮겨졌다. 중수가 채워진 흑연 코팅 알루미늄 단지 안에 손가락 길이의 우라늄 큐브 664개가 들어 있는 연구용 반응장치, 우라늄 프로젝트의 심장은 알프 하이거로흐 마을의 슈바넨비르트 여관 지하실로, 맥주와 감자를 저장했던 곳으로 이전되었다. 하이젠베르크는 헤힝엔 섬유공장에서 여관 지하실까지 15킬로미터를 자전거로 오갔다. 그는 숲에서 버섯을 따고, 꽃이 활짝 핀 과일나무들에 기뻐하고, 헤힝엔 주민을 위해 피아노 연주회를 열고, "며칠 동안 과거와 미래를 잊을 수 있었다." 발헨 호숫가 암석 위 오두막에서 여섯 아이들과 지내는 엘리자베스 하이젠베르크Elisabeth Heisenberg는 남편이 누리는 슈바빙 전원생활을 부러워했다.

그러나 하이젠베르크는 이런 전원생활이 얼마나 덧없는지 알았다. 독일은 전쟁에서 패했다. 1944년 12월 그는 나치제국이 무너지기 전 마지막 해외여행을 떠났다. 그는 취리히연방공과대학교에서 핵연구가 아니라, 몇몇 동료들이 아인슈타인의 통일장 이론과 마찬가지로 '길을 잃었다'고 평가하는 자신의 S-행렬 이론에 대해 강연했다. 당시 프린스턴대학교에서 가르치던 파울리는 하이젠베르크의 S-행렬 이론을 "빈 개념"이라고 불렀다.

저녁 식탁에서 하이젠베르크의 동료 그레고르 벤첼Gregor Wentzel이 그에게 독일의 패배를 인정하라고 요구했다. "그러게요. 우리가 이겼더라면 좋았을 텐데 말입니다." 하이젠베르크가 말했고, 이것이 게슈타포에게 전달되었다. 나치 돌격대가 하이젠베르크를 조사하라고 지시했고, 그는 겨우 체포를 모면했다.

그는 다시 슈바빙의 지하실 실험실로 돌아가, 독일제국이 무너지는 동안 계속해서 자신의 반응장치를 작동시키려 애썼다. 취리히로 보내는 그의 편지 중 하나가 미국 비밀정보부의 손에 들어갔다. 편지에 찍힌 소인이 하이젠베르크가 헤힝엔에서 일한다는 것을 폭로했다.

1943년 프린스턴
약해진 아인슈타인

아인슈타인은 '운명의 섬' 프린스턴에 자리를 잡았다. "걸음걸이가 뻣뻣한 또 다른 작은 반신반인"이 그의 산책에 동행한다. 오스트리아 논리학자 쿠르트 괴델Kurt Gödel은 1940년에 연구소에 왔다. 오스트리아와 독일의 병합 이후 괴델은 시베리아와 일본을 지나 미국에 도착하는 모험적 탈출을 단행했다. 쿠르트 괴델, 볼프강 파울리, 버트런드 러셀Bertrand Russell이 매주 한 번씩 오후에 아인슈타인의 집에 모여 철학에 대해 토론한다. 파울리는 독일 히틀러와 가까이 있는 취리히에 머물기 싫어 1940년부터 프린스턴 고등연구소에 있다. 러셀은 프린스턴에서 자리를 얻지 못했다. 그는 자유기고가로 일하며 이따금 초정 강연을 했다. 머서 스트리트 112번지에 있는 아인슈타인 집에 모이는 이 모임은 아마도 과학 역사상 가장 나이 많은 신사들의 가장 선별된 모임일 것이다.

아인슈타인은 양자역학에도 참여했다. 그렇다고 해서 그사이 양자역학에 설득된 것은 아니다. 절대. 그러나 양자역학을 반박하는 것은 포기했다. 에든버러에 사는 보른에게 보내는 한 편지에서 아인슈타인이 이렇게 썼다. "선생은 주사위를 던지는 신을 믿고, 나는 객관적으로 존재하는 것들의 세계에 있는 완전한 법칙을 믿습니다. 내가 가지고 있는 것보다 더 현실적인 방법을 누군가 찾아내기를 희망합니다. 그러나 양자이론의 위대한 첫 성공이 나로 하여금 신의 주사위 놀이를 근본적으로 믿게 하지는 못합니다. 비록 젊은 동료들이 이것을 노인의 고집으로 해석한다는 것을 잘 알고 있더라도 말입니다."

보어는 이따금 고등연구소 옆 아인슈타인 집에 들렀고, 두 노신사는 옛날처럼, 그리고 다른 방식으로 양자역학에 대해 다퉜다. 옛날의 결투가 더는 아니다. 오히려 소중한 루틴에 가깝다. 외로운 시간을 보내는 아인슈타인에게 이것은 위로이다. 그는 홀로 상대성이론과 양자역학 너머에 있는 한 이론을 찾고 있다. 그의 사교 범위는 괴델과 몇몇 다른 친구들로 축소되었다. 두 번의 결혼은 모두 실패로 끝났다. 한 아들과의 사이는 벌어졌고 다른 한 아들은 정신적으로 아프고, 딸은 이미 오래전에 사라졌다. 아인슈타인이 1955년 4월에 생을 마감할 때, 그의 연구실 칠판에는 아무 결과도 도출하지 않는 공식들이 가득 적혀 있었다.

취리히연방공과대학교 이론물리학 교수 볼프강 파울리, 1945년 11월.

1945년 영국

폭발의 힘

1945년 3월 연합군이 라인강을 건넜다. 1943년부터 '알소스Alsos' 라는 코드명 아래 독일의 원자력 에너지 프로젝트를 염탐해온 미국 비밀정보부의 요원들도 함께 왔다. 그들의 임무는 독일의 우라늄 과학자를 감시하고 도청하는 것이다. 시간이 촉박했다. 소련과 프랑스 역시 독일 물리학자의 뒤를 밟았다.

'알소스'는 고대 그리스어인데, '작은 숲'이라는 뜻으로 영어로는 'grove'라고 표현한다. 맨해튼 프로젝트에서 군대를 대표하는 레슬리 그로브스Leslie Groves 준장이 이 코드명의 기원이다. 그는 미션 코드명을 듣고, 자신의 이름을 딴 것에 화를 냈다. 코드명이란 원래 정체성을 숨기기 위한 것이기 때문이다. 그러나 코드명을 바꾸면 오히려 더 많은 주목을 받을 것이므로 그로브스는 코드명을 그대로 두었다.

알소스 요원들은 남겨진 실험실을 차례차례 수색하고 증거물을 확보하고 자료를 압수하고 과학자들을 체포했다.

1945년 3월 16일, 전쟁 종료까지 아직 일주일이 남았던 때, 영국 격투기가 하이젠베르크의 고향 뷔르츠부르크에 폭탄을 투하했다. 몇 분 안에 랭커스터와 모기 폭격기가 고성능 폭탄과 소이탄으로 도시 전역에 1,000도가 넘는 화염 폭풍을 일으켰다. 수많은 인파가 지하실에서 나와 마인강을 건너 도망치려 애썼다. 소방대가 물로 탈출로를 만들어 그들을 지원했다. 그러나 물은 곧바로 수증기로 날아가버리고 수천 명이 죽었다.

하이젠베르크는 지하실 실험실에서 자신의 우라늄 기계 옆에 앉아 계산했다. 그의 중성자계수기가 그 어느 때보다 높은 수치를 기록했다. 반응장치 옆에는 카드뮴 한 덩이가 놓여 있는데, 연쇄반응이 통제 불능 상태가 되면 즉시 반응장치 단지 안에 던져넣기 위한 것이다. 우라늄과 중수가 조금 더 많고 반응장치 단지가 조금 더 컸더라면… 성공이 거의 눈앞에 왔다. 그러나 우라늄 공장과 중수 작업소가 폭파되었다. 마지막 남은 독일군이 4월에 슈바빙 지역 알프에서 후퇴했다.

4월 어느 오후에 하이젠베르크는 점점 다가오는 프랑스군 탱크의 엔진 소리를 듣고 도주를 결정했다. 그는 급박한 상황에서도 섬유공장 지하실에 마지막 비상식량을 비축하고 직원들과 작별했다. 1945년 4월 20일 새벽 3시에 그는 자전거에 올라탔다. 다른 탈것이 남아 있지 않았다. 우르펠트까지 260킬로미터. 하이젠베르크는 여행허가증을 직접 발급했다. 만약을 대비해 폴몰Pall Mall 한 갑을 더 챙겼다. 그는 3일 밤을 쉬지 않고 페달을 밟았고, 낮에는 연합군의 저공비행기와 약탈하는 독일군을 피해 몸을 숨기고, 멤밍엔의 폭격을 지켜보고, 불타는 바일하임을 통과했다. 그는 굶주렸고 초봄의 쌀쌀한 날씨에 몸을 떨었고, 너무 큰 군복을 입은 수많은 어린아이를 마주쳤다. 검문소에서 한 군인이 여행허가증에 아랑곳하지 않고 그를 체포하려 했다. 하이젠베르크는 가방에서 폴몰을 꺼내주고 검문소를 통과했다. 4월 23일, 프랑스군이 진입하고 한 시간 뒤, 알소스 요원들이 헤힝엔에서 하이젠베르크 연구팀을 찾아냈다. 그들 임무의 '표적 넘버 1'인 베르너 하이젠베르크만이 흔적 없이 사라졌다. 그들은 지하실 실험실에서 작동된 적 없는 반응장치의 열악한 잔해를 발견했다. 우라늄 큐브들이 들판에 묻혀 있고, 연구 서류들은 납땜 용기에 담겨 오물 웅덩이에 빠져 있었다. 알소스 미션의 총지휘자 보리스 패시Boris Pash 대령은 알루미늄 단지를 폭파했다. 그러니까 이것이 맨해튼 프로젝트를 다급하게 재촉했던 그 어마어마한 우라늄 기계였단 말인가? 그렇다고 하기에는 너무나 허접해 보였다.

지치고 쇠약해진 하이젠베르크는 누더기 차림으로 우르펠트에 도착했다. 그는 아내와 아이들과 포옹을 나누고, 식료품과 석탄을 비축하고, 모래주머니를 창문에 쌓아 총알에 대비했다. 미7군에 쫓겨 후퇴하던 나치 돌격대 병사들이 주변에서 여전히 격분하여 폭탄을 터뜨렸다. 1945년 5월 1일 하이젠베르크 부부는 지하실에서 마지막 포도주 한 병을 꺼내와 히틀러의 죽음에 건배했다. 하이젠베르크가 한 번도 명확한 관계를 맺지 못한 나치가 종말을 맞고 있었다.

이제 하이젠베르크는 확정성에 도달했다. 1945년 5월 4일에 패시 대령이 자신의 '표적 넘버 1'이 평화롭게 앉아 호수를 내다보고 있는 목조주택 베란다에 올라섰다. 패시는 저돌적인 사람으로 유명하다. 미 7군 보병들이 우르펠트로 진입하기도 전에, 그는 하이젠베르크를 체포하기 위해 병사 두 명을 데리고 먼저 마을에 들어왔다. 독일 대대 전체가 그에게 항복했다.

하이젠베르크는 패시와 병사를 안으로 들여 아내와 아이들을 소개했다. 그리고 이곳이 맘에 드느냐고 물었다. 패시 대령은 방금 내린 눈이 봄 햇살에 반짝이는 발헨호수 주변의 산들을 보고, 지금까지 본 풍경 중에 가장 아름답다고 대답했다. 하이젠베르크는 마음이 편안해졌다. 그의 운명은 이제 그의 손을 떠났다. 이틀 뒤에 독일군이 항복했다.

하이젠베르크는 방금 다시 하나가 된 가족을 앞으로 9개월 동안 만나지 못할 것이다. 패시는 그를 지프에 태워 하이델베르크에 있는 알소스 미션 본부로 데려갔다. 하이젠베르크가 취조실에 들어섰을 때, 미군 제복을 입은 옛날 지인이 거기에 앉아 있었다. 6년 전에 하이젠베르크가 강연 여행에 초대되어 미시간에 갔을 때 그곳에서 마지막으로 만났던 네덜란드 물리학자 사무엘 구드스미트였다. 1943년 1월에 구드스미트의 유대인 아버지와 앞을

못 보는 어머니가 독일 점령군에 의해 덴 헤이그의 집에서 체포되어 가축 수레에 태워져 아우슈비츠 수용소로 보내졌었다. 구드스미트는 하이젠베르크에게 연락하여 도움을 청했지만, 그는 한달 뒤에나 편지 한 통을 보내, 독일 과학자에 대한 구드스미트의 환대에 감사하고 구드스미트 부모의 안전을 걱정했다. 그게 다였다. 같은 해에 구드스미트는 알소스 미션의 과학부를 책임지면서 하이젠베르크의 사냥꾼이 되었다.

이제 하이젠베르크의 운명은 그를 취조할 구드스미트의 손에 달렸다. 하이젠베르크는 구드스미트가 역시 지식인이므로 예전처럼 다정하게 대화할 수 있을 것이라고 여전히 믿고 있었다. 그는 '친애하는 구드스미트'에게 손을 내밀어 인사하지만 구드스미트는 악수를 거절한다. 구드미스트가 취조 보고서에 썼다. "하이젠베르크는 우라늄 연구에서 자신이 앞서 있다고 믿었고, 그래서 우리가 그에게 관심을 갖는다고 믿었기 때문에, 그의 대화 태도는 특히 반항적이었다. 당연히 우리는 이런 잘못된 견해를 수정하지 않았다."

하이젠베르크는 파리로 이송되어, 우라늄협회의 다른 연구자 아홉 명과 함께 황폐한 '르 그랑 체스네' 성에 억류되었다. 그곳에서 그는 자신의 제자 바이츠제커, 옛 동료 막스 폰 라우에와 발터 게를라흐, 그를 증오했던 쿠르트 디브너, 조용한 오토 한을 다시 만났다. 미국은 이곳에 아주 적합한 이름을 붙였다. "쓰레기통." 경첩이 떨어진 문, 벽지가 벗겨진 벽, 그리고 가구라고는 철제 간이침대뿐이다.

여기에 모인 응축된 정신 능력으로 무엇을 할 수 있을까? 승자는 아직 결정하지 못했다. 이들을 처형하자는 의견도 있지만 그러기에는 아직 쓸모가 많을 것 같다. 그들은 벨기에를 지나 영국 헌팅던셔의 농장으로, '팜 홀Farm Hall'이라 불리는 붉은 벽돌 건물로 보내졌고, 그곳에서 영국 해외 비밀정보부 MI6에 맡겨졌다. 하이젠베르크는 케임브리지에서 자전거로 한 시간 반이 걸리는 이 지역을 잘 알았다.

독일 연구자들은 영국 시골에서 그 어느 때보다 편안하게 지냈다. 팜 홀에는 운동기구, 칠판과 분필, 당구대, 라디오가 있다. 먹을 것도 넉넉하다. "혹시 도청 장치가 설치되어 있을까요?" 디브너가 의심한다. "도청?" 하이젠베르크가 비웃는다. "그럴 리가요. 그들은 그렇게 영리하지 못합니다. 그들이 게슈타포 방법을 알기나 하겠어요? 이쪽 분야에서 그들은 약간 구식이에요." 다른 포로들이 하이젠베르크의 말을 믿는다. 그들은 물리학, 정치, 시사에 대해 자유롭게 대화했다. 그러나 연합군의 비밀정보부는 그렇게 구식이 아니었다. 그래서 그들은 포로들에게 라디오를 제공하고 그런 대화를 부추기기 위해 신문도 넣어주었다. 벽에는 도청 장치가 숨겨져 있다. MI6은 하이젠베르크와 연구자들이 말하는 것을 모두 듣고 기록했다.

물리학자들은 마음껏 토론했고, 왜 그들이 이런 호화로운 감옥에 이렇게 오래 갇혀 있는지 의아해 했다. 그들이 감시원에게 이것을 물었을 때, "폐하의 편의에 따라" 구금되었다는 대답을 들었다. 이 말은 영국 형법에서 쓰는 표현으로, '무기징역'을 뜻한다.

여러 날이 지났고 독일 물리학자들은 여전히 시간만 죽이고 있었다. 그들은 서로를 핵물리학의 세계 대표자라고 인정해주었고, 독일 물리학이 당연히 한 수 위이므로 그들이 실패한 원자폭탄 프로젝트에 미국이 성공할 수 없다고 확신했다.

물리학자들은 탈출 계획을 세우기 시작했다. 언론에 우리의 상황을 알릴 수 있지 않을까? 우리의 핵물리학 지식을 공유하기를 틀림없이 간절히 기다리고 있을 케임브리지 동료들에게로 탈출할 수 있지 않을까? 그들은 심지어 현재 포츠담에 모인 해리 트루먼Harry Truman, 윈스턴 처칠, 이오시프 스탈린, '강대국 3인'이 그들의 운명에 대해 논의할 수밖에 없을 것이라고 정말로 진지하게 믿었다. 심지어 그들 중 일부는, 자신들이 이른바 세계 최고 물리학자이고 물리학은 정치보다 중요하므로 나치에 협력한 것이 문제가 되지 않을 것이라고 굳게 믿었다. 그렇지 않은가? 그들은 아르헨티나로 가게 될 것이고 그곳에서 새 삶을 시작할 거라 꿈꿨다. 아무렴, 그렇고 말고!

1945년 8월 6일 아침, 히로시마에 햇살이 비친다. 8시에 25만 명의 시민 대다수가 아침을 먹고 신문을 읽고 출근을 하거나 등교했다. 분홍색 불빛이 하늘을 밝히고 나자 8만 명이 즉사했다. 히로시마에 폭탄을 투하한 미국 비행기 조종사가 2분 뒤에 10킬로미터 상공에서 아래를 내려다본다. "방금 전까지 건물들을 비롯한 모든 것을 갖춘 도시였던 곳에서 검은 증기를 내뿜는 잔해 외에는 아무것도 보이지 않았다." 나중에 폭발 후유증으로 수만 명이 더 죽었다.

1945년 8월 6일 이날 저녁에 독일 물리학자 열 명은 팜 홀 잔디밭에서 럭비를 했다. 그들은 가죽공을 쫓아 달리고 넘어지고 웃었다. 영국의 구기 스포츠는 확실히 그들에게 새롭고 서툴렀다. 곧 저녁 식사 시간이다.

6시 직전에 독일 포로 감시를 책임지는 비밀정보부 장교 토마스 리트너Thomas Rittner 소령이 오토 한을 따로 불러, 미국이 엄청난 원자폭탄을 일본에 투하했다고 전했다. 리트너의 기록에 따르면, 이미 제1차 세계대전 당시 염소가스를 무기로 사용하는 데 기여했던 오토 한은 "이 소식에 완전히 충격을 받았다." 원자폭탄이 전쟁을 단축할 것이라는 주장은, 제1차 세계대전에서 화학무기 개발에 자신이 기여했던 일을 정당화할 때 그 스스로 펼쳤던 주장과 다르지 않았고, 이제 그는 이런 주장의 이율배반성을 깨달았다. "원자폭탄의 가능성을 발견한 장본인이 바로 자신이었기 때문에 그는 개인적으로 수십만 명의 죽음에 책임감을 느꼈다." 리트너가 기록했다.

리트너는 오토 한을 진정시키기 위해 진을 여러 잔 건네야 했다. 오토 한은 식사실의 다른 사람들에게 가서 이 소식을 전했다. 식탁에 놀라움이 번졌다. "한마디도 믿지 못하겠습니다. 우라늄과는 관련이 없을 겁니다." 하이젠베르크가 말하자, 오토 한이 조롱했다. "미국인이 우라늄 폭탄을 가졌다면, 여러분 모두는 이류입니다. 참 안되셨습니다, 하이젠베르크 선생." 저녁 식사 후 그들은 BBC 뉴스를 들었다. 더는 부정할 수가 없다. 미국이 원자폭탄을 터뜨렸다. 게를라흐는 이성을 잃고 비명을 질렀고, 다음 날까지 자기 방에 박혀서 패배한 장군처럼 자살을 생각했다.

하이젠베르크는 과학자로서의 자부심에 깊은 상처를 입었다. 그 후로 그는 열심히 계산하고, '위대한 하이젠베르크'가 해내지 못한 일을 미국인이 어떻게 성공할 수 있었는지 이해해보려고 애썼다. 그는 원자폭탄 제조법을 정확히 이해한 적이 없다고 인정할 수밖에 없었다. 그는 제조법을 이해했다고 착각했을 뿐이다. 그는 우라늄의 임계 질량을 계산하는 데 실패했다.

독일 물리학자들은 독일에서 예전부터 했던 것을 팜 홀에서도 계속했다. 그들은 다투고 불평하고 비난했다. 그들은 나치의 원자폭탄 프로그램이 맨해튼 프로젝트와 어째서 비교조차 안 되는지를 벽에 숨겨진 도청 장치에 대고 알소스 요원에게 설명했다. 혼돈이었다. 계획이 없었다. 하이젠베르크와 바이츠제커 역시 아무것도 모른 채, 전쟁 역사를 다시 쓰기 위해 그들이 어떤 시도를 했는지 모든 정보를 쏟아냈다. 미국이 주저 없이 폭탄을 만들고 사용했던 반면에 그들은 히틀러의 손에 그런 끔찍한 무기를 주지 않기 위해 일부러 원자로 개발을 제한했었다고, 세계가 믿게 하려 애썼다. 그렇게 그들은 기술적 실패를 도덕적 신념으로 바꿔

해석했다. "우리는 원자폭탄 제조에 실패했어요. 모든 물리학자가 기본적으로 그것에 성공하기를 원치 않았기 때문이죠. 우리가 독일의 승리를 원했더라면, 그것을 성공할 수 있었을 것입니다." 바이츠제커가 말한다. 오토 한이 반박한다. "나는 그렇게 생각하지 않습니다. 하지만 우리가 성공하지 않은 것을 다행이라 생각합니다."

1945년 8월 14일에 하이젠베르크는 동료 포로들 앞에서 강연을 했다. 그는 폭탄의 임계 반경이 6.2~13.7센티미터라고 계산했다. 폭탄 표면은 폭발할 때 태양보다 2,000배 더 밝게 빛난다. "가시광선 압력이 과연 물체를 쓰러뜨릴 수 있을지, 흥미롭네요." 하이젠베르크가 강연을 끝맺었다. 그는 다시 자신이 안전하다고 느끼는 과학자의 영토에 있다. 한참 뒤에 그는 회고록에서 이렇게 고백했다. "내가 25년 동안 함께 겪었던 원자물리학의 진보가 수십만 명이 훨씬 넘는 사람을 죽이게 되었다는 사실을, 나는 직시해야만 했다."

에필로그

관찰하는 순간 세계가 바뀐다. 세계를 바꾸지 않고는 세계를 관찰할 수 없다. 이런 통찰이 하이젠베르크를 양자역학으로 안내했고, 그것이 그의 딜레마였다. 그는 세계를 연구하고자 했다. 세계를 바꾸는 것은 그에게 중요하지 않았다. 그럼에도 그는 세계를 바꿨고, 그는 손에 든 이 엄청난 이론으로 세계를 바꿀 수밖에 없었다. 그는 나치가 지배하는 독일에서 무관심이 존재하지 않았던 시대에 살았기 때문이다. 다른 물리학자들도 비슷했다. 평화주의자로 알려진 아인슈타인조차 세계 역사에서 벗어나 있을 수 없었다. 그 또한 원자폭탄 제조를 재촉했다. 그는 이것을 나중에 후회했다. 이것이 바로, 마리 퀴리의 손끝 균열에서 히로시마의 원자폭탄까지 이어진 역사의 어두운 면이다.

역사의 밝은 면은, 믿을 수 없이 똑똑하고 지식에 목말라하는 이 놀라운 과학자들과 그들의 지식 협력이다. 양자역학은 그 누구도 혼자 힘으로 발견할 수 없을 만큼 아주 기이한 이론이었다. 그들은 양자역학을 탄생시키기 위해 협력하고 경쟁하고 친구이자 적이 되어야만 했다. 그 과정에서 그들이 썼던 편지, 메모, 연구 논문, 일기, 회고록에서 양분을 얻어 이 책이 탄생했다.

진짜 역사는 끝나지 않는다. 그러나 책은 언젠가 끝난다. 이 책의 물리학자들은 1945년 이후에도 계속 활동했다. 그러나 그들 가운데 누구도 양자역학이나 상대성이론에 견줄 만한 진보를 더는 이루지 못했다. 아인슈타인은 세계 공식을 찾고자 했다. 하이젠베르크 역시 뭔가를 찾고 있었다. 그들은 찾지 못했다. 그러나 그들이 100년 전에 세운 그들의 이론은 오늘날까지 굳건히 서 있고, 우리의 컴퓨터칩과 의료장비 안에 들어 있고, 당시 이런 이론의 해석을 두고 그들이 겨뤘던 논쟁들은 오늘날에도 여전히 중심에 있다. 아인슈타인이 양자역학에 제기한 이의는 오늘날에도 여전히 회의적인 물리학자들에 의해 제기되고 있다. 이 역사는 아직 끝나지 않았다.

불확실성의 시대

초판 1쇄 발행 2023년 5월 1일
초판 4쇄 발행 2023년 9월 20일

지은이 토비아스 휘터
옮긴이 배명자
펴낸이 유정연

이사 김귀분
책임편집 조현주 **기획편집** 신성식 유리슬아 서옥수 황서연 **디자인** 안수진 기경란
마케팅 반지영 박중혁 하유정 **제작** 임정호 **경영지원** 박소영

펴낸곳 흐름출판(주) **출판등록** 제313-2003-199호(2003년 5월 28일)
주소 서울시 마포구 월드컵북로5길 48-9(서교동)
전화 (02)325-4944 **팩스** (02)325-4945 **이메일** book@hbooks.co.kr
홈페이지 http://www.hbooks.co.kr **블로그** blog.naver.com/nextwave7
출력·인쇄·제본 (주)상지사 **용지** 월드페이퍼(주) **후가공** (주)이지앤비(특허 제10-1081185호)

ISBN 978-89-6596-569-5 03400

Gelegentlich
schaut Niels Bohr bei
Einstein am Institute for
Advanced Study vorbei, und
die alten Herren streiten über
die Quantenmechanik – wie
damals, und doch anders. Es ist
nicht mehr der Kampf von einst,
eher schon ein liebgewordener Ritus,
ein Trost für Einstein in einer einsamen
Zeit. Er ist allein auf der Suche nach einer
Theorie jenseits von Relativitätstheorie
und Quantenmechanik. Sein
Freundeskreis ist auf
Gödel und

W. Pauli

Inmitten
der jubelnden
Freude, die unsere Lande
durchzieht, stehen heute auch
solche, die diese Freude zwar voll
teilen, aber nicht ohne tiefe Scham,
weil sie bis zum Letzten den rechten
Weg verkannt hatten. Dankbar hören
wir das echt deutsche Friedenswort:
Die Hand jedem Willigen. Sie möchten
die großmütig ausgestreckte Hand gern
ergreifen, indem sie versichern, dass sie
sehr glücklich sein werden, wenn sie in treuer
Mitarbeit und gehorsam dem Willen des Führers
das Wort ihres jetzt vereinigten Volkes mit allen
Kräften fördern dürfen. Es ist eigentlich
selbstverständlich, dass für einen
alten Österreicher, der seine
Heimat liebt,

Erwin Schrödinger